W0253955

Wolfgang Balzer

Theorie und Messung

Mit 7 Abbildungen

Springer-Verlag
Berlin Heidelberg New York Tokyo

Prof. Dr. Wolfgang Balzer
Seminar für Philosophie, Logik und
Wissenschaftstheorie, Universität München
Ludwigstr. 31, D-8000 München 22

CIP-Kurztitelaufnahme der Deutschen Bibliothek. Balzer, Wolfgang: Theorie und Messung / Wolfgang Balzer. – Berlin; Heidelberg; New York; Tokyo: Springer, 1985.
ISBN-13: 978-3-540-15874-5 e-ISBN-13: 978-3-642-82600-9
DOI: 10.1007/ 978-3-642-82600-9

2142-3140/543210

VORWORT

Das vorliegende Buch wurde angeregt durch Untersuchungen über Messung im Rahmen meines DFG Forschungsprojektes "Meßketten" 1979-82.In dem Projekt wurden konkrete Meßmethoden und Meßketten ohne philosophische Voraussetzungen und Vorurteile studiert.Dabei formte sich eine Vorstellung von Messung,die ich hier als "theoriegeleitete Messung" bezeichne und es scheint,daß diese Art von Messung heute bei weitem vor anderen Arten,die in der philosophischen und wissenschaftstheoretischen Literatur fast ausschließlich diskutiert werden,überwiegt.Die Einbeziehung von Theorien in das Studium von Messungen führte fast zwangsläufig dazu,Messung und Theorie begrifflich als gleichrangig anzusehen.Hierbei erwies sich der strukturalistische Begriffsapparat für die Untersuchung von Theorien,in dem "Systeme","Strukturen" oder "Modelle" die kleinsten Analyseeinheiten bilden,als geeigneter und flexibler Rahmen,in den sich Messung in Form von "Meßmodellen" nahtlos einfügen ließ.

Die Ergebnisse der Untersuchungen wurden zuerst in meiner Habilitationsschrift "Messung im strukturalistischen Theorienkonzept" (1983) zusammengefaßt.Ein Forschungsjahr als Fellow am Netherland Institute for Advanced Studies (NIAS) gab reichlich Anlaß und Gelegenheit zur Weiterführung der Arbeit und nach mehrfacher Überarbeitung mit substanziellen Streichungen und Ergänzungen entstand schließlich der vorliegende Text.

Ich bin den Mitarbeitern im DFG-Projekt: U.Gähde,F.Mühlhölzer und F.R.Wollmershauser zu Dank für ausgiebige und fruchtbare Diskussionen verpflichtet.Meine Darstellung von Meßketten aus der Elektrizitätslehre und der Astronomie in Kap.IV basiert auf den dort angegebenen Arbeiten von Mühlhölzer und von Wollmershäuser und mir.Kapitel VII über theoretische Terme geht von der grundlegenden Arbeit von Gähde zu diesem Thema aus und wäre ohne diese und ohne intensive Diskussionen mit ihm nicht möglich gewesen.Weiter habe ich,vor allem was die Struktur von Theorien betrifft,sehr von vielen Gesprächen mit C.U.Moulines, J.D.Sneed und W.Stegmüller profitiert.

München,den 15.6.85

INHALT

I STANDORTBESTIMMUNG

Nach einem kurzen Blick auf die Entwicklung der Naturwissenschaften und nach kurzem Nachdenken wird man zu folgender Vorstellung über die Rolle von Messung in dieser Entwicklung kommen.Jede Disziplin (Geometrie, Astronomie,Mechanik,Thermodynamik,Elektrizitätslehre usw.) beschäftigt sich mit einem eigenen Bereich von Phänomenen: die Geometrie mit räumlichen Verhältnissen zwischen unbewegten,relativ festen Körpern,die Astronomie mit Veränderungen am Himmel,die Mechanik mit Bewegungen mittelgroßer,relativ fester Gegenstände,die Thermodynamik mit Wärmeunterschieden und deren Veränderung,die Elektrizitätslehre mit dem Verhalten von "Stromkreisen".In jedem Phänomenbereich für eine Theorie stellt man weitere Unterschiede hinsichtlich der "Natürlichkeit" der Phänomene fest; man findet ein Kontinuum von Typen,welches von in der von Menschen nicht veränderten Welt vorfindbaren bis zu vollständig künstlich erzeugten Phänomenen reicht.So findet man etwa für die Geometrie angehäherte,natürliche Dreiecke bei Steinen,künstlich hergestellte Dreiecke in Schulbüchern.In der Astronomie hat man neben den ursprünglichen Himmelskorpern des Sonnensystems inzwischen eine Vielzahl von Satelliten,die man auch mit bloßem Auge sehen kann.Besonders kraß sind die Unterschiede in der Elektrizitätslehre,wo man von natürlichen Phänomenen wie Magnetismus,Entladungen,Zuckungen von Froschschenkeln und elektrostatischer Anziehung auszugehen hatte.Die künstlichen Phänomene werden erst möglich durch ein gewisses Maß an Beherrschung der natürlichen durch den Menschen und solche Beherrschung geht Hand in Hand mit Messung.In der Geometrie verglich man die Größe von Strecken (etwa beim Bauen),indem man jede Strecke in eine bestimmte Zahl von Einheiten zerlegte,ein ähnliches Verfahren diente zur Bestimmung des Inhaltes (Masses) von Behältern.In der Astronomie zählte man zeitlich "gleich große" Perioden (Jahre,Tage,Teile von Tagen) und zur Fixierung der Orte der Himmelskörper verglich man Winkel,indem man sie auf eine bestimmte Zahl gleicher Strecken zurückführte.In der Mechanik benutzte man neben Orts- und Zeitmessverfahren u.a.Methoden der Massenbestimmung,bei denen die Masse (genauer: das Gewicht) eines Körpers mittels Wägung in eine bestimmte Anzahl kleinerer,"gleich großer" Massen ("Einheiten") zerlegt wurde.In der Thermodynamik kam dazu das Verfahren,verschiedene "Wärmegrade" durch Thermometer zahlenmäßig miteinander zu vergleichen und in der Elektrizitätslehre Verfahren zum zahlenmäßigen Vergleich von Stromstärken und Widerständen durch Zurückführung auf einen jeweiligen Vergleich von Längeneinheiten.

Das Schema, das bei diesen Verfahren zugrundeliegt, ist sehr einfach. Es beruht im wesentlichen darauf, gleich "große" Objekte ("Einheiten") zu produzieren und diese in geeigneter Weise so miteinander zu verketten, daß eine bestimmte Anzahl verketteter Objekte in etwa so "groß" ist wie ein vorgegebenes, zu messendes Objekt. Die Längenmessung liefert hier das beste Beispiel. Es kommt darauf an, Objekte der Größe nach vergleichen und gleich große Objekte miteinander verketten zu können. Der Unterschied zum bloßen Zählen liegt in der Möglichkeit der Verkettung "gleich großer" Objekte und damit hauptsächlich in der Möglichkeit zu deren Reproduktion: beim Zählen kommt es nicht darauf an, daß die gezählten Objekte in irgendeinem Sinn gleich groß sein müssen. Messung, die über bloßes Zählen hinausgeht, beginnt also dort, wo man "gleich große" Objekte herstellen kann. Dies geschieht künstlich, weil man in der Natur gleich große Objekte (der Länge, Dauer, Masse, Wärme, Stromstärke nach) kaum findet, oder wenn man sie, wie bei der Zeitmessung, findet, nicht ohne weiteres verketten kann.

Mit der Reproduktion gleich großer Objekte bzw. der Schaffung von Möglichkeiten zu deren Verkettung, kurzum, mit einer ersten Art von Messung, deren Charakteristika wir gerade kurz beschrieben, beginnt, wie gesagt, die Beherrschung der jeweiligen Phänomene und der Mensch greift hierbei aktiv in das natürliche Geschehen ein. Wenn wir sagen, ein Objektbereich sei "konstituiert", wenn es möglich ist, neue, künstliche Objekte zu schaffen, die in den Bereich fallen, dann folgt aus dem bisherigen, daß Messung konstitutiv ist für die Objektbereiche (Phänomenbereiche) naturwissenschaftlicher Theorien. Natürlich wird damit nicht behauptet, daß die Beherrschung eines Phänomenbereiches, sei es auch nur unter dem Aspekt der Erzeugung künstlicher Phänomene, ausschließlich auf der Möglichkeit zur Reproduktion von Einheiten und zu deren Verkettung beruht. Wir würden diese Möglichkeit auch nicht als allgemeine, notwendige Bedingung zur Erzeugung künstlicher Phänomene und ebensowenig als notwendige Bedingung für Messung ansehen.

Die Ausweitung des Phänomenbereichs beruht nämlich nicht allein auf der Möglichkeit zur Messung, sie beruht genauso auf der einschlägigen Theorie über den jeweiligen Phänomenbereich. Auch die Theorie beginnt zunächst mit den natürlichen Phänomenen. Man vergleicht diese miteinander und stellt Ähnlichkeiten und Unterschiede fest. Man nimmt an, daß die Phänomene eine bestimmte "innere" Struktur haben, die genau allen ähnlichen Phänomenen gemeinsam ist, während andere Phänomene, die den betrachteten nicht ähnlich sind,auch nicht die hypothetische innere Struktur aufweisen.Man versucht,die innere Struktur operational zugänglich oder nachweisbar zu machen und ebenso versucht man,den Übergang von einem Phänomen zu einem anderen,ähnlichen,genauer zu beschreiben.Wenn es gelingt,beide Komponenten,die innere Struktur einzelner Phänomene, sowie den Übergang zwischen ähnlichen Phänomenen gut zu erfassen,dann bleibt die innere Struktur beim Übergang zu ähnlichen Phänomenen erhalten.Der Übergang läßt sich dann als eine bestimmte Transformation darstellen und die innere Struktur ist "invariant" unter solchen Transformationen.Oft gelingt jedoch nur die Charakterisierung der inneren Struktur,während ähnlichkeitserhaltende Transformationen und zugehörige Invarianzen nicht erkennbar sind.In der Mechanik zum Beispiel wird die innere Struktur der betrachteten Phänomene charakterisiert durch die Newtonschen Axiome (vergleiche D16 in Kap.II); man nimmt an,daß ein "Phänomen",d.h.hier: ein System,aus Bahnen von Teilchen mit zugehörigen Massen und Kräften besteht,und daß diese sich wie in den Newtonschen Axiomen postuliert,verhalten.Der Übergang von einem mechanischen System zu einem anderen wird durch Galilei-Transformationen beschrieben und die Gültigkeit der Newtonschen Axiome ist invariant unter solchen Transformationen -jedenfalls in gewissen Grenzen.In der Astronomie ist die innere Struktur des Sonnensystems z.B.durch die Keplerschen Gesetze gegeben.In der Thermodynamik werden die Systeme charakterisiert durch die Hauptsätze,in der aus der Elektrizitätslehre hervorgegangenen Elektrodynamik durch die Maxwellschen Gleichungen,die invariant unter Lorentz-Transformationen sind.Bei Astronomie und Thermodynamik gibt es keine allgemein anerkannten Transformationen,was darauf schließen läßt,daß im zweiten Fall die Ähnlichkeiten zwischen den Systemen (noch?) nicht in vollständiger Weise durch die innere Struktur (Hauptsätze) erfaßt sind (im ersten Fall hat man nur ein einziges System,sodaß Ähnlichkeiten keine Rolle spielen).Die Geometrie nimmt eine Sonderstellung ein.Zwar hat man auch hier durch die abstandserhaltenden Abbildungen geeignete Transformationen,welche geometrische Ähnlichkeit genau erfassen.Andererseits aber ist die innere Struktur eines geometrischen Systems,wie sie durch die Euklidischen Axiome (in moderner,etwa der Hilbertschen Fassung) expliziert wird,so stark und ideal,daß man sich nur ein einziges reales System in der Welt vorstellen kann,welches diese innere Struktur besitzt.Für eine empirisch aufgefaßte Geometrie,die viele verschiedene Systeme betreffen soll,muß man daher eine schwächere innere Struktur annehmen (vergleiche etwa [Balzer,1978]).

Wie gesagt,die Feststellung der beiden Komponenten: innere Struktur und Transformationen,einer Theorie <u>beginnt</u> bei den natürlichen Phänomenen.Wie weit diese allein führen,ist eine andere Frage.Es ist nämlich klar,daß man durch bloße Betrachtung der natürlichen Phänomene nie zu den heute existierenden Theorien gekommen wäre.In der Tat werden die beiden Komponenten auch nicht durch bloße,passive Beobachtung festgestellt.Um die angenommene innere Struktur als adäquat und "real" nachzuweisen,wird man versuchen,die verschiedenen konstitutiven Teile: die Objekte,Relationen und Funktionen,näher zu bestimmen.Und bei den Relationen,auf jeden Fall aber bei den Funktionen,ist man hierbei auf Messung angewiesen.Länge und Abstand in der Geometrie,Winkel und Perioden in der Astronomie,Orte,Zeiten,Massen in der Mechanik,Temperatur,Volumen, Druck usw. in der Thermodynamik,Widerstand und Stromstärke in der Elektrizitätslehre: all diese Funktionen sind wesentliche Bestandteile für die innere Struktur der jeweiligen Phänomene und alle können nur durch geeignete Meßverfahren bestimmt werden.Auch die genaue Erkenntnis der relevanten Transformationen ist nur möglich,wenn man die Funktionen in den Systemen vor und nach einer Transformation genau bestimmen kann, was,wie wir sahen,ohne Messung nicht geht.Messung aber führt zwangsläufig zu einer Erweiterung des Phänomenbereichs,sodaß im Zuge der Feststellung von innerer Struktur und Transformationen bei der Entstehung einer Theorie auch sogleich neue Phänomene geschaffen oder zumindest möglich werden.Solche neuen Phänomene dienen dann als Prüfstein für den Erfolg der Theorie.

Nennen wir die Phänomene,mit denen sich eine Theorie beschäftigt,in Anlehnung an [Sneed,1971] intendierte Anwendungen,so erweitert sich also der Bereich der intendierten Anwendungen einer Theorie ständig und zwar auch schon dann,wenn "die" Theorie sich erst in groben Umrissen abzeichnet.Am Anfang,wenn die Theorie erstmals dargelegt wird,hat man meist nur einige wenige intendierte Anwendungen,die von dem (oder den) Erfinder(n) explizit angegeben werden.Zu diesen kommen bereits in der Phase der ersten Etablierung der Theorie im Zusammenhang mit Messungen neue Anwendungen hinzu und auch nachdem sich die Theorie etabliert hat,versucht man ständig,deren Anwendungsbereich durch Einbeziehung oder Schaffung neuer Phänomene,die unter die Theorie fallen,zu erweitern.

Wir sehen,daß Messung in verschiedener Hinsicht für die Entwicklung und Ausbreitung von Theorien wesentlich ist.Zum einen wirkt sie durch Schaffung neuer Phänomene bei einer "theorieunabhängigen" Ausdehnung des für die Theorie relevanten Phänomenbereiches mit.Zum anderen ist sie wesentlich an der Etablierung der Theorie beteiligt,da sie zur Feststellung innerer Strukturen und Transformationen dient.Die Frage, ob Messung eine notwendige Bedingung für die Entstehung naturwissenschaftlicher Theorien ist,kann man derzeit nicht beantworten;vielleicht wird sich herausstellen,daß es keine gute Frage ist,ebenso wie etwa die Frage,was zuerst kommt: Theorie oder Messung.Theorie und Messung gehen Hand in Hand.Ein schönes Beispiel für dieses Zusammengehen beider Komponenten bildet die Einführung des Ohmschen Gesetzes,welches in einem Schritt eine theoretische,"innere" Strukturierung der Phänomene zusammen mit sauberen Meßmöglichkeiten lieferte (vergleiche etwa [Heidelberger,1980]).

Messungen der angesprochenen Art wollen wir zusammenfassend als archigone ("anfängliche","ursprüngliche") Messungen bezeichnen,da die bisher in der Literatur verwendeten Bezeichnungen nicht genau das treffen,was wir hier auszeichnen wollen.

Der bisherige Überblick ist noch keineswegs erschöpfend.Nachdem eine Theorie fest etabliert und allgemein anerkannt ist,tritt eine neue Art von Messung auf,nämlich Messung,bei der die Theorie als gültig vorausgesetzt wird und bei der man die Theorie in irgendeiner Weise benutzt. Dieses Phänomen hat eine einfache Erklärung.Wie wir sahen,spielt Messung von Anfang an bei der Entstehung und Entwicklung der Theorie eine wichtige Rolle.Zahlreiche Messungen und Bestimmungen sind erforderlich,damit die Theorie anerkannt wird und all diese Bestimmungen müssen (einigermaßen) zusammenpassen.Man kann sagen,daß die Theorie eine sehr große Zahl verschiedener Daten,über die man sonst keinen Überblick hätte,in einfacher,übersichtlicher Weise zusammenfaßt.Wenn in einem Stadium,in dem erst wenige Messungen durchgeführt wurden,Werte auftreten,die nach dem hypothetisch angenommenen,theoretischen Bild überhaupt nicht zusammenpassen,dann wird die Theorie nicht viel Erfolg haben und bald im Papierkorb landen.In einem solchen Stadium erbringt die Theorie noch keine große vereinheitlichende Leistung.In einer von der Logik angeregten Sprechweise sagte man,daß ein beobachtetes (gemessenes) Datum, welches nicht den theoretischen Annahmen genügt,die Theorie falsifiziert.So streng war man in der Praxis freilich nie und mit guten Gründen.Je mehr Daten die Theorie in vereinfachender Weise zusammenfaßt, umso weniger wird man bereit sein,diese Errungenschaft wegen eines einzelnen,widerspenstigen Wertes aufzugeben.Und wenn sich die Theorie einen festen Platz in den Wissenschaften erobert hat,können einzelne oder auch mehrere widersprechende Meßergebnisse sie nicht erschüttern,einfach weil man damit den wenigen schlechten Meßergebnissen gegenüber einer überwältigenden Majorität "passender" Ergebnisse den Vorrang gäbe.In dieser Lage bekommen Messungen eine neue Funktion.Anstatt,wie vorher,zum Aufbau und Test der Theorie beizutragen,dienen sie nunmehr dazu,auf der Grundlage der als in ihrem Bereich gültig angenommenen Theorie entweder praktische,technische Probleme zu lösen oder durch verbesserte Methoden genauere Werte und damit neue Anstöße zu theoretischer Entwicklung zu geben. Dabei tritt das von C.F.v.Weizsäcker angesprochene Problem der Konsistenz der "alten" mit den "neuen" Daten auf: sind die Daten, die im Laufe der Entwicklung der Theorie archigon gemessen wurden, mit den neuen Daten, die man bei Voraussetzung der Theorie als gültig erhält, konsistent? Die meisten praktischen Verfahren zur Längen- und Zeitmessung benutzen heute elektronische Geräte und Atomuhren und setzen dabei Elektrodynamik und Quantenmechanik als gültig voraus. Im Lichte der jeweils neueren und umfassenderen Theorien werden neue Meßverfahren entwickelt, die die "alten" Verfahren, bei denen man jene Theorien noch gar nicht kannte, ersetzen. Es fragt sich dann, ob man auf die alten Verfahren völlig verzichten kann, ob sie mit der Ersetzung durch andere, neuere Verfahren systematisch überflüssig werden.

Bei dieser neuen Art von Messung wird die Theorie nicht nur vorausgesetzt, sie wird auch zum Zweck der Messung benutzt. Der zu messende Wert wird mittels einer Gleichung, welche man durch Spezialisierung der Grundannahmen (Axiome) der Theorie erhält, aus anderen, bereits bekannten oder gemessenen Werten bestimmt. Insofern die Axiome der Theorie für solche Messungen einen Rahmen bilden, der bereits wesentliche Annahmen für die Messung enthält, sprechen wir hier von <u>theoriegeleiteter</u> Messung.

Die Unterscheidung zwischen theoriegeleiteter und archigoner Messung ist keine streng logische, sondern eine pragmatische. Archigone Messung liegt vor, wenn man entweder gar keine einschlägige Theorie hat oder berücksichtigt, oder wenn man die Meßwerte als unabhängig von der einschlägigen Theorie und als dieser gleichgestellt und eventuell diese testend ansieht. Theoriegeleitete Messung dagegen setzt die einschlägige Theorie als gültig voraus und kann daher nicht dazu dienen, diese zu testen (jedenfalls nicht, wenn man "Test" so versteht, daß dabei auf theorie-unabhängige Daten zurückgegriffen werden muß).

Über archigone Messung gibt es umfangreiche Literatur, etwa [Krantz et al., 1971], [Pfanzagl, 1968] und [Kyburg, 1984]. Der Begriff der theoriegeleiteten Messung, mit dem wir uns in diesem Buch ausschließlich beschäftigen, wurde dagegen bisher noch nicht systematisch untersucht. Wir werden im folgenden den Begriff der theoriegeleiteten Messung in allgemeiner Weise herausarbeiten und durch einfache Beispiele belegen. Zwei wichtige Aspekte werden dabei ausgeklammert: der Aspekt der Meßungenauigkeit und eine Untersuchung des oben angesprochenen Konsistenzproblems und damit verbunden der Rolle theoriegeleiteter Messung beim Test oder bei der Bestätigung oder "Widerlegung" einer Theorie. Der hier entwickelte Begriffsapparat wird bei der Analyse dieser beiden Aspekte wertvolle Dienste leisten.

II EMPIRISCHE THEORIEN UND EMPIRISCHE BEHAUPTUNGEN

Der Begriff einer empirischen Theorie wurde weitaus intensiver untersucht als der der Messung. Von den verschiedenen in der Literatur vorfindbaren Ansätzen, die z.B. in [Balzer & Heidelberger, 1983] zusammengestellt sind, wählen wir für unsere Zwecke den auf Suppes, Sneed und Stegmüller zurückgehenden, neuen strukturalistischen Theoriebegriff (siehe z.B. [Suppes, 1970], [Sneed, 1971], [Stegmüller, 1973], [Stegmüller, 1979] und [Balzer, 1982]). Danach besteht eine empirische Theorie mindestens aus einem formalen Kern K und einer Menge I intendierter Anwendungen. Wir werden hier nicht über dieses Minimum hinausgehen und insbesondere auf die Betrachtung von "Theorien-Netzen" verzichten (vergleiche [Balzer & Sneed, 1977/78] zum Begriff des Theorien-Netzes). Die Erweiterung unseres Ansatzes auf solche Netze muß zukünftiger Arbeit vorbehalten bleiben.

Da die Begriffe des Modells, des potentiellen Modells, des partiellen potentiellen Modells und des Constraints schon ausgiebig in der Literatur behandelt sind, können wir uns bei deren Erläuterung kurz fassen. Statt "Constraint" verwenden wir im folgenden stets das Wort "Querverbindung"; einmal, weil "Constraint" in der Physik schon eine feste, technische Bedeutung hat und zum anderen, weil das Wort "Querverbindung" viel besser ausdrückt, um was es sich in der Regel handelt.

In Bezug auf "Theorie-Kerne" nehmen wir gegenüber den bisher in der Literatur gegebenen Darstellungen zwei Änderungen vor. Erstens behandeln wir die Klasse der potentiellen Modelle und die Klasse der Modelle als Strukturarten ("species of structures") im Sinne von Bourbaki (vergleiche [Bourbaki, 1968], S.259 ff.). Dadurch wird ein gewisser "syntaktischer Unterbau" des strukturalistischen Theoriebegriffs zumindest so weit angedeutet, daß sich die verschiedentlich vorgebrachten Einwände (etwa in [Niiniluoto, 1980], [Pearce, 1981], [Rantala, 1980], [Scheibe, 1981], [Tuomela, 1978]) gegen die bisher von "Strukturalisten" praktizierte Benutzung informeller mengentheoretischer Prädikate als unwesentlich (weil ausräumbar) erweisen. In der Tat erfolgte der Verzicht auf solchen Unterbau meist bewußt aus Einfachheitsgründen, um zu einem leicht anwendbaren Theoriebegriff zu gelangen, ohne sich zuerst durch einen "syntaktischen Dschungel" kämpfen zu müssen. Aus der Sicht des Verfassers war dies jedenfalls so in der Arbeit [Balzer & Sneed, 1977/78] und die Definitionen dieses Abschnitts dürften zeigen, daß die benutzte Metapher nicht ganz unberechtigt ist.

Zweitens ändern wir die Definition der "partiellen potentiellen Modelle" ab. Diese werden in allgemeinerer Weise als bisher eingeführt.

1) Strukturarten

Mit $\mathbb{N}$ bezeichnen wir im folgenden die Menge der natürlichen Zahlen, $\mathbb{N}=\{1,2,3,\ldots\}$.

D1 Induktive Definition der k-Typen für $k \in \mathbb{N}$.

1) jedes $i \leq k$ ist ein k-Typ
2) ist τ ein k-Typ, so auch $\underline{Pot}(\tau)$
3) sind τ_1 und τ_2 k-Typen, so ist auch $(\tau_1 x \tau_2)$ ein k-Typ

Am besten stellt man sich einen k-Typ als eine "Konstruktionsregel" vor, nach der man, ausgehend von k gegebenen Mengen $D_1,\ldots,D_k$ neue, komplizierter gebaute Mengen konstruiert. Bei der durch D1-1 gegebenen Regel besteht die "Konstruktion" einfach in der Auswahl der i-ten Menge D_i aus vorgegebenen k Mengen $D_1,\ldots,D_k$. Anders gesagt: ausgehend von $D_1,\ldots,D_k$ wird gemäß dem k-Typ i $(i \leq k)$ die Menge D_i "konstruiert". D1-2 und 3 enthalten den Induktionsschritt. Nehmen wir an, wir hätten gemäß dem k-Typ τ, den wir als Konstruktionsregel auffassen, schon aus gegebenen Mengen $D_1,\ldots,D_k$ eine Menge D konstruiert. Dann besagt die Regel $\underline{Pot}(\tau)$ einfach, daß man die Konstruktion durch Bildung der Potenzmenge von D fortsetzen kann. Das induktiv gewonnene Endergebnis der Konstruktion einer Menge aus $D_1,\ldots,D_k$ gemäß $\underline{Pot}(\tau)$ ist dann die Menge Pot(D), die Potenzmenge von D. Analog funktioniert D1-3. Sind aus $D_1,\ldots,D_k$ schon Mengen E_1 gemäß τ_1 und E_2 gemäß τ_2 konstruiert, so kann man gemäß Regel $(\tau_1 x \tau_2)$ die Konstruktion dadurch weiterführen, daß man das kartesische Produkt $E_1 x E_2$ bildet. Das Verfahren wird klarer, wenn wir noch die folgende Definition benutzen.

D2 Sei $k \in \mathbb{N}$ und seien $D_1,\ldots,D_k$ Mengen. Induktive Definition der Leitermengen der k-Typen τ über $D_1,\ldots,D_k$

1) jedes D_i $(1 \leq i \leq k)$ ist eine Leitermenge vom k-Typ i über $D_1,\ldots,D_k$
2) ist ζ eine Leitermenge vom k-Typ τ über $D_1,\ldots,D_k$, so ist $Pot(\zeta)$ eine Leitermenge vom k-Typ $\underline{Pot}(\tau)$ über $D_1,\ldots,D_k$
3) sind ζ_1 und ζ_2 Leitermengen der k-Typen τ_1 und τ_2 über $D_1,\ldots,D_k$,

so ist $\zeta_1 x \zeta_2$ eine Leitermenge vom k-Typ $(\tau_1 x \tau_2)$ über $D_1,..,D_k$

In D2 wird die zuvor geschilderte Konstruktion neuer Mengen aus gegebenen Mengen $D_1,...,D_k$ gemäß bestimmter,durch k-Typen gegebener Konstruktionsregeln explizit gemacht.Das Resultat einer gemäß k-Typ τ durchgeführten Konstruktion aus $D_1,..,D_k$ heißt eine Leitermenge vom k-Typ τ über $D_1,...,D_k$.Gehen wir z.B.von drei Mengen D_1,D_2,D_3 (k=3) aus,so erhalten wir für die 3-Typen 1 und 3 die Leitermenge D_1 vom 3-Typ 1 über $D_1,...,D_3$ und die Leitermenge D_3 vom 3-Typ 3 über $D_1,..,D_3$. Aus der Leitermenge D_3 erhalten wir für τ=Pot(3) die Leitermenge Pot(D_3) vom 3-Typ Pot(3) über $D_1,..,D_3$.Aus dieser und D_1 mit τ'= (1xPot(3)) die Leitermenge D_1xPot(D_3) vom 3-Typ τ' über $D_1,...,D_3$ usw. Die Leitermengen entstehen also aus $D_1,..,D_k$ durch iterierte Bildung von Potenzmengen und kartesischen Produkten.Es ist klar,daß z.B.jede Relation $R \subseteq D_1 x...xD_k$ sich als Element einer Leitermenge über $D_1,...,D_k$ darstellen läßt,nämlich $R \in$ Pot(D_1x...xD_k).

Leitermengen entsprechen den "echelons" aus [Bourbaki,1968],S.260 und die k-Typen den dortigen "echelon construction schemes" (S.259). Diese Begriffe dienen dazu,die mengentheoretischen "Typen" der in einer Struktur vorkommenden Relationen "über" den Grundmengen $D_1,...,D_k$ zu fixieren.In der einsortigen Prädikatenlogik erster Stufe wird diese Aufgabe einfach durch Angabe der "Stellenzahlen" der Prädikatzeichen gelöst.Aus D2 erhält man folgendes

Lemma Zu jedem k-Typ τ und zu jeweils k Mengen $D_1,...,D_k$ gibt es genau eine Leitermenge vom k-Typ τ über $D_1,...,D_k$

Beweis: Induktion nach τ#

Für diese nach dem Lemma eindeutig bestimmte Leitermenge führen wir eine Bezeichnung ein.

D3 Sei $k \in \mathbb{N}$, τ ein k-Typ und seien $D_1,..,D_k$ Mengen.Dann bezeichne $\tau(D_1,...,D_k)$ die nach dem Lemma eindeutig bestimmte Leitermenge vom k-Typ τ über $D_1,...,D_k$

D4 x ist eine mengentheoretische Struktur gdw es $D_1,...,D_k,R_1,...,R_m$ gibt,sodaß 1) $k,m \in \mathbb{N}$; 2) $x=<D_1,...,D_k;R_1,...,R_m>$ und 3) zu jedem $i \leq m$ gibt es einen k-Typ τ_i, sodaß $R_i \in Pot(\tau_i(D_1,...,D_k))$

Dies ist eine sehr allgemeine Bestimmung.Es wird nur festgelegt,daß bestimmte Komponenten der Struktur (nämlich $R_1,...,R_m$) Relationen bestimmter k-Typen τ_i über den Grundmengen oder Basismengen $D_1,..,D_k$ sind. Spezialfälle von mengentheoretischen Strukturen sind z.B. alle Modelle,die in Semantiken für Sprachen mit endlich vielen Prädikat- und Funktionskonstanten (die auch mehrsortig und höherstufig sein können) vorkommen.Eine gewisse Einschränkung liegt bei D4 vor,indem keine "Objekte" unter den R_i vorkommen dürfen,also keine Elemente $a \in \bigcup\{D_i / i \leqq k\}$ (die in Modellen der Prädikatenlogik den Individuenkonstanten entsprechen) und indem nur endlich viele Relationen R_i zugelassen werden.(Wir verwenden hier und im folgenden die Bezeichnung $\bigcup\{A_i / i \in J\}$ bzw. $\bigcup\{y / y \in B\}$ für die Vereinigung der Mengen A_i bzw.y.) Die erste Einschränkung läßt sich formal leicht umgehen,indem man hervorzuhebende Objekte $a \in \bigcup\{D_i / i \leqq k\}$ mit Einermengen $\{a\}$ identifiziert. Auch die zweite Einschränkung ließe sich durch Verallgemeinerung von D4 aufheben.Wir sehen aber hierfür keinen Anlaß,weil D4 praktisch alle uns interessierenden Fälle von Strukturen abdeckt.Wir bemerken,daß die D_i auch leer sein können.Dann ist z.B. für $\tau_i=1$ und $D_1=\emptyset$: $Pot(\tau_i(D_1,\ldots,D_k))=Pot(D_1)=Pot(\emptyset)=\{\emptyset\}$,also muß für $R_i \in Pot(\tau_i(D_1,\ldots,D_k))$ gelten: $R_i \in \{\emptyset\}$,d.h.$R_1=\emptyset$.

Modellklassen von Theorien sind Klassen mengentheoretischer Strukturen mit bestimmten weiteren Eigenschaften.<u>Eine</u> solche Eigenschaft ist, daß die Zahl k der Grundmengen $D_1,\ldots,D_k$,die Zahl der Relationen $R_1,\ldots,R_m$ und die k-Typen $\tau_1,\ldots,\tau_m$ in allen Modellen einer Klasse identisch sind.

<u>D5</u> Zwei mengentheoretische Strukturen $\langle D_1,\ldots,D_k;R_1,\ldots,R_m\rangle$ und $\langle D'_1,\ldots,D'_m;R'_1,\ldots,R'_n\rangle$ sind <u>vom gleichen Typ</u> gdw 1) k=m und l=n;
2) für alle $i \leqq l$ und alle k-Typen τ gilt:
$R_i \in Pot(\tau(D_1,\ldots,D_k))$ gdw $R'_i \in Pot(\tau(D'_1,\ldots,D'_k))$

Eine Klasse mengentheoretischer Strukturen gleichen Typs,die <u>alle</u> Strukturen dieses Typs enthält,nennen wir eine typisierte Klasse.

<u>D6</u> S ist eine <u>typisierte Klasse</u> (mengentheoretischer Strukturen) gdw
1) S ist eine nicht-leere Klasse mengentheoretischer Strukturen
2) alle Elemente von S sind vom gleichen Typ
3) für alle $x \in S$ und alle y gilt: ist y eine mengentheoretische Struktur vom gleichen Typ wie x,so ist auch $y \in S$

<u>T1</u> a) Ist S eine typisierte Klasse,so gibt es $k,m \in \mathbb{N}$ und k-Typen $\tau_1,\ldots,\tau_m$,sodaß für alle x aus S gilt:
$$x=\langle D_1,\ldots,D_k;R_1,\ldots,R_m\rangle$$
wobei $D_1,\ldots,D_k$ Mengen sind und für $j=1,\ldots,m$ gilt:
$R_j \in Pot(\tau_j(D_1,\ldots,D_k))$
b) Ist τ ein k-Typ und sind für $i=1,\ldots,k$: $D'_i \subseteq D_i$,so gilt
$Pot(\tau(D'_1,\ldots,D'_k)) \subseteq Pot(\tau(D_1,\ldots,D_k))$

Beweis: a) Ein $x \in S$ hat nach D4 die Form $x=\langle D_1,\ldots,D_k;R_1,\ldots,R_m\rangle$ mit k-Typen $\tau_1,\ldots,\tau_m$.Alle anderen Elemente von S sind vom gleichen Typ wie x. b) Induktion nach τ#

Ist S eine typisierte Klasse und $x=\langle D_1,\ldots,D_k;R_1,\ldots,R_m\rangle \in S$,so heißt jedes D_i $(1\leq i\leq k)$ eine <u>Basismenge</u> von x, jedes R_i $(1\leq i\leq m)$ eine <u>Relation</u> von x,bzw. <u>die i-te Relation</u> von x,bzw.eine <u>Relation über</u> $D_1,\ldots,D_k$ in x, bzw. die <u>i-te Relation von x über</u> $D_1,\ldots,D_k$.Für $1\leq i\leq k$ heißt D_i die <u>i-te Komponente</u> von x und für $1\leq j\leq m$ heißt R_j die <u>(k+j)-te Komponente</u> von x.

Bei Bourbaki werden alle Relationen $R_1,\ldots,R_m$ als eine einzige Relation in zusammengefaßter Weise behandelt.Die dort auftretende Relation R ([Bourbaki,1968],S.261) kann man aus unseren $R_1,\ldots,R_m$ durch $R=\langle R_1,\ldots,R_m\rangle$ gewinnen.Im Unterschied zu Bourbaki typisieren wir keine "ganzen" Strukturen,sondern jede Relation R_j einzeln.Mit $pr_i(x)$ bezeichnen wir im folgenden die Projektion auf die i-te Komponente.Für $x=\langle x_1,\ldots,x_n\rangle$ und $i\leq n$ ist also $pr_i(x)=x_i$.

<u>D7</u> Es sei S eine typisierte Klasse von Strukturen der Form $\langle D_1,\ldots,D_k;R_1,\ldots,R_m\rangle$.

a) Für $i\leq m$ heißt $\overline{R}_i:=\{R_i/\exists x\in S(\ R_i=pr_{k+i}(x))\}$ <u>der i-te Term von</u> S. Jedes $R_i\in\overline{R}_i$ heißt <u>eine Realisierung von</u> $\overline{R}_i$

b) Für $j\leq k$ heißt $\overline{D}_j:=\{D_j/\exists x\in S(\ D_j=pr_j(x))\}$ <u>der j-te Basismengenterm</u> von S

Der Begriff des Terms ist ein technischer Hilfsbegriff und nicht identisch mit dem des Begriffs.Selbst wenn man Begriffe rein extensional auffaßt,sind Terme im Sinn von D7 keine Begriffe.Ein Term ist genauer die maximal mögliche Extension eines Begriffs.Das heißt,extensional gedacht ist ein Begriff B -aufgefaßt als Menge aller seiner Realisierungen- Teilmenge eines Terms.Der Begriff des Terms ist nötig,wenn man die Begriffe einer Theorie feststellen möchte.Dazu braucht man einen "Möglichkeitsraum",aus dem die fraglichen Begriffe ausgewählt werden.Diesen "Möglichkeitsraum" bilden die Terme (vergl.Kap.VI und auch [Balzer,1981]).Bei einer Theorie wird später S gegeben sein durch die Klasse M_p aller potentiellen Modelle.Der i-te Term von T ist dann nach D7 die Klasse aller in irgendwelchen potentiellen Modellen der Theorie vorkommenden Relationen R_i.Selbst wenn man diesen rein extensionalen Sprachgebrauch ablehnt,wird man sich der Einfachheit,die er im folgenden mit sich bringt,kaum verschließen können.

Das Verhältnis zwischen Term und Realisierung ist identisch mit dem zwischen Prädikatzeichen und Interpretation desselben in der formalen Logik.Statt "Realisierung" könnten wir auch "Interpretation" oder "Konkretisierung" sagen.Normalerweise hat man für den Term ein eigenes sprachliches Zeichen,nicht aber für die verschiedenen Realisierungen. Will man über eine Realisierung reden,so sagt man z.B. "die Realisierung des Terms...in diesem System" oder "die Interpretation von...in dieser Struktur" oder "die unter...subsumierbare konkrete Funktion in diesem System" oder ähnlich. Bei der hier durchgeführten Behandlung wird also die übliche Vorgehensweise bezüglich der Zuordnung von Zeichen und Bezeichnetem quasi "auf den Kopf gestellt".

Die potentiellen Modelle der klassischen Partikelmechanik bilden zum Beispiel eine typisierte Klasse S von Strukturen der Form $<P;T, \mathbb{R}^3, \mathbb{R};s,m,f_1,...,f_n>$. Der 2-te Term $\bar{m}=\{m/<P;T, \mathbb{R}^3, \mathbb{R};s,m,f_1,..,f_n> \in S\}$ ist der Term "Masse". Er ist nicht identisch mit dem Begriff "die Masse der Mechanik" (vergleiche Kap.VI). Jede Massenfunktion in einem realen oder abstrakten (mathematischen oder rein fiktiven) System, d.h. jede Funktion $m:D \rightarrow \mathbb{R}$ mit einer Menge D, ist eine Realisierung des Terms "Masse", bzw. ist unter den Term "Masse" subsumierbar.

Fur spezielle Arten von Meßmodellen in Kap.III brauchen wir noch folgende Art von typisierten Klassen.

<u>D8</u> S ist eine <u>typisierte Klasse mit definierten Termen</u> $\bar{t}_1,...,\bar{t}_n$ gdw

1) S ist eine typisierte Klasse
2) die Strukturen in S haben die Form $<D_1,...,D_k;R_1,...,R_m;t_1,...,t_n>$
3) für alle $D_1,...,D_k,R_1,...,R_m,t_1,...,t_n,t_1',...,t_n'$ gilt: wenn $<D_1,...,D_k;R_1,...,R_m;t_1,...,t_n> \in S$ und $<D_1,..,D_k;R_1,..,R_m;t_1',...,t_n'> \in S$, dann ist für alle $i \leq n$: $t_i=t_i'$

Die Idee hierbei ist, daß in $x \in S$ die $t_1,...,t_n$ durch $D_1,...,D_k,R_1,...,R_m$ und S eindeutig bestimmt sein sollen. Das ist sicher der Fall, wenn $t_1,...,t_n$ als mengentheoretische Terme gemäß $t_i=\{z/A_i(z,D_1,...,R_m)\}$ definiert sind, wobei A_i eine Formel bezeichnet, in der außer $z,D_1,...,D_k,R_1,..,R_m$ keine freien Variablen auftreten.

Über den Begriff der Definierbarkeit herrscht in der Mengenlehre noch keine Einmütigkeit, sodaß wir hier auf keinen allgemein anerkannten Begriff zurückgreifen können. Bedingung D8-3 ist aber sehr allgemein und wird als notwendige Bedingung für jeden Definierbarkeitsbegriff angesehen werden dürfen.

Wir kommen nun zu der für Strukturarten entscheidenden Eigenschaft der "Invarianz unter kanonischen Transformationen". Eine Strukturart ist eine typisierte Klasse, die invariant unter kanonischen Transformationen ist. Und eine kanonische Transformation ist eine Transformation, die eine Struktur $<D_1,...,D_k;R_1,..,R_m>$ "transformiert" in eine andere Struktur $<D_1',...,D_k';R_1',...,R_m'>$ gleichen Typs, wobei $D_1',...,D_k'$ aus den $D_1,...,D_k$ durch bijektive Abbildungen F_i $(i \leq k)$ hervorgehen und die $R_1',...,R_m'$ aus den $R_1,...,R_m$ mittels dieser Abbildungen "konstruiert" werden. Wir sagen auch, daß R_j' aus R_j durch einen von den F_i induzierten "Transport" hervorgeht. Aus später zu diskutierenden Gründen werden die Basismengen $D_1,...,D_k$ in zwei Gruppen eingeteilt: in Haupt- und Hilfsbasismengen.

Die Hilfsbasismengen bezeichnen wir mit $A_1,\ldots,A_l$. Sie bleiben bei kanonischen Transformationen unverändert. In der folgenden Definition wird zunächst die Konstruktion der "transformierten" Relationen R_j' aus den R_j angegeben. Da die Konstruktion für beliebiges j ($j \leq m$) funktioniert, lassen wir den Index bei R_j weg, d.h. wir konzentrieren uns auf eine der Relationen R_j, die wir mit R bezeichnen.

D9 Seien $k,l \in \mathbb{N}, D_1,\ldots,D_k, D_1',\ldots,D_k', A_1,\ldots,A_l$ Mengen und τ ein $(k+l)$-Typ. Weiter seien für $i=1,\ldots,k$ $F_i: D_i \rightarrow D_i'$ bijektiv, $F=\langle F_1,\ldots,F_k\rangle$ und $R \in \tau(D_1,\ldots,D_k,A_1,\ldots,A_l)$. Wir definieren rekursiv nach dem Aufbau von τ den <u>F-Transport R^F von R</u>.

1) ist $\tau=i$ mit $1 \leq i \leq k$, so sei $R^F := F_i(R)$ (der Funktionswert von F_i an der Stelle R)
2) ist $\tau=j$ mit $k < j \leq k+l$, so sei $R^F := R$
3) ist $\tau=\underline{Pot}(\tau')$, so ist $\tau(D_1,\ldots,A_l)=Pot(\tau'(D_1,\ldots,A_l))$ und $R \subseteq \tau'(D_1,\ldots,A_l)$, also für alle $s \in R$: $s \in \tau'(D_1,\ldots,A_l)$. Nach Induktionsvoraussetzung ist s^F fur alle $s \in R$ schon definiert. Wir setzen $R^F := \{s^F / s \in R\}$
4) ist $\tau=(\tau_1 x \tau_2)$, so ist $\tau(D_1,\ldots,A_l)=\tau_1(D_1,\ldots,A_l) x \tau_2(D_1,\ldots,A_l)$ und $R=\langle R_1,R_2\rangle$ mit $R_i \in \tau_i(D_1,\ldots,A_l)$. Nach Induktionsvoraussetzung ist R_i^F für $i=1,2$ schon definiert. Wir setzen $R^F := \langle R_1^F, R_2^F\rangle$

Intuitiv passiert bei einem F-Transport folgendes. Man hat eine Struktur $x=\langle D_1,\ldots,D_k;A_1,\ldots,A_l;R_1,\ldots,R_m\rangle$ und bijektive Abbildungen $F_i:D_i \rightarrow D_i'$, die die Hauptbasismengen $D_1,\ldots,D_k$ auf irgendwelche anderen Mengen $D_1',\ldots,D_k'$ bijektiv abbilden. Man mochte nun eine der Relationen R in eine "entsprechende" Relation R´ über den neuen Basismengen $D_1',\ldots,D_k',A_1,\ldots,A_l$ "transformieren". Dazu betrachtet man den $(k+l)$-Typ τ, nach dem R "uber" den $D_1,\ldots,D_k,A_1,\ldots,A_l$ aufgebaut ist. Genauer ist $R \in \tau(D_1,\ldots,A_l)$ mit der Leitermenge $\tau(D_1,\ldots,A_l)$. Man konstruiert nun eine Leitermenge nach derselben "Regel" τ, nur ausgehend von anderen Mengen, nämlich von $D_1',\ldots,D_k',A_1,\ldots,A_l$ und erhält die Leitermenge $\tau(D_1',\ldots,D_k',A_1,\ldots,A_l)$. Nun analysiert man den Aufbau der Elemente von R, der auch durch τ festgelegt ist. Dann bildet man Schritt für Schritt alle in Elementen von R auftretenden Komponenten mittels der Funktionen F_i in entsprechend "über" $D_1',\ldots,D_k',A_1,\ldots,A_l$ aufgebaute Komponenten ab und erhält so schließlich einen Transport von R in eine entsprechende Relation R´ über $D_1',\ldots,D_k',A_1,\ldots,A_l$, die man als "Bild von R unter F" bezeichnen könnte. R´ ist gerade R^F in D9, wobei $F=\langle F_1,\ldots,F_k\rangle$ natürlich die Funktion $F: D_1 x \ldots x D_k \rightarrow D_1' x \ldots x D_k'$ bezeichnet, für die $F(\langle a_1,\ldots,a_k\rangle)=\langle F_1(a_1),\ldots,F_k(a_k)\rangle$ ist.

Betrachten wir einige einfache Beispiele. a) Sei $\tau=1$ und

$R\in\tau(D_1,\ldots,A_l)$.Dann ist $R^F=F_1(R)\in D_1'=\tau(D_1',\ldots,A_l)$. b) Sei $\tau=(\tau_1 x \tau_2)$ und $R\in\tau(D_1,\ldots,A_l)=D_1 x D_2$.Also hat R die Form $R=\langle R_1,R_2\rangle$ mit $R_i\in D_i$. Dann ist $R^F=\langle R_1^F,R_2^F\rangle=\langle F_1(R_1),F_2(R_2)\rangle\in D_1' x D_2'=\tau(D_1',\ldots,A_l)$.Solche Fälle werden allerdings aufgrund von D4-3 im folgenden nicht auftreten. c) Sei $\tau=\underline{Pot}((1x2))$ und $R\in\tau(D_1,\ldots,A_l)=Pot(D_1 x D_2)$,d.h.$R\subseteq D_1 x D_2$.Dann ist $R^F=\{s^F/s\in R\}=\{\langle s_1^F,s_2^F\rangle/s_1\in D_1\wedge s_2\in D_2\wedge\langle s_1,s_2\rangle\in R\}=\{\langle F_1(s_1),F_2(s_2)\rangle/ s_1\in D_1\wedge s_2\in D_2\wedge\langle s_1,s_2\rangle\in R\}=\{\langle F_1(s_1),F_2(s_2)\rangle/\langle s_1,s_2\rangle\in R\}$.Das folgende Theorem bringt weitere Klarheit.

<u>T2</u> Unter den Voraussetzungen von D9 gilt:

a) $R^F\in\tau(D_1',\ldots,D_k',A_1,\ldots,A_l)$

b) die Abbildung $\tilde{F}:\tau(D_1,\ldots,A_l)\rightarrow\tau(D_1',\ldots,D_k',A_1,\ldots,A_l)$,die R in R^F abbildet,ist bijektiv

Beweis: a) Induktion nach τ . b) Offenbar ist R^F eindeutig durch R und F gegeben,d.h. $\tilde{F}$ ist eine Funktion.$\tilde{F}$ ist injektiv,wie man durch Induktion nach τ zeigt.Ebenso durch Induktion nach τ beweist man,daß $\tilde{F}$ surjektiv ist #

Wir können uns die Situation an folgendem Diagramm veranschaulichen.

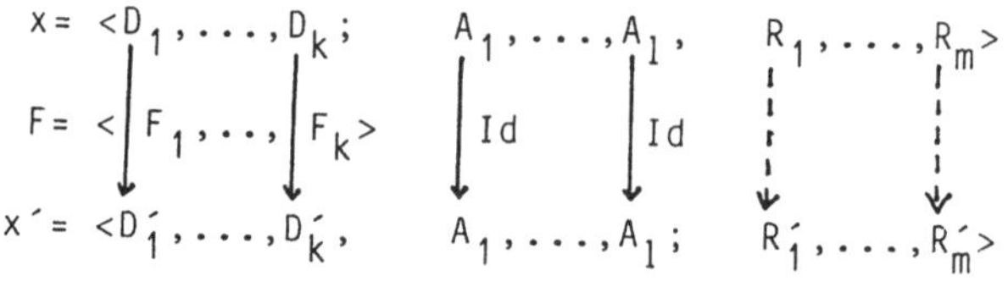

$$\begin{array}{lccccccc}
x= & \langle D_1,\ldots, & D_k; & A_1,\ldots, & A_l, & R_1,\ldots, & R_m\rangle \\
F= & \langle \downarrow F_1,\ldots, & \downarrow F_k\rangle & \downarrow Id & \downarrow Id & \vdots & \vdots \\
x'= & \langle D_1',\ldots, & D_k', & A_1,\ldots, & A_l; & R_1',\ldots, & R_m'\rangle
\end{array}$$

Man hat eine Struktur x und bijektive Abbildungen F_i der Basismengen $D_1,\ldots,A_l$ von x auf andere Mengen $D_1',\ldots,D_k',A_1,\ldots,A_l$,wobei bei den A_j die Bijektionen durch die identischen Abbildungen Id gegeben sind. Es werden dann solche $R_1',\ldots,R_m'$ gesucht,die x' zu einer Struktur vom gleichen Typ wie x machen.

Die Hilfsbasismengen $A_1,\ldots,A_l$ in D9 sind auch "Basismengen" von Objekten,aber diese Objekte dienen nur als Hilfsmittel,um Aussagen über die anderen,"echten" Objekte aus $D_1,\ldots,D_k$ zu formulieren.In der Regel sind die Elemente der A_j Zahlen,d.h.mathematische Objekte.In der klassischen Partikelmechanik z.B. treten $\mathbb{R}$ (die Menge der reellen Zahlen), und $\mathbb{R}^3$ als Hilfsbasismengen auf.Formal konnte man $\mathbb{R}^3$ weglassen,da sich diese Menge als Leitermenge über $\mathbb{R}$ konstruieren läßt.Bei dem einzuführenden Begriff der Strukturart (vergl.D11) ist es wichtig,die Elemente der Basismengen $D_1,\ldots,D_k$ als <u>zunächst völlig</u> unspezifiziert anzusehen.<u>Alle</u> Beziehungen,die zwischen verschiedenen Objekten in der Theorie hergestellt werden,müssen durch die Relationen R_j explizit gemacht werden.Das heißt,die Theorie charakterisiert ihre

Objekte nur insoweit und genau insoweit, als sie durch die Relationen $R_1,\dots,R_m$ miteinander in Verbindung stehen.

Bei Benutzung mathematischer Hilfsobjekte müßte man zur konsequenten Durchführung dieser Idee stets alle mathematischen Relationen, die zur axiomatischen Charakterisierung bestimmter mathematischer Zahlenmengen nötig sind, explizit in die Strukturen aufnehmen. Eine Struktur, die z.B. reelle Zahlen als Objekte enthält, müßte unter ihren Relationen z.B. $+, \cdot, <, 0$ und 1 enthalten, weil es nur mit Hilfe dieser (oder eines Satzes äquivalenter) Relationen möglich ist, $\mathbb{R}$ zu charakterisieren. Die Benutzung von Hilfsbasismengen umgeht dieses Problem. Die Objekte aus den Hilfsbasismengen dürfen schon als anderweitig (durch andere Theorien) charakterisiert angesehen werden und brauchen folglich in der fraglichen Struktur nicht weiter betrachtet zu werden.

Die Idee, daß die Objekte aus $D_1,\dots,D_k$ nur über die Relationen $R_1,\dots,R_m$ charakterisiert sind, wird durch Invarianz unter kanonischen Transformationen erfaßt. Da die Elemente aus $A_1,\dots,A_l$ in diese Forderung (der Charakterisierung allein durch die R_i) nicht eingeschlossen sind, kann man bei den kanonischen Transformationen auf eine Transformation der $A_1,\dots,A_l$ verzichten. Die $A_1,\dots,A_l$ bleiben beim F-Transport unverandert (D9-2), d.h. die entsprechenden bijektiven Abbildungen sind einfach Identitaten. Diese Forderung nach Invarianz unter kanonischen Transformationen läßt sich nun nach der komplizierten Definition D9 leicht hinschreiben.

D10 Sei S eine typisierte Klasse von Strukturen der Form $x=\langle D_1,\dots,D_k;A_1,\dots,A_l;R_1,\dots,R_m\rangle$ (mit $l \geq 0$) und $X \subseteq S$.
X heißt invariant unter kanonischen Transformationen gdw für alle $x=\langle D_1,\dots,D_k;A_1,\dots,A_l;R_1,\dots,R_m\rangle$, $F=\langle F_1,\dots,F_k\rangle$ und Mengen $D_1',\dots,D_k'$ gilt: wenn für $i \leq k$ $F_i:D_i \to D_i'$ bijektiv ist, dann gilt ($x \in X$ gdw $\langle D_1',\dots,D_k';A_1,\dots,A_l;R_1^F,\dots,R_m^F\rangle \in X$)

Man kann sich X als durch Axiome gegeben denken: $X=\{x/A(x)\}$, wobei Formel A die Axiome einer Theorie darstellt. Invarianz unter kanonischen Transformationen bedeutet dann, daß die Axiome A unter kanonischen Transformationen invariant bleiben. Das heißt, wenn eine Struktur $x=\langle D_1,\dots,D_k;A_1,\dots,A_l;R_1,\dots,R_m\rangle$ ein "Modell" der Axiome ist, so auch jede durch kanonische Transformationen $F=\langle F_1,\dots,F_k\rangle$ aus x hervorgehende Struktur $x^F=\langle F_1(D_1),\dots,F_k(D_k);A_1,\dots,A_l;R_1^F,\dots,R_m^F\rangle$. In der Prädikatenlogik erster Stufe ist dies gerade die Aussage des dort beweisbaren Isomorphiesatzes. In der Mengenlehre kann man die Verallgemeinerung dieses Satzes nicht beweisen, man muß ihre Gültigkeit fordern. Und zwar, weil man in der Mengenlehre "Axiome" formulieren kann, die einen unmittelbaren -nicht durch Relationen R_i explizierten- Zusammenhang zwischen den Basismengen bzw.zwischen deren Objekten herstellen.Zum Beispiel stellt die Formel "$D_1 \subseteq D_2$" einen solchen Zusammenhang zwischen den Elementen von D_1 und denen von D_2 her.

Wir können nun den Begriff der Strukturart einführen.Wir identifizieren Strukturarten mit Klassen von Strukturen und nicht,wie Bourbaki, mit syntaktischen Gebilden.Einmal wird der Begriff dadurch anschaulicher und zum anderen ist ein direkter Übergang zu empirischen Theorien möglich,deren (potentielle) Modelle wir als Strukturen einer Strukturart einführen werden.Der Begriff der Strukturart wurde zuerst in [Ludwig,1978] für einen allgemeinen Theoriebegriff verwandt (vergleiche auch [Scheibe,1978]).

D11 X ist eine Strukturart gdw es eine typisierte Klasse S gibt,sodaß 1) $\emptyset \neq X \subseteq S$ und 2) X ist invariant unter kanonischen Transformationen

Dieser Begriff stellt ein Analogon zu dem der "species of structures" aus [Bourbaki,1968],S.262 ff. dar.Man kann die Eigenschaft der Invarianz unter kanonischen Transformationen auch als einen Aspekt der Gesetzesartigkeit deuten.Die Struktur,die die Modelle einer Theorie besitzen, ist unabhängig von der speziellen Beschaffenheit der Objekte in den Basismengen (aufgrund der Invarianz) und in diesem Sinn in "gesetzesartiger" Weise erfaßt.

T3 Jede typisierte Klasse S ist invariant unter kanonischen Transformationen

Beweis: Sei $x = \langle D_1,\dots,D_k;A_1,\dots,A_l;R_1,\dots,R_m\rangle \in S$, $F=\langle F_1,\dots,F_k\rangle$ und $F_i: D_i \rightarrow D_i'$ bijektiv für $i=1,\dots,k$.Dann sind x und $x' := \langle D_1',\dots,D_k'; A_1,\dots,A_l;R_1^F,\dots,R_m^F\rangle$ vom gleichen Typ (T2).Nach D6-3 ist auch $x' \in S$. Zur Umkehrung wählt man zu x' die Struktur $x^* = \langle F_1^{-1}(D_1'),\dots,F_k^{-1}(D_k'); A_1,\dots,A_l;(R_1^F)^G,\dots,(R_m^F)^G\rangle$ mit $G := \langle F_1^{-1},\dots,F_k^{-1}\rangle$. Man zeigt durch Induktion: $R_j = (R_j^F)^G$,woraus $x^* = x$ folgt#

Zwei abstrakte Beispiele mögen der Verdeutlichung dienen.a) $S := \{\langle D; \mathbb{R};R_1,R_2\rangle / D \in V \wedge R_1 \in Pot(D) \wedge R_2 \in Pot(\mathbb{R})\}$ (mit V als Klasse aller Mengen) ist eine typisierte Klasse,aber $X := \{\langle D;\mathbb{R};R_1,R_2\rangle \in S / R_1 \subseteq R_2\}$ ist nicht invariant unter kanonischen Transformationen und folglich keine Strukturart.Denn sei $D \neq \emptyset$ und $x := \langle D;\mathbb{R};R_1,R_2\rangle \in X$,d.h. $R_1 \subseteq R_2$ und $F: D \rightarrow D'$ bijektiv mit $D' \cap \mathbb{R} = \emptyset$.Dann ist $R_1^F = F(R_1)$, $R_2^F = R_2$ und $x' := \langle D';\mathbb{R};R_1^F,R_2^F\rangle \in S$,aber $x' \notin X$,denn $F(R_1) \subseteq D'$ und $D' \cap \mathbb{R} = \emptyset$,also $F(R_1) \not\subseteq \mathbb{R}$.
b) $S^* := \{\langle D;\mathbb{R};R\rangle / D \in V \wedge R \in Pot(D \times \mathbb{R})\}$ ist eine typisierte Klasse und $X^* := \{\langle D;\mathbb{R};R\rangle \in S^* / R: D \rightarrow \mathbb{R}\}$ ist eine Strukturart.Denn sei $x = \langle D;\mathbb{R};R\rangle \in X^*$ und $F: D \rightarrow D'$ bijektiv.Dann ist $R^F = \{\langle R_1^F,R_2^F\rangle / \langle R_1,R_2\rangle \in R\} = \{\langle F(R_1),R_2\rangle / \langle R_1,R_2\rangle \in R\}$.Seien $\langle F(R_1),R_2\rangle$ und $\langle F(R_1),R_2'\rangle \in R^F$.Es folgt $\langle R_1,R_2\rangle \in R$

und $\langle R_1,R_2'\rangle \in R$ und hieraus $R_2=R_2'$. Also $R^F:D' \rightarrow \mathbb{R}$ und $\langle D';\mathbb{R},R^F\rangle \in X^*$.

2) Kerne für empirische Theorien

Wir verwenden nun Strukturarten zur Festlegung der Modelle und der potentiellen Modelle einer Theorie. Als potentielle Modelle wählen wir Strukturen, in denen jeder "relationale" Term $\overline{R}_i$ nur für sich allein charakterisiert ist. Das heißt, potentielle Modelle enthalten keine Bedingungen darüber, wie die verschiedenen Relationen untereinander in Beziehung stehen. Bedingungen dieser letzten Art, die sogenannten "cluster laws", dürfen nur den echten Modellen auferlegt werden.

D12 Sei S eine typisierte Klasse von Strukturen der Form $x=\langle D_1,\ldots,D_k;A_1,\ldots,A_l;R_1,\ldots,R_m\rangle$, sodaß für alle $j \leq m$: $R_j \in \tau_j(D_1,\ldots,A_l)$ und sei $i \in \{1,\ldots,m\}$.
X heißt eine Charakterisierung des i-ten Terms von S gdw

1) $X \subseteq S$ ist eine Strukturart
2) fur alle Mengen $D_1,\ldots,D_k,A_1,\ldots,A_l,R_1,\ldots,R_m,R_1',\ldots,R_{i-1}',R_{i+1}',\ldots,R_m'$ gilt:
wenn für alle $j \in \{1,\ldots,i-1,i+1,\ldots,m\}$ gilt $R_j' \in \tau_j(D_1,\ldots,A_l)$ und $\langle D_1,\ldots,A_l;R_1,\ldots,R_m\rangle \in X$, dann ist auch $\langle D_1,\ldots,D_k;A_1,\ldots,A_l;R_1',\ldots,R_{i-1}',R_i,R_{i+1}',\ldots,R_m'\rangle \in X$

D12-2 besagt, daß "durch" X nur die i-te Relation eingeschränkt, d.h. charakterisiert wird. Denn nur für die Indizes j mit $j \neq i$ kommen alle der Form nach möglichen j-ten Relationen ($R_j' \in \tau_j(D_1,\ldots,A_l)$) in irgendeiner Struktur von X vor, d.h. werden durch X nicht ausgeschlossen. Durch "Konjunktion" von Charakterisierungen -also mengentheoretisch durch Durchschnittsbildung- erhalten wir nun potentielle Modelle.

D13 M_p ist eine Klasse potentieller Modelle für eine Theorie gdw es S gibt, sodaß gilt:

1) S ist eine typisierte Klasse von Strukturen der Form $\langle D_1,\ldots,D_k;A_1,\ldots,A_l;R_1,\ldots,R_m\rangle$ mit $0<k, 0 \leq l, 0<m$
2) für $i=1,\ldots,m$ gibt es X_i, sodaß
2.1) X_i ist eine Charakterisierung des i-ten Terms von S
2.2) $M_p = \bigcap \{X_i / i \leq m\}$

T4 Jede Klasse potentieller Modelle für eine Theorie ist eine Strukturart

Beweis: Nach D12-1 ist jedes X_i eine Strukturart und alle Elemente der verschiedenen X_i sind vom gleichen Typ.Die Behauptung folgt dann aus dem allgemeinen Lemma,daß der Durchschnitt zweier Strukturarten "gleichen Typs" wieder eine Strukturart ist.Das Lemma beweist man direkt unter Verwendung von D10#

D14 M_p ist eine Klasse potentieller $<k,l,\tau_1,...,\tau_m>$-Modelle für eine Theorie gdw M_p D13 erfüllt und die Strukturen x aus S in D12 die Form $x=<D_1,...,D_k;A_1,...,A_l;R_1,...,R_m>$ haben,wobei für j=1,...,m: $R_j \in \tau_j(D_1,...,A_l)$.Wir schreiben auch einfach "M_p ist eine Klasse potentieller <k,l,m>-Modelle",wenn die $\tau_1,...,\tau_m$ nicht explizit gebraucht werden

Der hier benutzte Begriff des potentiellen Modells ist eingeschränkter als die bisher in der Literatur angegebenen Begriffe.Wir unterscheiden zwischen "Charakterisierungen",die nur einen einzelnen,isolierten Term betreffen und "Verknüpfungsgesetzen" ("cluster laws"),in denen mehrere Terme miteinander in Verbindung gebracht werden.Die potentiellen Modelle sollen nur durch Charakterisierungen bestimmt sein,während die Verknüpfungsgesetze den "echten" Modellen vorbehalten bleiben.In den potentiellen Modellen sollen die einzelnen Terme nur insoweit charakterisiert werden,daß die Formulierung der echten Axiome,die in den Modellen gelten,möglich wird.Diese Unterscheidung ist allerdings nicht sehr scharf,da man Charakterisierungen durchaus in die Verknüpfungsgesetze einbauen kann.In gewisser Weise kann man die potentiellen Modelle als die für die Theorie "moglichen Welten" ansehen (vergleiche V-19).Denn wenn die an die potentiellen Modelle gestellten Bedingungen hinsichtlich der Begrifflichkeit nicht erfüllt sind,macht es meist keinen Sinn, die Theorie anzuwenden oder dies auch nur zu versuchen.

Durch Hinzunahme von Verknüpfungsgesetzen zu den Bedingungen für potentielle Modelle erhalt man die ("echten") Modelle einer Theorie.

D15 M ist eine Klasse von Modellen für M_p gdw

1) M_p ist eine Klasse potentieller Modelle für eine Theorie
2) $M \subseteq M_p$ ist eine Strukturart
3) M ist keine Klasse von potentiellen Modellen für eine Theorie

D15-3 fordert,daß M mindestens ein Verknüpfungsgesetz enthält,in welchem über mehrere Terme gleichzeitig etwas ausgesagt wird.Dadurch werden unter anderem Theorien ausgeschlossen,die nur einen einzigen relationalen Term enthalten.Solche Theorien trifft man in der Mathematik,aber bis jetzt ist noch kein Beispiel einer empirischen Theorie mit nur einem relationalen Term aufgetreten.

Als Beispiel betrachten wir die Klassen der potentiellen Modelle und der Modelle der klassischen Partikelmechanik (KPM).

D16 Es sei $n \in \mathbb{N}$.

a) x ist ein potentielles Modell von KPM ($x \in M_p^n(KPM)$) gdw $x = \langle P; T, \mathbb{R}^3, \mathbb{R}; s, m, f_1, \ldots, f_n \rangle$ und 1) P ist eine endliche, nichtleere Menge; 2) $T = \mathbb{R}$; 3) $s: P \times T \to \mathbb{R}^3$ ist C^∞; 4) $m: P \to \mathbb{R}^+$; 5) für $i \leq n$: $f_i: P \times T \to \mathbb{R}^3$

b) Für $x = \langle P; T, \mathbb{R}^3, \mathbb{R}; s, m, f_1, \ldots, f_n \rangle \in M_p^n(KPM)$ heißt $F_x: P \times T \to \mathbb{R}^3$, definiert durch $F_x(p,t) = \sum_{i \leq n} f_i(p,t)$ die Gesamtkraft (in x)

Für $i \leq n$ heißt f_i die i-te Kraftkomponente (in x)

c) Für $i \leq n$ heißt $\bar{f}_i := \{f_i^x / x \in M_p^n(KPM)\}$ die i-te Kraftkomponente von KPM

d) x ist ein Modell von KPM ($x \in M^n(KPM)$) gdw

1) $x = \langle P; T, \mathbb{R}^3, \mathbb{R}; s, m, f_1, \ldots, f_n \rangle \in M_p^n(KPM)$ und

2) $\forall p \in P \, \forall t \in T (m(p) \cdot \ddot{s}(p,t) = F_x(p,t))$

P ist die Menge der Partikel, T soll ein Zeitintervall und $\mathbb{R}^3$ den Raum darstellen. Die letzten beiden Mengen werden als Hilfsbasismengen eingeführt, sind also bei kanonischen Transformationen nicht zu berücksichtigen. Die "Struktur" von Raum und Zeit wird in der Mechanik als bekannt vorausgesetzt. Der Raum hat die Struktur des $\mathbb{R}^3$ und von T nehmen wir aus Einfachheitsgründen an, daß $T = \mathbb{R}$. Die Tatsache, daß $\mathbb{R}^3$ hier neben einer mathematischen Rolle auch eine inhaltliche Deutung erfährt (allerdings "außerhalb" des Formalismus) hat uns bewogen, diese Menge in den Strukturen explizit hinzuschreiben, obwohl man formal hierauf verzichten könnte. s ist die Ortsfunktion, die jedem Teilchen p zu jedem Zeitpunkt t dessen Ort in Form eines Vektors s(p,t) in $\mathbb{R}^3$ zuordnet. m ist die Massenfunktion.

Die Behandlung von Raum und Zeit durch Hilfsbasismengen und insbesondere die dadurch erzwungene Identität von T in allen potentiellen Modellen ist natürlich nicht zwingend erforderlich. Sie erfolgt nur aus Einfachheitsgründen. Will man hier variabler werden, so muß man zwei Hauptbasismengen R und Z von Raum- und Zeitpunkten einführen und die mathematisch benötigte Struktur auf diesen mittels geeigneter Relationen explizit in der Definition fordern. Die potentiellen Modelle werden dadurch wesentlich komplizierter (vergleiche [Balzer, 1983] für eine Ausarbeitung dieser Möglichkeit). Die starke mathematische Struktur für Raum und Zeit ist erforderlich, um die Axiome überhaupt formulieren zu können. In D16-a-3 wird gefordert, daß s C^∞ ist, d.h. "nach t" unendlich oft differenzierbar und in D16-d-2 wird die zweite Ableitung von s "nach t" (die Beschleunigung $\ddot{s}$) gebraucht. Solche Begriffe lassen sich nur in mathematischen Strukturen definieren, die (fast) so stark sind wie die von uns benutzten.

Wir unterscheiden in potentiellen Modellen und Modellen von KPM zwischen den verschiedenen Kraftkomponenten f_i und der Gesamtkraft F_x.Der Index "x" soll hier und im folgenden andeuten,daß die Relation oder Funktion,an der er angebracht ist,aus der Struktur x stammt.Gewöhnlich verbleibt der Kraftbegriff in physikalischen Texten in einem Status der Vagheit.Physiker legen sich nicht fest -und wollen dies wohl auch nicht- ,ob die Gesamtkraft als Grundbegriff in der Mechanik auftreten soll oder die Kraftkomponenten.Eine solche Festlegung wird erst bei axiomatischer Behandlung nötig.Die Entscheidung zugunsten einer der beiden Möglichkeiten ist wohl nicht durch physikalische Erfahrung herbeizuführen,sondern führt entweder auf physikalische "Metagesetze" wie dem,daß es nur ganz bestimmte Kraftarten (etwa die heute bekannten vier Wechselwirkungen) gibt,oder auf philosophische Probleme wie das,ob Operationalismus oder Realismus angemessene physikalische Weltbilder liefern.Die Meinung,daß es eine ganz bestimmte Zahl von Kraftkomponenten gebe,deren Form man explizit angibt,scheint uns sehr programmatisch und spiegelt nicht das tatsächliche Verhalten der Physiker im Umgang mit der Newtonschen Mechanik wider.Wir halten eine entsprechende axiomatische Behandlung für inadäquat,bemerken aber,daß sie durch D16 abgedeckt ist.Vertreter der Auffassung,daß die Gesamtkraft als Grundbegriff zu wählen sei,sind meist mehr operationalistisch orientiert,z.B.[Simon,1947] oder [Ludwig,1978],S.73ff. Sie argumentieren,daß Kräfte <u>immer</u> über kinematische Beobachtungen "bestimmt", "definiert" oder "gemessen" werden.Dabei hat man es aber immer mit Gesamtkräften zu tun.Vertreter der Auffassung,daß die Kraftkomponenten als Grundbegriffe zu wahlen seien ([McKinsey at al.,1953],[Sneed,1971], Chap.VI,[Balzer & Moulines,1981]),halten dem eine Version des Realismus entgegen.Die verschiedenen Kraftkomponenten sind danach real und konstitutiv für unser mechanisches Weltbild und in ihrer Zahl und Art offen,während die Gesamtkraft durch die Kraftkomponenten explizit definiert ist.

Die zweite,realistische Auffassung führt zu einer Formulierung der KPM,in der alle Kraftkomponenten als Grundbegriffe auftreten.Die Anzahl der Grundbegriffe hängt dann davon ab,wieviele verschiedene Kraftkomponenten man als relevant ansieht.Will man sich nicht auf endlich viele Kraftkomponenten beschränken,so enthalten die Modelle unendlich viele derartige Kraftfunktionen und lassen sich folglich nicht mehr als n-Tupel hinschreiben.Der Modellbegriff läßt sich jedoch leicht so verallgemeinern,daß Modelle unendlich viele Funktionen oder Prädikate enthalten können (siehe etwa [Shoenfield,1967],Chap.2).

Wir entscheiden uns hier für die realistische Variante.Ein potentielles Modell enthält dann endlich viele Kraftfunktionen f_i,die Kraftkomponenten.Jedes f_i kann man sich als Realisierung einer bestimmten Kraftart vorstellen,etwa f_1 als Gravitationskraft,f_2 als Hookesche Kraft,f_3 als Coulombsche Kraft usw. Der Formalismus enthält zunächst keinen Hinweis darauf,daß Kraftfunktionen mit gleichem Index in verschiedenen potentiellen Modellen die gleiche Kraftart erfassen sollen.Dies kann man aber durch Querverbindungen zusätzlich fordern. Wir haben durch Anfügung des Index "n" bei M_p^n(KPM) angedeutet,daß n in allen potentiellen Modellen von M_p^n(KPM) identisch sein muß.Andernfalls läge keine Strukturart vor.Vermutlich kann man mit einem fest vorgegebenen n alle praktisch relevanten Anwendungen abdecken.Dazu ist zu überlegen,daß es nur sehr wenige "reine" Kraftkomponenten gibt,die genuinen,realen Kraftarten entsprechen.Eine größere Vielfalt entsteht erts,wenn man die "reinen" Kraftkomponenten "superponiert" (vergl. [Balzer & Moulines,1981]).Solche Superpositionen lassen sich aber im vorliegenden Formalismus bei Bildung der Gesamtkraft berücksichtigen, ohne daß man neue Kraftkomponenten einzuführen bräuchte.

Das Newtonsche Axiom (D16-d-2) "Kraft gleich Masse mal Beschleunigung" ist ein typisches Verknüpfungsgesetz,in dem alle drei Relationen der Theorie wesentlich vorkommen.Mit $\ddot{s}$ bezeichnen wir nach Physikerart die zweite Ableitung der Funktion s nach "der Zeit",d.h.nach dem zweiten Argument.Diese Notation läßt logisch gesehen an Eindeutigkeit zu wünschen übrig,aber dafür ist sie einfach in der Anwendung.

Als weiteres Beispiel betrachten wir die Tauschwirtschaft (ÖKO). $\mathbb{N}_n$, $\mathbb{R}^+$ und $\mathbb{R}_0^+$ bezeichnen dabei die Mengen $\{1,\ldots,n\} \subseteq \mathbb{N}$,sowie die der positiven und der nicht-negativen,reellen Zahlen.Wie schon im letzten Beispiel sagen wir,eine Funktion sei C^∞ ,wenn sie nach allen Argumenten,für die dies sinnvoll ist,unendlich oft partiell differenzierbar ist.

<u>D17</u> a) x ist ein <u>potentielles Modell von ÖKO</u> ($x \in M_p$(ÖKO)) gdw $x = \langle J;\ \mathbb{N}_n,\ \mathbb{R}; Z, q^a, U, q^e, p\rangle$ und 1) J ist eine endliche,mindestens zweielementige Menge und $n \in \mathbb{N}, n \geq 2$; 2) $Z \subsetneq \{q/q: J\times \mathbb{N}_n \to \mathbb{R}_0^+\}$, $q^a: J\times \mathbb{N}_n \to \mathbb{R}_0^+$, $q^e: J\times \mathbb{N}_n \to \mathbb{R}_0^+$, $p: \mathbb{N}_n \to \mathbb{R}^+$ und $U: J\times \mathbb{R}^n \to \mathbb{R}$ ist C^∞ ; 3) $\exists i_1, i_2 \in J\ \exists j_1, j_2 \leq n(i_1 \neq i_2 \wedge q^a(i_1,j_1) > 0 \wedge q^a(i_2,j_2) > 0)$

b) Für $x = \langle J;\ \mathbb{N}_n,\ \mathbb{R}; Z, q^a, U, q^e, p\rangle \in M_p$(ÖKO) sei

$$TW_x := \{q/q: J\times \mathbb{N}_n \to \mathbb{R}_0^+ \wedge \forall i \in J(\sum_{j \leq n} p(j)q(i,j) = \sum_{j \leq n} p(j)q^a(i,j))\}$$

TW_x heißt <u>Tauschwertbedingung von</u> x

c) x ist ein Modell von ÖKO ($x \varepsilon M(ÖKO)$) gdw

1) $x = \langle J; \mathbb{N}_n, \mathbb{R}; Z, q^a, U, q^e, p\rangle \varepsilon M_p(ÖKO)$

2) $TW_x \subseteq Z$ und $q^e \varepsilon TW_x$

3) $\forall q(q \varepsilon TW_x \rightarrow \forall i \varepsilon J(U(i,q(i,1),\ldots,q(i,n)) \leqq U(i,q^e(i,1),\ldots,q^e(i,n))))$

J ist die Menge der im ökonomischen System vorhandenen Personen,n die Zahl der vorhandenen Güterarten,die wir uns stets in einer bestimmten Reihenfolge (genau wie die Zahlen in $\mathbb{N}_n$) aufgelistet denken.Z gibt die im System "physisch möglichen" Verteilungen an.Eine Verteilung,bei der z.B. $\sum_{i \varepsilon J} q(i,j)$ gößer ist,als die physisch vorhandene Gesamtmenge an Gut j,wird z.B. nicht zu Z gehören.q^a und q^e sind zwei "Güterverteilungen": sie enthalten Informationen darüber,welche Mengen $q^a(i,j)$ von Gut Nummer j in Person i's Besitz sind,d.h.wie die vorhandenen Güter mengenmäßig auf die Personen verteilt sind.q^a stellt eine Verteilung vor dem Tausch (Anfangsverteilung) und q^e eine Verteilung nach dem Tausch (Endverteilung) dar.q^e geht also aus q^a dadurch hervor,daß die Personen Güter austauschen.p ist die Preisfunktion.Der Preis einer (Einheit einer) Güterart soll für alle Personen gleich sein,d.h.er hängt nicht von den Personen ab.U ist eine zusammengefaßte Nutzenfunktion.Hält man das erste Argument von U -etwa beim Wert $i \varepsilon J$- fest,so erhält man eine Funktion $U_i: \mathbb{R}^n \rightarrow \mathbb{R}$,die jedem Tupel $\langle\alpha_1,\ldots,\alpha_n\rangle$ eine Zahl zuordnet.$\langle\alpha_1,\ldots,\alpha_n\rangle$ ist zu interpretieren als eine mögliche Angabe darüber,wieviel von jedem Gut Person i besitzt. $U_i(\alpha_1,\ldots,\alpha_n)$ ist dann der Nutzen,den i aus dieser möglichen Ausstattung $\langle\alpha_1,\ldots,\alpha_n\rangle$ ziehen würde oder zieht.Setzt man speziell für $\langle\alpha_1,\ldots,\alpha_n\rangle$ i's tatsächlichen Besitz -etwa vor dem Tausch- ein,also $\langle\alpha_1,\ldots,\alpha_n\rangle = \langle q^a(i,1),\ldots,q^a(i,n)\rangle$, so erhält man den Nutzen,den i aus seinem tatsächlichen Besitz zieht.D17-a-3 fordert,daß mindestens zwei Personen keine Habenichtse sind,weil sonst nicht getauscht werden konnte.Aus dem gleichen Grund soll auch $n \geqq 2$ sein.

Die Behandlung der Güterarten durch eine Hilfsbasismenge hat einen Vor- und einen Nachteil.Der Vorteil besteht darin,daß die Güterarten in einer linearen Ordnung -eben als natürliche Zahlen- stehen.Man kann daher Ausdrücke der Gestalt q(i,j) sofort an die richtige Argumentstelle von U einsetzen,nämlich an die (j+1)-te.Der Nachteil ist, daß n in allen potentiellen Modellen gleich ist,d.h.es liegt eine Theorie über den Tausch von n Güterarten vor.Will man hier flexibler werden,so muß man statt $\mathbb{N}_n$ eine "echte" Basismenge G (für Güterarten) neu einführen und die lineare Ordnung durch eine zusätzliche Relation auf G ausdrücken.Die Zuordnung von Ausdrücken der Form q(i,j) zu den passenden Argumentstellen von U wird dann allerdings ziemlich kompliziert. Die hier angegebene Fassung der Tauschwirtschaft stützt sich (mit kleinen Änderungen) auf die Rekonstruktion in [Balzer,1982a]. Die in D17-b definierte Tauschwertbedingung besagt inhaltlich, daß für alle Personen i der "Wert" $\sum_{j \leq n} p(j)q^a(i,j)$ von i's anfänglichem Besitz im Laufe der Tauschaktionen stets gleich bleiben muß. i darf also beim Tausch nichts "verdienen" und keine Schulden machen. Diese inhaltliche Bedingung ist genau für alle Güterverteilungen aus TW_x (D17-b) erfüllt. Durch Beschränkung der "möglichen" Güterverteilungen, die in Modellen betrachtet werden, auf die Menge TW_x ist dann die Tauschwertbedingung stets erfüllt.

Die Modelle in D17-c müssen zwei Verknüpfungsaxiome erfüllen. Erstens müssen alle die Tauschwertbedingung erfüllenden Verteilungen auch möglich sein und es muß die Endverteilung q^e nach dem Tausch die Tauschwertbedingung erfüllen (D17-c-2). Zweitens muß -relativ zur Tauschwertbedingung- der Nutzen aller Personen bei der Endverteilung q^e maximal sein. Das heißt, die Personen haben beim Tausch ihren Nutzen soweit maximiert, wie es bei Einhaltung der Tauschwertbedingung möglich war. Aus $TW_x \subseteq Z$ folgt sofort, daß auch $q^a \in Z$.

Formal läßt sich bei gegebener Modellklasse M immer eine minimale Klasse potentieller Modelle M_p für eine Theorie im Sinne von D13 konstruieren, sodaß M eine Klasse von Modellen für M_p ist. Dazu wählt man in D13 $S := \{\langle D_1,\ldots,A_l;R_1,\ldots,R_m\rangle / D_1,\ldots,A_l \in V \wedge \forall i \leq m(\ R_i \in \tau_i(D_1,\ldots,A_l))\}$ und als X_i die "i-te Projektion" von M in S: $X_i = \{y \in S / \exists x \in M(pr_{k+l+i}(x) = pr_{k+l+i}(y))\}$. Mit M ist dann auch X_i eine Strukturart und zwar eine Charakterisierung des i-ten Terms von S. Offenbar ist $M \subseteq M_p := \bigcap\{X_i / i \leq m\}$ und man zeigt leicht, daß M_p minimal ist. Aus Gründen der Flexibilität bei der Anwendung des Theoriebegriffs verzichten wir jedoch auf die Forderung, M_p müsse stets durch M in dieser minimalen Weise definiert sein.

Mit den potentiellen Modellen und den Modellen haben wir schon zwei wichtige Bestandteile des Kerns einer empirischen Theorie. Den dritten Bestandteil bilden die Querverbindungen (Constraints).

<u>D18</u> Sei M_p eine Klasse potentieller Modelle für eine Theorie.

a) Q ist eine <u>Querverbindung für</u> M_p gdw 1) $Q \subseteq Pot(M_p)$ und 2) $\emptyset \notin Q$ und $Q \neq \emptyset$

b) Eine Querverbindung Q für M_p heißt <u>transitiv</u> gdw gilt: $\forall X \forall Y(\ X \in Q \wedge Y \subseteq X \rightarrow Y \in Q)$

Die Elemente X von Q kann man sich am besten als "zulässige Kombinationen" von potentiellen Modellen vorstellen. Diese entstehen z.B., wenn sich verschiedene potentielle Modelle in den Basismengen überlappen und die Relationen in den Überlappungsbereichen z.B.übereinstimmen."Transitivität" bedeutet in diesem Bild,daß jede "Teilkombination" einer zulässigen Kombination auch wieder zulässig ist.

Ein typisches Beispiel in KPM ist die Identitäts-Querverbindung für $\bar{m}$.Sie verlangt,daß ein Teilchen p,das in zwei potentiellen Modellen x und y vorkommt,dort auch die gleiche Masse hat.Unter Verwendung einer Konvention über "elliptische" Indizierung können wir diese Forderung als Bedingung an eine zulässige Kombination $X \in Q(KPM)$ wie folgt schreiben:

$$\forall x,y \forall p(x,y \in X \wedge p \in P_x \cap P_y \rightarrow m_x(p)=m_y(p))$$

Das heißt,für je zwei potentielle Modelle x,y aus X und für jedes in beiden vorkommende Teilchen p ($p \in P_x \cap P_y$) ist dessen Masse $m_x(p)$ im System x die gleiche wie im System y ($m_y(p)$).P_x und m_x bezeichnen dabei die in der Struktur x auftretenden Mengen bzw.Funktionen.

Analog läßt sich eine Querverbindung in ÖKO (die Identitäts-Querverbindung für $\bar{U}$) formulieren.Die Nutzenwerte einer Person i sollen für gleiche Gütermengen in verschiedenen potentiellen Modellen,in denen die Person vorkommt,identisch sein.Solche "Kombinationen" potentieller Modelle können z.B. auftreten,wenn die Person in verschiedenen Zeiträumen betrachtet wird oder von einem ökonomischen System in ein anderes "reist".Diese Querverbindung ist von entscheidender Bedeutung für den empirischen Gehalt von ÖKO.Wäre sie streng erfüllt,so könnte man mit ÖKO vermutlich recht präzise Voraussagen machen.Bekanntlich ändert sich aber der Nutzen einer Person,sodaß die Querverbindung nur annähernd erfüllt ist.Der Grad,in dem die Identitäts-Querverbindung für $\bar{U}$ erfüllt ist,dürfte ziemlich eng mit der Möglichkeit brauchbarer Prognosen und damit der Anwendbarkeit von ÖKO überhaupt korreliert sein.Formal lautet die Querverbindung wie folgt:

$$X \in Q \text{ gdw } \emptyset \neq X \subseteq M_p(\text{ÖKO}) \text{ und } \forall x \forall y \forall i \forall \alpha_1 \ldots \alpha_n \in \mathbb{R}(x,y \in X \wedge i \in J_x \cap J_y \rightarrow U_x(i,\alpha_1,\ldots,\alpha_n)=U_y(i,\alpha_1,\ldots,\alpha_n))$$

Ein Kern für eine empirische Theorie besteht nun aus drei Komponenten: den potentiellen Modellen,den Modellen und einer Querverbindung.

<u>D19</u> K ist ein <u>Kern</u> für eine empirische Theorie gdw $K=\langle M_p,M,Q\rangle$ und

1) M_p ist eine Klasse potentieller Modelle für eine Theorie
2) M ist eine Klasse von Modellen für M_p
3) Q ist eine Querverbindung für M_p

3) Empirische Theorien

Ein Kern K für eine empirische Theorie kann offenbar noch nicht mit einer empirischen Theorie selbst identifiziert werden.Ein Kern besteht aus Klassen von Strukturen,die durch Axiome charakterisiert sind.Unter diesen Strukturen finden sich auch stets abstrakte Strukturen.Denn solange man zum Beispiel nur sagt,etwas sei ein Modell genau dann,wenn es bestimmte Axiome erfüllt (d.h. eine bestimmte "Struktur" hat) ,hat man immer auch abstrakte Entitäten unter den Modellen zugelassen,etwa mathematische Räume,die die gegebenen Axiome erfüllen.Solange man nur über Strukturklassen redet,treibt man Mathematik,aber keine empirische Wissenschaft.

Eine empirische Theorie soll etwas über reale Systeme,"Teile der Welt",aussagen.Das Problem für die Wissenschaftstheorie ist,daß man über diese realen Systeme reden will und ihnen damit schon eine bestimmte sprachlich-begriffliche Struktur auferlegen muß.Man betrachtet die Systeme bereits "durch die Brille" der erlernten und benutzten Sprache und Begriffe.Unabhängig davon,wie der Wissenschaftstheoretiker dieses Problem lost,d.h.wie weit er die "realen" Systeme als schon begrifflich strukturiert voraussetzt,um über sie reden zu können,ist jedenfalls klar,daß man reale Systeme in irgendeiner Form ins Spiel bringen muß,um eine empirische Theorie zu erhalten.

Folgerichtig nahmen Adams ([Adams,1959]),Przelecki ([Przelecki,1969]) und Sneed ([Sneed,1971]) in den Begriff einer empirischen Theorie eine Menge "intendierter Anwendungen" auf.Diese Menge,die wir im folgenden mit I bezeichnen,soll irgendwie die realen Systeme,auf die sich der formale Kern der Theorie bezieht,berücksichtigen oder darstellen.Die im letzten Absatz angesprochene Frage lautet dann,als Frage über I formuliert: Welche begriffliche Struktur soll man den Elementen von I auferlegen?

Es ist klar,daß die Menge I der intendierten Anwendungen nicht formal als eine Strukturart eingeführt werden kann.Denn dann hätte sie denselben Status wie die Komponenten eines Kerns,sodaß insgesamt, wie oben gesagt,keine empirische,sondern eine mathematische Theorie vorläge.Ein von der Wissenschaftsgeschichte her recht passendes Bild darüber,wie I tatsächlich bestimmt wird,liefert die sogenannte "paradigmatische Methode" (vergleiche [Stegmüller,1973],Kap.IX.4).Nach ihr wird I wie folgt bestimmt.Zuerst werden von dem oder den Begründer(n) der Theorie bestimmte konkrete Systeme ausgezeichnet;sie bilden die endliche Menge I_p der "paradigmatischen intendierten Anwendungen". I setzt sich dann zusammen aus der Menge I_p und einer Menge I^* von realen Systemen,die denen von I_p "ähnlich" sind: $I=I_p \cup I^*$.Die hier auftretende Ähnlichkeit läßt sich nicht formal präzisieren,es handelt sich um eine Art Familienähnlichkeit im Sinne von Wittgenstein.Oft wird sogar die einschlägige Theorie dazu benutzt,über die Zugehörigkeit eines Systems zu I^* zu entscheiden,namlich dann,wenn dessen Ähnlichkeit zu Elementen von I_p nicht stark (aber auch nicht zu schwach) ist.Man untersucht dann,ob das System ein Modell der Theorie ist.Wenn ja,nimmt man es in I^* auf,wenn nicht,gehort es nicht zu I^* und damit auch nicht zu I.Dies ist das Verfahren der <u>Autodetermination</u> des Anwendungsbereichs einer Theorie (vergleiche [Stegmüller,1973],Kap.IX.7).

Es erweist sich als zweckmäßig,hier noch eine sprachliche Festlegung zum Verhältnis von realen Systemen und "begrifflich strukturierten" intendierten Anwendungen zu machen.Nehmen wir an,wir könnten ohne Sprache -d.h. durch bloßes Hinzeigen- eine Menge realer Systeme auszeichnen (eine ziemlich fragwurdige Annahme).Wir bezeichnen diese Menge mit I^r und ihre Elemente mit x^r. I^r soll also die Menge der realen,intendierten Anwendungen bezeichnen.Zwischen I^r und den Strukturen eines Kerns $K=\langle M_p,M,Q\rangle$,also den potentiellen Modellen und Modellen,besteht zunächst keine Beziehung.Um ein $x^r \varepsilon I^r$ mit den Strukturen von K in Verbindung zu bringen,muß man voraussetzen,daß x^r in bestimmter Weise begrifflich strukturiert und "erfaßt" wird.Zum Beispiel kann man annehmen, daß x^r die begriffliche Struktur eines potentiellen Modells aufweist. Das heißt,daß im System x^r die im Kern K vorkommenden Terme realisiert sind und daß diese Realisierungen ein potentielles Modell $x \varepsilon M_p$ bilden. Wir sagen dann,daß das potentielle Modell x das reale System x^r <u>erfaßt</u>."Erfassen" wird im folgenden immer in diesem speziellen,technischen Sinn verstanden.Wir sagen also,daß eine Struktur x ein reales System x^r <u>erfaßt</u>,wenn in dem realen System x^r Mengen von Objekten (Basismengen) und Relationen realisiert sind,die zusammen die Struktur x bilden.Hat x etwa die Form $x=\langle D_1,\ldots,D_k;R_1,\ldots,R_m\rangle$, so muß x^r derart beschaffen sein,daß man in dem System x^r k Mengen von Objekten $D_1,\ldots, D_k$ ausmachen kann und daß diese Objekte in m Relationen $R_1,\ldots,R_m$ miteinander stehen.Die Unterscheidung zwischen "realen" und "begrifflich erfaßten" Systemen ist für unsere Arbeit zwar nicht wesentlich,erleichtert aber das Verständnis der intendierten Anwendungen.Die intendierten Anwendungen,d.h.die Elemente der Menge I,sind keine realen Systeme x^r, sondern bereits begrifflich erfaßte Systeme.Über die realen Systeme kann man <u>nichts</u> sagen (wie uns die Philosophie gelehrt hat),weil dazu

Sprache und somit eine begriffliche Strukturierung erforderlich ist.

Die Kluft zwischen den realen "Systemen an sich" und den begrifflich strukturierten Systemen in K zu überbrücken,stellt ein "tiefes" Problem der Wissenschaftstheorie und Philosophie dar.Wollen wir nicht in metaphysische Spekulationen verfallen,so <u>müssen</u> wir die Realität, die "Systeme an sich" zum Aufbau und zur Formulierung einer Metatheorie irgendwie begrifflich repräsentieren.Da der betrachtete Gegenstand,also hier die Beziehung zwischen Realität und Theorie,keine eindeutige Repräsentation der Realität nahelegt,ist man auf verschiedene Ansätze gekommen ([Ludwig,1978],[Przelecki,1969],[Sneed,1971]).Wir werden hier einen neuen Ansatz zur sprachlich-begrifflichen Repräsentation der Realität in der Metatheorie machen,von dem wir behaupten,daß er allen bisherigen Ansätzen überlegen ist.Die Überlegenheit messen wir an folgenden Kriterien.

1) Stärke und Ausmaß der bei einer bestimmten Repräsentation über die Realität gemachten Annahmen
2) Einfachheit
3) Allgemeinheit

Nach Punkt 1) ist ein Ansatz umso besser,je weniger Annahmen dabei über die Realität gemacht werden,d.h.je schwächer diese Annahmen sind.Ganz ohne Annahmen wird <u>kein</u> Ansatz auskommen.Das wird besonders deutlich in den Geisteswissenschaften,wo sich <u>ein</u> reales System (Phänomen,Ereignis) unter sehr vielen verschiedenen Gesichtspunkten betrachten läßt und wo man dann,je nach Gesichtspunkt ("Interesse") etwas ganz anderes "sieht".Diese Relativierung auf ein vorgegebenes Interesse,ein Vorverständnis,einen Sinn im Sinne der Hermeneutik,wird sich wohl kaum eliminieren lassen,aber jede Verbesserung im Einklang mit den drei genannten Kriterien wird ein Stück Relativierung aufheben.Wir werden zuerst unseren Ansatz darstellen und anschließend auf dessen Bewertung nach den genannten Kriterien eingehen.

Als zentralen technischen Begriff führen wir den Begriff einer Teilstruktur ein.Er entspricht in etwa dem modelltheoretischen Begriff ("substructure"),es gibt aber kleine Unterschiede.

<u>D20</u> Es seien x und x′ mengentheoretische Strukturen.
x ist <u>eine Teilstruktur von</u> x′ (oder x′ <u>eine Ergänzung von</u> x,in Zeichen: $x \sqsubset x'$) gdw

1) x und x′ sind vom gleichen Typ ($x=\langle D_1,\ldots,A_l;R_1,\ldots,R_m\rangle$, $x'=\langle D'_1,\ldots,A'_l;R'_1,\ldots,R'_m\rangle$)
2) für alle $i \leq k$: $D_i \subseteq D'_i$ und für alle $j \leq l$: $A_j \subseteq A'_j$
3) für alle $j \leq m$: $R_j \subseteq R'_j \cap \tau_j(D_1,\ldots,A_l)$,wobei <u>Pot</u>$(\tau_j)$ der (k+l)-Typ von R_j ist

Nach D4 gibt es für jedes R_j einen (k+1)-Typ τ_j mit $R_j \in Pot(\tau_j(D_1,\ldots,A_l))$ und wegen D20-1 ist τ_j für R_j und R'_j derselbe. Nach T1-b folgt aus D20-2, daß $\tau_j(D_1,\ldots,A_l) \subseteq \tau_j(D'_1,\ldots,A'_l)$, sodaß $R'_j \cap \tau_j(D_1,\ldots,A_l)$ sinnvoll ist und einfach die Einschränkung von R'_j auf $\tau_j(D_1,\ldots,A_l)$ darstellt. Intuitiv werden also bei einer Teilstruktur die Basismengen verkleinert und die Relationen auf diese verkleinerten Basismengen und eventuell noch weiter eingeschränkt (D20-3). Die Möglichkeit der noch weitergehenden Einschränkung stellt einen Unterschied zum Begriff der "substructure" dar. Man beachte, daß in einer Teilstruktur die Basismengen und auch die Relationen leer sein dürfen. Dies ermöglicht eine formale Behandlung des Weglassens ganzer Relationen, ohne daß dabei der "Typ" der Struktur geändert wird. Um auszudrücken, daß eine Relation R_i nicht gebraucht wird, läßt man sie nicht weg, sondern man ersetzt sie durch die leere Menge.

Die Relation $\sqsubset$ führt im allgemeinen aus einer gegebenen Klasse M_p heraus. Enthält M_p zum Beispiel nur Strukturen der Form $x'=\langle P;T;s\rangle$ mit P,T,s wie in D16, so ist $T=\mathbb{R}$. Für $t \in T$ und $x:=\langle P;\{t\};s_{/P\times\{t\}}\rangle$ (wobei $s_{/P\times\{t\}}$ die Einschränkung von s auf $P\times\{t\}$ bezeichnet) gilt $x \sqsubset x'$, aber $x \notin M_p$, da $\{t\} \neq \mathbb{R}$.

D21 Sei $K=\langle M_p,M,Q\rangle$ ein Kern für eine empirische Theorie.
M^K_{pp} ist die Klasse aller partiellen potentiellen Modelle für K
gdw $M^K_{pp}=\{x/\ \exists x' \in M_p(\ x \sqsubset x')\}$

T5 M^K_{pp} ist eine Strukturart

Beweis: 1) M^K_{pp} ist eine typisierte Klasse. Ist $x \in M_p$ und $y \sqsubset x$, so sind die Zahlen k,l,m für x und y gleich. Sei $x=\langle D_1,\ldots,D_k;A_1,\ldots,A_l;R_1,\ldots,R_m\rangle$ und $y=\langle D'_1,\ldots,D'_k;A'_1,\ldots,A'_l;R'_1,\ldots,R'_m\rangle$. Dann ist $R'_j \subseteq R_j \cap \tau_j(D'_1,\ldots,A'_l)$, also $R'_j \subseteq \tau_j(D'_1,\ldots,A'_l)$ und daher y eine mengentheoretische Struktur.
2) M^K_{pp} ist invariant unter kanonischen Transformationen. Sei $x=\langle D_1,\ldots,A_l;R_1,\ldots,R_m\rangle \in M^K_{pp}$, $F_i:D_i \to D'_i$ bijektiv für $i \leq k$, $F=\langle F_1,\ldots,F_k\rangle$.
Es gibt $x_1=\langle D^1_1,\ldots,D^1_m\rangle \in M_p$ mit $x \sqsubset x_1$, d.h.

(i) $D_i \subseteq D^1_i$ für $i=1,\ldots,k$, $A_j \subseteq A^1_j$ für $j=1,\ldots,l$ und $R_j \subseteq R^1_j \cap \tau_j(D_1,\ldots,A_l)$ für $j=1,\ldots,m$.

Es seien $F'_i:D^1_i \to D^2_i$ für $1 \leq i \leq k$ so, daß F'_i bijektiv und

(ii) $F'_{i/D_i}=F_i$ für $i=1,\ldots,k$ und $D'_i \subseteq D^2_i$.

Dann ist $x_2:=\langle D^2_1,\ldots,D^2_k;A^1_1,\ldots,A^1_l;(R^1_1)^{F'},\ldots,(R^1_m)^{F'}\rangle \in M_p$ weil M_p invariant unter kanonischen Transformationen ist. Wir zeigen:

(1) $y:=\langle D'_1,\ldots,D'_k;A_1,\ldots,A_l;R^F_1,\ldots,R^F_m\rangle \sqsubset x_2$ (d.h. $y \in M^K_{pp}$). $D'_i \subseteq D^2_i$ gilt nach Konstruktion. Es bleibt zu zeigen

(2) $R^F_j \subseteq (R^1_j)^{F'} \cap \tau_j(D'_1,\ldots,D'_k,A'_1,\ldots,A'_l)$.

Lemma 1 Sind F,F´ wie im Beweis,so gilt $(R_j)^F=(R_j)^{F'}$.

Beweis: Induktion nach τ #

Lemma 2 Für $R_j, R_j^1 \in Pot(\tau_j(D_1^1,\ldots,D_k^1,A_1^1,\ldots,A_l^1))$ und $R_j \subseteq R_j^1$ gilt:

$$(R_j)^{F'} \subseteq (R_j^1)^{F'}.$$

Beweis: D9-3 #

Zum Beweis von (2) haben wir nun $(R_j)^F=(R_j)^{F'}$ nach Lemma 1 und $(R_j)^{F'} \subseteq (R_j^1)^{F'}$ nach Lemma 2.Aus $R_j \subseteq \tau_j(D_1,\ldots,A_l)$ folgt nach T2-a: $(R_j)^F \subseteq \tau_j(D_1',\ldots,D_k',A_1',\ldots,A_l')$ #

D22 Sei K ein Kern für eine empirische Theorie mit potentiellen <k,l,m>-Modellen und $X \subseteq M_{pp}^K$.Für $x=\langle D_1,\ldots,D_k;A_1,\ldots,A_l;R_1,\ldots,R_m\rangle$ schreiben wir D_i^x, A_j^x und R_j^x zur Kennzeichnung der Komponenten von x.

a) $\bigsqcup X:=\langle \bigcup_{x\in X} D_1^x,\ldots,\bigcup_{x\in X} A_l^x;\bigcup_{x\in X} R_1^x,\ldots,\bigcup_{x\in X} R_m^x\rangle$

b) $\bigsqcap X:=\langle \bigcap_{x\in X} D_1^x,\ldots,\bigcap_{x\in X} A_l^x;\bigcap_{x\in X} R_1^x,\ldots,\bigcap_{x\in X} R_m^x\rangle$

T6 a) $\bigsqcup X=\sup_{\sqsubset} X$

b) $\bigsqcap X=\inf_{\sqsubset} X$

Beweis:

Lemma 1 $\bigcap_y \tau(D_1^y,\ldots,A_l^y) \subseteq \tau(\bigcap_y D_1^y,\ldots,\bigcap_y A_l^y)$

Beweis: Induktion nach τ.Die Falle $\tau=i$ mit $1\leq i\leq k+l$ sind trivial.Sei $\tau=\underline{Pot}(\tau')$.Man erhalt nach Induktionsvoraussetzung $\bigcap_y Pot(\tau'(D_1^y,\ldots,A_l^y)) \subseteq Pot(\bigcap_y \tau'(D_1^y,\ldots,A_l^y)) \subseteq Pot(\tau'(\bigcap_y D_1^y,\ldots,\bigcap_y A_l^y))=\tau(\bigcap_y D_1^y,\ldots,\bigcap_y A_l^y)$, wobei die erste Inklusion durch Rechnung bestätigt wird.Sei $\tau=(\tau_1 x \tau_2)$. Wieder erhalt man durch Rechnung und mit der Induktionsvoraussetzung $\bigcap_y (\tau_1(D_1^y,\ldots,A_l^y) x \tau_2(D_1^y,\ldots,A_l^y)) \subseteq \bigcap_y \tau_1(D_1^y,\ldots,A_l^y) x \bigcap_y \tau_2(D_1^y,\ldots,A_l^y) \subseteq \tau_1(\bigcap_y D_1^y,\ldots,\bigcap_y A_l^y) x \tau_2(\bigcap_y D_1^y,\ldots,\bigcap_y A_l^y)=\tau(\bigcap_y D_1^y,\ldots,\bigcap_y A_l^y)$ #

Lemma 2 $\bigcup_{x\in X} \tau(D_1^x,\ldots,A_l^x) \subseteq \tau(\bigcup_x D_1^x,\ldots,\bigcup_x A_l^x)$

Beweis: Induktion nach τ wie in Lemma 1 #

Lemma 3 $x \sqsubset y \wedge y \sqsubset x \rightarrow x=y$

Beweis: Durch direkte Rechnung #

Zum Beweis des Theorems erinnern wir daran,daß $\sup_{\sqsubset} X$ definiert ist als dasjenige $z \in M_{pp}^K$,für das gilt $\forall x \in X(x \sqsubset z) \wedge \forall w \in M_{pp}^K(\forall x \in X(x \sqsubset w) \rightarrow z \sqsubset w)$.Genauso ist $\inf_{\sqsubset} X$ dasjenige $z \in M_{pp}^K$,für das gilt: $\forall x \in X(z \sqsubset x) \wedge \forall w \in M_{pp}^K(\forall x \in X(w \sqsubset x) \rightarrow w \sqsubset z)$.

(i) für $x \in X$ gilt $x \sqsubset \bigsqcup X$ und $\bigsqcap X \sqsubset x$.Sei $U:=\bigsqcap X$.Dann ist

$\bigcap_{y\in X} D_i^y \subseteq D_i^x \subseteq \bigcup_{y\in X} D_i^y$ und $R_j^x \subseteq \bigcup_{y\in X} R_j^y \cap \tau_j(D_1^x,\ldots,A_l^x)$.Nach Lemma 1 gilt $\bigcap_{y\in X} R_j^y = R_j^U \subseteq R_j^x \cap \tau_j(\bigcap_{y\in X} D_1^y,\ldots, \bigcap_{y\in X} A_l^y)$. Es bleibt zu zeigen:

(ii) $\forall w\in M_{pp}^K(\forall x\in X(x\sqsubseteq w)\rightarrow \sqcup X\sqsubseteq w)$.

Aus $D_i^x\subseteq D_i^w$ für alle x folgt $\bigcup_x D_i^x \subseteq D_i^w$ und genauso für A_j^x.Wir zeigen $\bigcup_x R_j^x \subseteq R_j^w \cap \tau_j(\bigcup_x D_1^x,\ldots,\bigcup_x A_l^x)$. Es gilt $R_j^x\subseteq\tau_j(D_1^x,\ldots,A_l^x)$.Mit Lemma 2 folgt hieraus $\bigcup_x R_j^x \subseteq \bigcup_x \tau_j(D_1^x,\ldots,A_l^x)\subseteq \tau_j(\bigcup_x D_1^x,\ldots,\bigcup_x A_l^x)$.Weiter gilt $R^x{}_j \subseteq R_j^w\cap\tau_j(D_1^x,\ldots,A_l^x)$.Es folgt $R_j^x\subseteq R_j^w$ für alle x und damit $\bigcup_x R_j^x\subseteq R_j^w$.

(iii) $\forall w\in M_{pp}^K(\forall x\in X(w\sqsubseteq x)\rightarrow w\sqsubseteq \sqcap X)$.

Aus $D_1^w \subseteq D_1^x$ für alle x erhält man $D_i^w\subseteq\bigcap_x D_1^x$ und genauso fur A_j^x.Wir zeigen $R_j^w \subseteq \bigcap_x R_j^x\cap\tau_j(D_1^w,\ldots,A_l^w)$.Nach Voraussetzung gilt $R_j^w\subseteq R_j^x\cap \tau_j(D_1^w,\ldots,A_l^w)$ fur alle x.Hieraus folgt $R_j^w\subseteq\bigcap_x R_j^x$. Nach (i) bis (iii) erfullen $\sqcup X$ und $\sqcap X$ die jeweils definierenden Formeln.Mit Lemma 3 folgt dann die Behauptung #

Unsere Repräsentation der Realität wird nun aus einer Menge I von Teilstrukturen bestehen.Intuitiv sind die Elemente von I vorzustellen als "reale Systeme",die man "durch die Brille der gegebenen Theorie" betrachtet und an denen man einige Objekte und Relationen festgestellt hat.<u>Wie</u> diese Feststellung erfolgte,durch "bloßes Hinsehen","genauere Beobachtung" oder aber mit Hilfe anderer Theorien,spielt hierbei,solange wir uns mit nur einer einzigen Theorie beschäftigen,keine Rolle. Wichtig ist nur,daß der Begriff der Teilstruktur variabel genug ist, jede Kollektion von "atomaren" Feststellungen abzudecken,solange diese im Vokabular der Theorie formulierbar sind.

<u>D23</u> T ist eine <u>empirische Theorie</u> gdw $T=\langle K,I\rangle$,wobei
1) K ist ein Kern fur eine empirische Theorie und 2) $I\subseteq M_{pp}^K$

Empirische Theorien entsprechen den "Theorie-Elementen" in [Balzer & Sneed,1977/78] und [Stegmuller,1979].Theorien,wie man sie in Lehrbüchern dargestellt findet,haben meist eine komplexere Struktur als in D23 zum Ausdruck kommt.Sie bilden ganze "Netze" von Theorie-Elementen. Man darf dabei nicht nur auf die als solche gekennzeichneten Axiome schauen,sondern muß den ganzen im Rahmen der Theorie behandelten Stoff, einschließlich der Beispiele berucksichtigen:In der KPM zum Beispiel besteht die Theorie nicht nur aus den Newtonschen Axiomen; zu ihr gehören wesentlich auch die ganzen bekannten speziellen Kraftgesetze (vergleiche [Balzer & Moulines,1981]).Die Tatsache,daß Theorien meist ganzen Netzen von empirischen Theorien im Sinn von D23 entsprechen,war der Grund für die Bezeichnung "Theorie-Element".Da wir aber hier keine umfassenden Theorien in ihrer Gesamtstruktur betrachten und damit Theoriennetze nicht wesentlich benutzen,reden wir -nur im vorliegenden Buch- von "empirischen Theorien" statt von "Theorie-Elementen".

4) Empirische Behauptungen

Eine empirische Theorie im Sinne von D23 besteht aus zwei mengentheoretischen Entitaten und es ist nicht ohne weiteres klar,was man mit einer solchen Theorie uber die Welt behaupten mochte.Bei der bisher üblichen Auffassung einer empirischen Theorie als einer Satzklasse trat diese Frage nicht auf.Die empirische Behauptung bestand einfach in den Satzen der Theorie.Da eine Behauptung immer die Form eines Satzes haben muß, besteht für unseren Theoriebegriff das Problem,aus zwei "Mengen" (bzw. aus deren Namen) K und I einen Satz zu bilden,der dann die mit T verbundene empirische Behauptung darstellt.

Dieses Problem scheint zunächst den strukturalistischen Theoriebegriff gegenuber dem gerade erwähnten "Statement View",nach dem eine Theorie einfach eine Satzklasse ist,in ungunstiges Licht zu setzen.Aber der Schein trügt.Erstens kann man mittels T=<K,I> empirische Behauptungen formulieren,wie gleich gezeigt wird.Eine Theorie im Sinn von D23 ist also nicht in dem Sinn defekt,daß ihr die empirische Behauptung abgeht. Vielmehr ist die empirische Behauptung implizit mit T gegeben,da durch T definierbar (siehe D25 unten).Zweitens verhalt es sich umgekehrt so, daß einer Satzklasse (einer "Theorie" im Sinne des Statement View) im Vergleich zu unseren Theorien etwas abgeht,namlich etwas,was unseren intendierten Anwendungen entsprache.In diesem Punkt ist der strukturalistische Theoriebegriff reicher als der des Statement View.Drittens ermöglicht es der strukturalistische Theoriebegriff,von verschiedenen empirischen Behauptungen der gleichen Theorie zu reden (worauf Stegmüller hingewiesen hat),was für eine adäquate Beschreibung der Theoriendynamik erforderlich ist.Dazu muß allerdings der hier benutzte Begriff durch den eines Theoriennetzes ersetzt werden.Viertens schließlich besteht bei strukturalistischem Vorgehen sogar die Möglichkeit verschiedener <u>Formen</u> empirischer Behauptungen (von denen die unten in

D25 angegebene nur eine Möglichkeit darstellt).Die Untersuchung des Verhaltens von Wissenschaftlers könnte zeigen,daß je nach Kontext der gleiche formale Kern dazu benutzt wird,der Form nach mehr oder weniger starke Behauptungen über die gleichen intendierten Anwendungen zu machen.Andere Formen der empirischen Behauptungen wurden z.B.in [Balzer,1982b] und [Zandvoort,1982] untersucht.

D24 Sei $K=\langle M_p,M,Q\rangle$ ein Kern für eine empirische Theorie.

a) Fur $Y \subseteq M^K_{pp}$ sei e(Y) definiert als $e(Y)= \{X \subseteq M_p / \forall y \in Y \exists x \in X(y \sqsubset x)\}$.Für $X \in e(Y)$ sagen wir, X sei eine Erganzung von Y

b) $A(K):=\{Y \subseteq M^K_{pp} / \exists X(X \in e(Y) \cap Pot(M) \cap Q)\}$ heißt die Klasse aller moglichen erfolgreichen Anwendungen von K

c) $x \in M_p$ heißt real (in Zeichen: real(x)) gdw $\exists y \in I(y \sqsubset x)$

X ist also eine Menge von Erganzungen der Menge Y,wenn jedes $y \in Y$ eine "Erganzung",d.h.eine Erweiterung im Sinne von D20,in X hat.Der Ergänzungsbegriff fur einzelne Strukturen ist schon durch " $\sqsubset$ " gegeben. e(Y) konnte man als Klasse aller moglichen Ergänzungsmengen von Y bezeichnen.A(K) ist in Analogie zu [Balzer & Sneed,1977/78] definiert. Es steht nur hier M^K_{pp} an der Stelle des dortigen M_{pp} und $X \in e(Y)$ an der Stelle des dortigen $\bar{r}(X)=Y$.Verbal umschrieben ist $Y \in A(K)$,wenn Y eine Klasse von Teilstrukturen ist,die sich zu einer Klasse X von Modellen ($X \in Pot(M)$) erganzen läßt ($X \in e(Y)$),sodaß X auch die Querverbindungen erfüllt.

In D24-c werden diejenigen potentiellen Modelle ausgezeichnet,die realen Systemen entsprechen.Da wir von den intendierten Anwendungen annehmen,daß sie reale Systeme erfassen,muß dasselbe auch fur reale potentielle Modelle im Sinne der Definition gelten.Man kann also sagen,daß ein x,fur das real(x) gilt,ein reales System erfaßt.Wir verbinden mit dieser Bezeichnung keine Implikationen bezuglich des Wirklichkeits- oder Realitatsbegriffs.

Die empirische Behauptung laßt sich nun in der gleichen Weise,wie sie z.B. in [Stegmuller,1973],S.136 angegeben ist,hinschreiben.

D25 Sei $T=\langle K,I\rangle$ eine empirische Theorie.

Die empirische Behauptung von T ist der Satz $I \in A(K)$

Es kann durchaus vorkommen,daß ein "unstrukturiertes" reales System x^r Anlaß zu mehreren Elementen von I gibt,indem z.B.nacheinander verschiedene Messungen an x^r durchgefuhrt und die Meßdaten zu verschiedenen intendierten Anwendungen gruppiert werden.In der Regel wird man auch eine nicht zu ausgeartete Teilstruktur einer intendierten Anwendung wieder als eine solche ansehen.Wir fordern aber nicht,daß I in dieser

Weise allgemein transitiv ist,d.h.daß gilt: wenn $x \in I$ und $y \sqsubset x$,dann auch $y \in I$.Der Prozeß der Bildung von Teilstrukturen kann bei mathematischen Komponenten zu empirisch uninteressanten oder wenig sinnvollen Teilstrukturen führen,z.B.wenn man von einem offenen "Zeit"-Intervall die Teilmenge aller irrationalen Elemente auswählt.Hier haben wir ein weites,noch kaum bearbeitetes Gebiet vor uns.

5) Bewertung des neuen Ansatzes

Wir müssen nun unsere Behauptung einlösen,daß die in Abschnitt 3) zur Repräsentation der Realität benutzt Menge I intendierter Anwendungen den bisherigen Ansätzen überlegen ist.Es würde den Rahmen dieses Buches sprengen,die alternativen Ansätze im Detail zu schildern.Wir beschränken uns auf informelle Bemerkungen und müssen es dem Leser überlassen, diese anhand der jeweils relevanten Literatur zu präzisieren.

Der erste und verbreitetste alternative Ansatz ist der des Statement View,demzufolge eine Theorie als Klasse von Sätzen gegeben ist.Man könnte hier die Unterscheidung zwischen K und I in eine entsprechende Unterscheidung zwischen "theoretischen Sätzen" und "Beobachtungssätzen" übertragen,sodaß sich hinsichtlich der Repräsentation der Realität zunächst kein Unterschied ergibt.Jede intendierte Anwendung entspricht dann einer Menge von Beobachtungssätzen und umgekehrt macht die Menge aller Beobachtungssätze gerade die Information aus,die in allen intendierten Anwendungen erfaßt ist.Ein wesentlicher Vorzug unseres Ansatzes ist aber,daß er "die Realität" in verschiedene Systeme aufsplittert, wohingegen man es im Statement View mit einer "amorphen" Masse von an "der Realität" abgelesenen Beobachtungssätzen zu tun hat.In diesem Punkt sind die in II-3) genannten Kriterien 1) und 3) wirksam.Durch die Differenzierung in Systeme werden weniger Annahmen über die Realität gemacht,als im Statement View,nämlich weniger Annahmen über die Konsistenz der Verfahren,nach denen man die Beobachtungssätze an der Realität "abliest".Ebenso ist unser Ansatz allgemeiner,insofern er den "universellen" Fall,in dem alle Beobachtungssätze an einem einzigen "großen System" abgelesen werden,als Spezialfall enthält ($I=\{x\}$,wobei x alle Beobachtungssätze zusammenfaßt). Wir bemerken hier,daß man aufgrund unserer Definition von Teilstrukturen sogar einzelne atomare Sätze ("Basissätze","Beobachtungssätze") durch Teilstrukturen darstellen kann.Der Atomsatz "$\langle \bar{a}_1,\ldots,\bar{a}_n \rangle \in \bar{R}_i$",in dem $\bar{a}_1,\ldots,\bar{a}_n$ Namen für

Objekte $a_1,...,a_n$ sind und $\overline{R}_i$ der i-te Term der Theorie ist,wird dargestellt durch die Teilstruktur,deren Basismengen genau aus $a_1,...,a_n$ bestehen,deren Relationen R_j für $j \neq i$ leer sind und für die $R_i = \{<a_1,...,a_n>\}$ ist.In ähnlicher Weise läßt sich präzisieren,daß eine Teilstruktur x eine Menge von Beobachtungssätzen darstellt: man bildet einfach die Vereinigung aller Teilstrukturen,die in der gerade geschilderten Art je einen Beobachtungssatz darstellen.

Der zweite alternative Ansatz ist der der Modelltheorie,bei dem reale Systeme als Modelle formaler Axiomensysteme behandelt werden.Hierbei charakterisieren die Axiome die "vollen" Modelle (die den Elementen von M entsprechen) oder "partielle" Modelle",die man durch Weglassen theoretischer Terme von vollen Modellen enthält.Unser Begriff der Teilstruktur ist wesentlich allgemeiner als der im modelltheoretischen Ansatz benutzte Begriff eines partiellen Modells,sodaß Kriterium 3) aus II-3) hier den Ausschlag gibt.Die modelltheoretischen Repräsentanten der Realität bilden einen Spezialfall unserer Menge I.Auch Kriterium 1) ist erfullt,denn die Annahme,daß reale Systeme die volle (oder partielle) begriffliche Struktur der Modelle haben,ist in vielen Fällen stärker als die Annahme,daß es sich bloß um Teilstrukturen in unserem Sinn handelt.Man beachte,daß wir auch die Extremfälle $I=M_p$ oder $I=M$ zulassen, da sowohl $M_p \subseteq M^K_{pp}$ als auch $M \subseteq M^K_{pp}$.

Ein dritter Ansatz auf positivistischem Hintergrund stammt von G. Ludwig.In [Ludwig,1978] ist die Realitat repräsentiert durch einen "Grundbereich" und durch Abbildungsaxiome,die an diesem "abgelesen" werden.Zwischen den Abbildungsaxiomen (als atomaren Sätzen oder deren Negation) und intendierten Anwendungen besteht wieder die schon beim Statement View oben angesprochene Entsprechung.Wieder besteht der Vorteil von I in einer Differenzierung nach Systemen (Kriterium 1) und 3).

Der letzte zu betrachtende Ansatz ist der originale von Sneed,aus dem sich unser Ansatz entwickelt hat.Bei Sneed sind die intendierten Anwendungen Strukturen,die aus potentiellen Modellen durch Weglassung der "theoretischen" Relationen und Funktionen entstehen.Auch hier trifft Kriterium 1) und 3) zu.Die Annahme,daß ein reales System ein partielles potentielles Modell im Sinne von Sneed ist,ist in der Regel stärker als die,daß es sich nur um eine Teilstruktur handelt.Und es läßt sich zeigen,daß jede Sneedsche Menge intendierter Anwendungen auch eine Menge intendierter Anwendungen in unserem Sinn ist,aber nicht umgekehrt.

Schließlich bleibt zu bemerken,daß der Gesichtspunkt der Einfachheit in allen Fällen für unseren Ansatz spricht,und zwar wird sich dies gerade im hier zu untersuchenden Kontext von Messung herausstellen.

Als weiteres Beispiel einer empirischen Theorie betrachten wir die Präferenztheorie (PRÄF).Sie handelt von der Auswahl einer "Alternative" w* durch eine Person aus einer Menge W von Alternativen,wobei sich die Person von ihrer individuellen Präferenzrelation $\prec$ leiten läßt und diejenige Alternative auswählt,die in der durch $\prec$ gegebenen Präferenzordnung am höchsten eingestuft ist.Als Alternativen fungieren in der hier benutzten Theorie sogenannte "Mischungen" über einer endlichen Menge A von moglichen Ergebnissen eines Vorgangs (vergleiche [Fishburn, 1970],Kap.8).

D26 a) Sei A eine endliche Menge. $\mathfrak{M}(A):=\{w/w:Pot(A)\rightarrow[0,1] \wedge w(A)=1 \wedge \forall B,C\subseteq A(B\cap C=\emptyset \rightarrow w(B\cup C)=w(B)+w(C))\}$ heißt die Menge aller <u>Mischungen uber</u> A

b) x ist ein <u>potentielles Modell von PRÄF</u> ($x \in M_p$(PRAF)) gdw $x=\langle A;[0,1], \mathbb{R};W, \prec, w^*\rangle$ und

1) A ist eine endliche,mindestens zweielementige Menge

2) $[0,.1]=\{\alpha \in \mathbb{R}/0\leqq\alpha\leqq 1\}$; 3) $W=\mathfrak{M}(A)$; 4) $\prec \subseteq W\times W$ und

5) $w^*\in W$

c) x ist ein <u>Modell von PRAF</u> ($x\in M$(PRÄF)) gdw

1) $x=\langle A;[0,1], \mathbb{R};W, \prec, w^*\rangle \in M_p$(PRAF)

2) für alle $w,w',w''\in W$: 2.1) $w\prec w' \rightarrow \neg(w'\prec w)$

2.2) $\neg(w\prec w') \wedge \neg(w'\prec w'') \rightarrow \neg(w\prec w'')$

2.3) $\forall\alpha\in[0,1](w\prec w' \rightarrow \alpha w+(1-\alpha)w''\prec \alpha w'+(1-\alpha)w'')$

2.4) $\exists \beta,\gamma\in[0,1](w\prec w'\prec w'' \rightarrow \beta w+(1-\beta)w''\prec w'\prec \gamma w+(1-\gamma)w'')$

3) $\forall w\in W(\neg(w^*\prec w))$

In den Modellen der Theorie gelten zweierlei Arten von Axiomen.Sie betreffen zum einen die "Konsistenz" der Präferenzrelation (D26-c-2) und zum anderen die Maximalität der ausgewählten Alternative (D26-c-3).Die Konsistenzaxiome beinhalten im wesentlichen,daß die Person keine "echten Praferenzzirkel" hat,nach denen sie eine Folge von Alternativen wie $a_1\prec a_2\prec\ldots\prec a_n\prec a_1$ bewerten wurde.2.3) und 2.4) in c sind "Verträglichkeitsbedingungen" fur $\prec$ mit "konvexen Kombinationen",wobei konvexe Kombinationen einfach Mischungen der Form $\alpha w+(1-\alpha)w'$ mit $\alpha\in[0,1]$ sind.Das Maximalitatsaxiom besagt,daß die ausgewählte Alternative w* bezüglich der Praferenzrelation und relativ zu den gegebenen Alternativen maximal ist,d.h.daß es kein $w\in W$ gibt mit $w^*\prec w$.

III MEẞMODELLE

Nach den Theorien wenden wir uns nun der logischen und begrifflichen Struktur von Messungen zu.Dazu gehen wir in einem ersten Schritt -in diesem Kapitel- aus von einer einzelnen Messung,einem Meßvorgang,bei dem ein Meßwert ermittelt wird.Der Meßvorgang beginnt nach geeigneten experimentellen Vorbereitungen und Fixierung der kontrollierbaren "Parameter".Er erstreckt sich zeitlich vom Moment,an dem die Vorbereitungen abgeschlossen und bestimmte Anfangsbedingungen hergestellt sind, bis zur Anzeige bzw.Ablesung des Meßwerts.Beide Zeitpunkte liegen in der Regel nicht eindeutig fest,aber der Begriff des Meßvorgangs hat bei uns eine rein heuristische Funktion,bei der es auf eine genaue,mimimale Wahl der Anfangs- und Endpunkte nicht ankommt.Der Meßvorgang kann menschliche Handlungen beinhalten (Längenmessung mit Maßstab) oder auch nur die Veränderungen eines Meßapparats (Galvanometer).

Jeder Meßvorgang definiert ein System in dem Sinn,daß ihm ein System zugrundeliegt,dessen Veränderung oder "Ablauf" gerade den Meßvorgang ausmacht.Wir konnen also Meßvorgänge durch Systeme und damit durch mengentheoretische Strukturen oder Modelle beschreiben.Eine mengentheoretische Struktur,die einen konkreten Meßvorgang in geeigneter Weise erfaßt,nennen wir ein <u>Meßmodell</u>.

Wir beschäftigen uns zunächst mit <u>einzelnen</u> Meßvorgängen.Dahinter steht eine bestimmte,allgemeine Strategie,nämlich die,die begriffliche Analyse eines komplexen Gebietes -hier der Messung- mit möglichst einfachen und natürlichen Bausteinen oder Elementen zu beginnen,sodaß sich komplexere Begriffe durch geeignetes "Zusammensetzen" dieser Bausteine zu geeignet strukturierten "Komplexen" gewinnen lassen.Der Begriff des Meßmodells ist einerseits so einfach wie möglich: bei noch "kleiner" gewählten Einheiten kann man nicht mehr von Messung reden. Und er ist sehr naturlich: man kann dabei unmittelbar den allgemeinen System- und Modellbegriff benutzen.

Wir werden nun eine Reihe verschiedener Arten von Meßmodellen und Meßmethoden einführen.Alle Arten sind aus der Betrachtung konkreter Beispiele gewonnen und werden auch durch Beispiele belegt.Wir haben die verschiedenen Arten (soweit es ging) nach zunehmender Allgemeinheit geordnet.Die erste Art ist also die speziellste und einfachste.

Allen Arten von Meßmodellen und Meßmethoden liegen drei inhaltliche

Forderungen zugrunde. Erstens muß die zu messende Funktion oder deren Wert in einem Meßmodell <u>eindeutig</u> bestimmt sein durch die restlichen Komponenten des Meßmodells. Es liegt also eine "funktionale Abhängigkeit" des Meßwerts von den anderen, im Meßmodell realisierten Parametern vor. Wir vermeiden jedoch diese Redeweise, weil sie zu Verwirrungen Anlaß gibt, wenn der Meßwert ein Funktionswert ist. Zweitens soll die zu messende Funktion oder deren Wert in gesetzesartiger Weise von den anderen Komponenten des Meßmodells abhängen. Wir drücken dies jeweils durch die Forderung aus, daß die entsprechende Meßmethode eine Strukturart sein soll. Damit ist noch keine adäquate Charakterisierung von "gesetzesartig" sichergestellt, aber zumindest geht die Charakterisierung so weit, wie dies zur Zeit eben möglich ist. Drittens soll der Meßwert sich aus den anderen Komponenten effektiv berechnen lassen. Diese letzte Bedingung ist wesentlich, läßt sich aber in unserem Rahmen nicht leicht präzisieren. Sie wird daher nicht formal expliziert werden, ist aber stets hinzuzudenken.

Meßmethoden werden extensional als Klassen von Meßmodellen eingeführt. Natürlich wird dadurch eine "Methode" nur sehr implizit angegeben. Am besten denkt man sich noch eine "echte" Methode dazu und stellt sich vor, daß man bei erfolgreicher Durchführung dieser Methode genau alle Meßmodelle der als Strukturklasse definierten Meßmethode erhält. Diese Vorstellung ist rein heuristisch und dient zur Rechtfertigung der Verwendung des Wortes "Methode"; im Prinzip kommen wir mit der extensionalen Behandlung ohne jeden Zusatz aus.

Wir führen eine spezielle Notation zur Formulierung von Eindeutigkeitsbedingungen ein. x_{-i} entsteht aus der Struktur x, indem man die i-te Relation, also R_i^x, wegläßt und $x_{-i}[t]$ entsteht aus x, indem man an der i-ten Stelle in x die Relation R_i^x durch t ersetzt. Für den Rest dieses Kapitels sei stets $T=\langle M_p, M, Q, I\rangle$ eine empirische Theorie mit potentiellen $\langle k,l,\tau_1,\ldots,\tau_m\rangle$-Modellen und $i \in \{1,\ldots,m\}$.

<u>D27</u> Für $x=\langle D_1,\ldots,D_k;A_1,\ldots,A_l;R_1,\ldots,R_m\rangle \in M_{pp}^K$ sei

a) $x_{-i}:=\langle D_1,\ldots,A_l;R_1,\ldots,R_{i-1},R_{i+1},\ldots R_m\rangle$

b) falls $t \subseteq \tau_i(D_1,\ldots,A_l)$, so sei

$x_{-i}[t]:=\langle D_1,\ldots,A_l;R_1,\ldots,R_{i-1},t,R_{i+1},\ldots,R_m\rangle$

Bei Benutzung von D27-b setzen wir im folgenden stets voraus, daß $t \subseteq \tau_i(D_1,\ldots,A_l)$, ohne dies jeweils explizit zu erwähnen.

6) Globale Meßmodelle

D28 a) X ist eine globale Meßmethode für $\overline{R}_i$ gdw

1) $X \subseteq M_p$ ist eine Strukturart
2) $\forall x \in M_p \forall t,t'(x_{-i}[t] \in X \wedge x_{-i}[t'] \in X \rightarrow t=t')$

b) x ist ein globales Meßmodell für $\overline{R}_i$ gdw es eine globale Meß-Methode X für $\overline{R}_i$ gibt, sodaß $x \in X$

Nach D28-a ist eine globale Meßmethode für $\overline{R}_i$ eine Klasse X potentieller Modelle mit zwei Eigenschaften. Die Klasse soll erstens eine Strukturart sein (a-1). Dies beinhaltet, daß die Strukturen von X durch gesetzesartige Bedingungen charakterisiert sind und insbesondere, daß die "Objekte", d.h. die Elemente der Basismengen, in Strukturen von X nur durch die in den Strukturen auftretenden Relationen charakterisiert werden. Zweitens soll die i-te Relation R_i^x einer Struktur $x \in X$ eindeutig bestimmt sein (a-2). Setzt man in a-2 $t=R_i^x$, so wird $x_{-i}[t]$ zu x und die Forderung besagt, daß für jedes t' mit $x_{-i}[t'] \in X$: $t'=R_i^x$. R_i^x ist also eindeutig bestimmt und zwar einmal durch die restlichen Komponenten von x und zum anderen dadurch, daß x zu X gehört, also durch die X definierenden Eigenschaften (Gesetze).

Die Idee hinter dieser Definition ist klar. Jedes Meßmodell erfaßt einen konkreten oder realisierbaren Meßvorgang. Ein solcher Meßvorgang ist so beschaffen, daß dabei im vorliegenden System x die ganze Relation R_i^x eindeutig bestimmt wird (daher die Bezeichnung "global"). Ist R_i^x eine Funktion, so wird der Wert von R_i^x nicht für ein Argument a bestimmt, sondern für alle Argumente, die R_i^x im System x überhaupt haben kann.

Intuitiv möchte man die Eindeutigkeitsbedingung D28-a-2 schärfer verstehen und fordern, daß sich t in x aufgrund der Tatsache, daß $x \in X$ gilt, aus den anderen Komponenten von x effektiv berechnen lasse (was bei guten Meßapparaten automatisch erfolgt). Im Kontext empirischer Theorien, die meist mit reellwertigen oder noch komplizierteren Funktionen arbeiten, ist aber der präzise Begriff der Berechenbarkeit aus der Rekursionstheorie nur mit großem Aufwand einsetzbar (vergleiche etwa [Shoenfield, 1967], S. 137, Problem 3). In konkreten Fällen wird man natürlich immer ein überschaubares Berechnungsschema haben. Andernfalls wird man nicht mehr von Meßmethode reden wollen. Es zeigt sich, daß wir bei der vorliegenden Untersuchung mit der schwächeren Bedingung D28-a-2) weit genug kommen.Wir belassen es daher bei dieser formalen Bedingung, denken uns aber in konkreten Fällen stets die Berechenbarkeit hinzu.In den Beispielen sagen wir oft,daß sich t in $x \in X$ (wegen der eindeutigen Bestimmtheit) berechnen lasse.Diese Redeweise ist in den Beispielen unproblematisch,weil man sich dort immer geeignete Berechnungsverfahren zurechtlegen kann.

Als Beispiel einer globalen Meßmethode betrachten wir die Massenmessung durch Zentralstoß in der klassischen Stoßmechanik (KSM).

D29 a) x ist ein potentielles Modell von KSM ($x \in M_p(KSM)$) gdw $x=\langle P;\{0,1\},\mathbb{R};v,m\rangle$ und

1) P ist eine endliche,mindestens zweielementige Menge (von "Partikeln")
2) $\{0,1\}\subseteq\mathbb{R}$ ("vorher","nachher")
3) $v:P\times\{0,1\}\to\mathbb{R}^3$ ("Geschwindigkeit")
4) $m:P\to\mathbb{R}^+$

b) x ist ein Modell von KSM ($x \in M(KSM)$) gdw $x=\langle P;\{0,1\},\mathbb{R};v,m\rangle \in M_p(KSM)$ und $\sum_{p\in P} m(p)\cdot v(p,0)=\sum_{p\in P} m(p)\cdot v(p,1)$

Man hat mehrere Teilchen,die man simultan zusammenprallen läßt.Vor und nach dem Stoß bewegt sich jedes Teilchen mit konstanter Geschwindigkeit auf einer Geraden.Der Vorgang wird nur partiell erfaßt,nämlich durch die Geschwindigkeiten v(p,0) der Teilchen $p \in P$ vor dem Stoß und v(p,1) nach dem Stoß.Die "Zeitpunkte" 0 und 1 haben hier eine reine Indexfunktion.Sie müssen im konkreten Fall "passend" gewählt werden.Die Richtungen der Geschwindigkeitsvektoren "definieren" zugleich (modulo Translation) die Geraden,auf denen sich die Teilchen bewegen,sodaß man letztere nicht explizit zu erwähnen braucht.Es spielt keine Rolle,ob die Teilchen nach dem Stoß wieder auseinanderfliegen ("elastischer Stoß") oder aneinander haften ("inelastischer Stoß"). Bei günstigen geometrischen Konfigurationen der Geschwindigkeitsvektoren vor und nach dem Stoß kann man aus dem Impulserhaltungssatz (D29-b) die Massen der Teilchen bestimmen.Dies ist eine in der Praxis oft benutzte Methode zur Massenbestimmung,die vor allem in der Elementarteilchenphysik (dort allerdings in relativistischer Version) eine große Rolle spielt.

Die KSM,sowie eine erschöpfende Analyse der in KSM bestehenden Meßmethoden wurde in [Balzer & Mühlhölzer,1982] behandelt.Wir greifen hier willkürlich eines der Meßverfahren heraus.

D30 x ist ein Meßmodell für $\bar{m}$ durch Zentralstoß (bezüglich p^*) gdw es p_1,p_2 gibt,sodaß 1) $x=\langle P;\{0,1\},\mathbb{R};v,m\rangle \in M(KSM)$, 2) $P=\{p^*, p_1,p_2\}$ und $p^*\neq p_1\neq p_2$; 3) der von $v(p^*,1)-v(p^*,0)$, $v(p_1,1)-v(p_1,0)$ und $v(p_2,1)-v(p_2,0)$ erzeugte Unterraum von $\mathbb{R}^3$ hat zwei Dimensionen

4) es gibt kein $u \in \mathbb{R}^3$, sodaß 4.1) für alle $i \in \{*,1,2\}$: $(v(p_i,1)-v(p_i,0)) \nabla u \geqq 0$; 4.2) es gibt $i \in \{*,1,2\}$: $(v(p_i,1)-v(p_i,0)) \nabla u > 0$; 5) $m(p^*)=1$

Die Masse eines bestimmten Teilchens (p^*) wird gleich 1 gesetzt (D30-5), was der Wahl einer Maßeinheit entspricht. Es sollen genau drei Teilchen am Stoß beteiligt sein und es soll der Impulserhaltungssatz gelten (D30-2 und 1). Bedingungen 3 und 4 legen eine geeignete geometrische Konfiguration der Geschwindigkeitsvektoren fest, bei der die Massenverhältnisse durch den Impulserhaltungssatz eindeutig bestimmt werden. Intuitiv sollen alle Bewegungen in einer Ebene verlaufen (Bedingung 3) und es soll nicht möglich sein, in dieser Ebene eine Gerade durch den Punkt, an dem der Zusammenprall erfolgt, so zu legen, daß alle Teilchen sich stets nur auf einer Seite dieser Geraden befinden (Bedingung 4). $u \nabla v$ bedeutet $\sum_{i \leqq 3} u_i v_i$, wenn $u=\langle u_1,u_2,u_3\rangle$ und $v=\langle v_1,v_2,v_3\rangle \in \mathbb{R}^3$. Für genauere Erläuterungen verweisen wir auf [Balzer & Mühlhölzer, 1982].

<u>T7</u> Für gegebenes p^* ist $X=\{x/x$ ist ein Meßmodell für $\bar{m}$ durch Zentralstoß bezüglich $p^*\}$ eine globale Meßmethode für $\bar{m}$

Beweis: X ist eine Strukturart, wenn man bei den kanonischen Transformationen die Relativierung auf p^* berücksichtigt. Zum Beweis von D28-a2 sei $x_{-2}[m] \in X$ und $x_{-2}[m'] \in X$. Nach [Balzer & Mühlhölzer, 1982], T3 und der dort in Abschnitt IV gegebenen Klassifikation (2. Fall, dim V= 2) gilt: $\exists \alpha \in \mathbb{R}^+ \forall p \in P_x(\ m(p)=\alpha m'(p))$. Wegen D30-5 ist $m(p^*)=1=m'(p^*)$, also $\alpha=1$. Es folgt $m=m'$ #

7) Partielle Meßmodelle

<u>D31</u> a) X ist eine <u>partielle Meßmethode für $\bar{R}_i$</u> gdw 1) $X \subseteq M_{pp}^K$ und $X \nsubseteq M_p$; 2) X ist eine Strukturart; 3) $\forall x \forall t,t'(x_{-i}[t] \in X \wedge x_{-i}[t'] \in X \rightarrow t=t')$

b) x ist ein <u>partielles Meßmodell für $\bar{R}_i$</u> gdw es eine partielle Meßmethode X für $\bar{R}_i$ gibt, sodaß $x \in X$

Der wesentliche und einzige Unterschied zwischen partiellen und globalen Meßmodellen besteht darin, daß partielle Meßmodelle echte Teilstrukturen potentieller Modelle sind (D31-1), während globale Meßmodelle volle potentielle Modelle sein müssen. (daher auch die Bezeichnung "partiell"). Der Übergang zu Teilstrukturen verschafft größere Freiheit in zwei Richtungen. Erstens kann man sich bei der zu messenden

Relation auf einen geeigneten Teilbereich beschränken. Wenn R_i eine Funktion ist, braucht man die Eindeutigkeit nur auf einer Teilmenge des Definitionsbereichs von R_i, z.B. einer Menge, die nur ein einziges Argument enthält, sicherzustellen. Zweitens kann man gewisse, für die Messung überflüssige oder gar störende "Teile" potentieller Modelle weglassen.

Als Beispiel betrachten wir die Meßmethode zur direkten Bestimmung von Präferenzen. Die potentiellen Modelle der Präferenztheorie wurden in D26 eingeführt. Sie haben die Form $x=\langle A;[0,1];W,\prec,w^*\rangle$, wobei A eine Menge von Alternativen, W die Menge aller Mischungen über A, $\prec$ die Präferenzrelation und w* die tatsächlich ausgewählte Mischung ist.

Eine Bestimmungsmethode zur Bestimmung der Präferenzrelation $\prec$ ist die folgende. Man legt der Person zwei Alternativen (d.h. hier zwei Mischungen) w,w′ zur Wahl vor und schaut, welche sie tatsächlich auswählt. Wird z.B. w′ gewählt, so zieht die Person w′ vor w vor, d.h. es gilt $w \prec w'$. Es ist klar, daß sich diese Bestimmungsmethode durch Teilstrukturen potentieller Modelle von PRÄF erfassen läßt. Eine derartige Teilstruktur enthält anstelle von $W=\mathfrak{M}(A)$ eine genau zweielementige Teilmenge von $\mathfrak{M}(A)$.

Wir betrachten ein Meßmodell für $\bar{\prec}$, welches solche Meßvorgänge zur Bestimmung von $\prec$ erfaßt. In diesem Zusammenhang der Messung wird besonders deutlich, warum man w* braucht. Überlegen wir, was die Axiome in den Modellen der Präferenztheorie (D26-c) über die Präferenzrelation aussagen. Man kann sie als Bedingungen der Konsistenz und Kohärenz der Präferenzrelation deuten. Eine Person, deren Präferenzrelation diesen Axiomen genügt, hat alle Alternativen (Mischungen) in konsistenter Weise angeordnet. Hieraus folgt aber keineswegs, daß sie die jeweils rechts in dem Ausdruck "$a \prec b$" stehende Alternative auch tatsächlich vorzieht, daß sie b "mehr wünscht" als a oder daß ihr b einen "größeren Nutzen als a bringt". Durch die Konsistenzaxiome wird keine "Richtung" der Präferenzrelation ausgezeichnet. Alle diese Axiome könnten erfüllt sein und trotzdem könnte man "$a \prec b$" genau in der "falschen Richtung" interpretieren, nämlich als "a wird vor b vorgezogen". Das Problem besteht darin, daß die Bedeutung von "Präferenz" mehr enthält als bloße "Konsistenz". "$a \prec b$" soll auch bedeuten, daß b mehr gewünscht wird als a. Wenn ein potentielles Modell von PRÄF aber nur $\prec$ als einzige Relation enthält, kann man diese zusätzliche Bedeutung nicht durch Axiome zum Ausdruck bringen. Genau aus diesem Grund haben wir -im Gegensatz zu üblichen Darstellungen- w* in die potentiellen Modelle aufgenommen. Wenn w* als tatsächlich ausgewählte Mischung interpretiert wird, dann kann man eine Beziehung zwischen den Wünschen der Person und ihrer Präferenzrelation explizit formulieren, nämlich durch die

Forderung,daß w* bezüglich $\prec$ ein größtes Element ist.Alle der Person zugänglichen Mischungen müssen schlechter als w* eingestuft werden (D32-7 unten).Unter der plausiblen Prämisse,daß die tatsächliche Wahl, die eine Person trifft,ihre Wünsche zeigt,ist durch diese Bedingung die Präferenzrelation an die Wünsche der Person "angebunden";die obige Interpretation von "$a \prec b$" in der "falschen Richtung" ist dann nicht mehr möglich.

Man sieht an dieser Überlegung auch die Notwendigkeit,zu Teilstrukturen überzugehen.Denn D32-7 in einem "vollen" potentiellen Modell zu fordern,hieße ja,daß w* die beste in einer überabzählbaren Menge von Mischungen erreichbare Alternative darstellt.Es ist ziemlich klar,daß diese Annahme keinen realen Meßvorgang kennzeichnet.

D32 x ist ein partielles Meßmodell zur Präferenzbestimmung gdw
1) $x=\langle A;[0,1];W,\prec,w^*\rangle$; 2) A ist eine endliche,mindestens zweielementige Menge; 3) $W \subseteq \mathcal{M}(A)$ hat genau zwei Elemente; 4) $\prec \subseteq W \times W$; 5) $w^* \in W$; 6) $\forall w,w' \in W(w \prec w' \rightarrow \neg(w' \prec w))$;
7) $\forall w \in W(w \neq w^* \rightarrow w \prec w^*)$

Ein solches Meßmodell ist eine Teilstruktur eines potentiellen Modells von PRÄF,wobei die Menge $\mathcal{M}(A)$ aller Mischungen auf eine genau zweielementige Teilmenge eingeschränkt wird (D32-3).Die beiden Elemente von W stellen zwei "Alternativen" dar,die der Person zur Auswahl vorgelegt werden.Natürlich soll die tatsächlich ausgewählte Alternative w* in W sein (D32-5).D32-6 enthält eine minimale Konsistenzbedingung für $\prec$, nämlich daß $\prec$ nicht symmetrisch ist.Bedingung 7 schließlich sagt,daß w* das -bezüglich $\prec$ - "größte" Element in W ist,d.h.auf der Präferenzskala vor allen Elementen von W rangiert.

T8 $X:=\{x/x$ ist ein partielles Meßmodell zur Präferenzbestimmung$\}$
ist eine partielle Meßmethode für $\bar{\prec}$

Beweis: Jedes $x \in X$ ist eine (echte) Teilstruktur eines potentiellen Modells von PRÄF.Man rechnet nach,daß X eine Strukturart ist.Zum Nachweis von D31-a-3 sei $x=\langle A;[0,1];W,\prec,w^*\rangle \in M_p$, $x \in X$ und $x_{-2}[\prec'] \in X$. Nach D32-3 und 5 folgt $W=\{w,w^*\}$ mit $w \neq w^*$. Nach D32-7 ist $w \prec w^*$,d.h. $\langle w,w^*\rangle \in \prec$ und nach D32-6 $\neg(\langle w^*,w\rangle \in \prec)$.Aus $w \prec w$ folgt nach D32-6 ein Widerspruch und genauso für $w^* \prec w^*$.Es gilt also $\neg(\langle w,w\rangle \in \prec)$ und $\neg(\langle w^*,w^*\rangle \in \prec)$,d.h. insgesamt $\prec = \{\langle w,w^*\rangle\}$ und damit ist $\prec$ eindeutig bestimmt #

8) Meßmodelle für einige Argumente

D33 a) X ist eine Meßmethode für einige Argumente von $\overline{R}_i$ mittels $\bar{w}$ gdw

1) $X \subseteq \{<y;w>/y \in M_p \wedge w \subseteq R_i^y\}$; 2) X ist eine Strukturart;

3) $\forall y \forall w \forall t,t'(<y_{-i}[t];w> \in X \wedge <y_{-i}[t'];w> \in X \wedge t \cap w = t' \cap w \rightarrow t=t')$

b) x ist ein Meßmodell für einige Argumente von $\overline{R}_i$ mittels $\bar{w}$ gdw es X gibt,sodaß X eine Meßmethode für einige Argumente von $\overline{R}_i$ mittels $\bar{w}$ ist und $x \in X$

Hier liegt die Idee zugrunde,daß im Meßmodell y der Wert von R_i^y für ein (mehrere) Argument(e) eindeutig bestimmt ist,aber nur unter der Voraussetzung,daß Werte,die die gleiche Relation R_i^y bei anderen Argumenten annimmt,schon bekannt sind.Ist R_i^y eine "echte" Relation (d.h. keine Funktion),so muß man sich unter "Werten" hier Wahrheitswerte, d.h.die Werte der charakteristischen Funktion von R_i^y vorstellen.Die Menge w in D33-a-1 enthält den "Teil" von R_i^y,der als bekannt vorausgesetzt wird.Setzen wir $w^* := R_i^y \setminus w$,so ist w* der als eindeutig bestimmt nachzuweisende,also der zu messende Teil.D33-a-3 besagt dann,daß R_i^y, eingeschränkt auf w*,durch die restlichen Komponenten und die Einschränkung von R_i^y auf w eindeutig bestimmt ist.

Bei Funktionen kann man sich die Sache einfach so vorstellen,daß der Definitionsbereich $Dom(R_i^y)$ in zwei disjunkte Teile,nämlich $w' \subseteq Dom(R_i^y)$ und den Rest $Dom(R_i^y) \setminus w'$ zerlegt wird.Das w in D33-a-1 erhält man durch Hinzunahme der Funktionswerte zu den in w' vorkommenden Argumenten, $w=\{<a,R_i^y(a)>/a \in w'\}$.Dann ist $w \subseteq R_i^y$. (Die allgemeinere Formulierung ist für den Fall echter Relationen erforderlich.) w' enthält diejenigen Argumente,die als schon bekannt vorausgesetzt werden.Bedingung a-3 ist dann wie folgt zu lesen.Sind t und t' zwei Ersetzungen für R_i^y und stimmen beide für die Argumente aus w' überein,so auch für die restlichen Argumente.Das heißt,R_i^y ist auf $Dom(R_i^y) \setminus w'$ eindeutig bestimmt durch die Einschränkung von R_i^y auf w',sowie die restlichen Komponenten von y und die in X geltenden Axiome.Um dies noch klarer zu machen,bemerken wir,daß sich die Bedingung $t \cap w = t' \cap w$ mit Hilfe des gerade benutzten w' bei Funktionen wie folgt schreiben läßt: $t_{/w'} = t'_{/w'}$.

Betrachten wir ein einfaches abstraktes Beispiel.Sei R_i eine Funktion,etwa $R_i : D_1 \rightarrow A_1$,also $R_i \subseteq D_1 \times A_1$.Sei weiter $D_1 = D \cup D'$ mit $D \cap D' = \emptyset$.Man will sagen,daß R_i,eingeschränkt auf D',eindeutig bestimmt ist durch die übrigen Komponenten der relevanten Strukturen und durch den auf D definierten Teil von R_i.Man wählt in D33-a $w:=(D \times A_1) \cap R_i$.Dann ist $R_i \cap w = R_{i/D}$ und Bedingung a-3 besagt im wesentlichen,daß $R_{i/D}=R'_{i/D} \rightarrow R_i = R'_i$,d.h.insbesondere $R_{i/D'}=R'_{i/D'}$.

Nach D33-a-2 muß X eine Strukturart sein.Dies impliziert unter anderem,daß w in den Strukturen von X mit den anderen Komponenten in einem geregelten Zusammenhang steht.Der in der Bezeichnung verwandte Ausdruck "$\bar{w}$" ist einfach der zugehörige Term $\bar{w}=\{w / \exists y(\langle y;w\rangle \in X)\}$.

Als Beispiel betrachten wir eine Ortsmeßmethode aus der Himmelsmechanik,bei der die Orte von Planeten durch die Keplerschen Gesetze und andere gegebene Orte eindeutig bestimmt und damit meßbar sind.

<u>D34</u> x ist ein <u>potentielles Modell der Keplerschen Theorie</u> (<u>relativ zu T</u>) ($x \in M_p(KEP,T)$) gdw 1) $x=\langle P;T,\mathbb{R}^3;s,\mu\rangle$; 2) P ist eine endliche,nicht-leere Menge; 3) $T \subseteq \mathbb{R}$ ist ein kompaktes Intervall; 4) $s: P \times T \rightarrow \mathbb{R}^3$ ist C^∞ ; 5) $\mu \in \mathbb{R}^+$

Raum und Zeit werden hier wie schon in der Mechanik in Form von Hilfsbasismengen behandelt.T ist also eine rein mathematische Menge.s ist die Ortsfunktion und μ die "Kepler-Konstante",die in der Newtonschen Mechanik approximativ der Sonnenmasse (oder allgemeiner: der Masse des Zentralkörpers,den die Planeten "umkreisen") entspricht.

<u>D35</u> x ist ein <u>Meßmodell für einige Argumente von</u> $\bar{s}$ <u>mittels</u> $\bar{w}$ (<u>bezüglich T und w'</u>) gdw es P,p,p',s,μ und w gibt,sodaß
1) $x=\langle P;T,\mathbb{R}^3;s,\mu;w\rangle$; 2) $P=\{p,p'\}$ und $p \neq p'$; 3) $\langle P;T,\mathbb{R}^3;s,\mu\rangle \in M_p(KEP,T)$; 4) $\forall t \in T(\ s(p',t)=0)$; 5) $\forall t \in T(\ \ddot{s}(p,t)= -\mu(s(p,t)-s(p',t)) \cdot |s(p,t)-s(p',t)|^{-3})$; 6) $\forall t \in T(\ 1/2|\dot{s}(p,t)-\dot{s}(p',t)|^2 - \mu|s(p,t)-s(p',t)|^{-1} < 0$; 7) $w' \subseteq T$ ist ein offenes, nicht-leeres Intervall; 8) $w=s_{/P \times w'}$

Ein Meßmodell enthält zwei Teilchen.Die "Sonne" p',die sich nicht bewegt (D35-4) und einen um p' umlaufenden "Planeten" p.Bedingungen 5 und 6 sind die Keplerschen Gesetze in moderner Schreibweise (vergl.z.B. [Scheibe,1973]). w' ist ein fest vorgegebenes Zeitintervall und w ist die Einschränkung von s auf $P \times w'$ (Bedingung 8).Intuitiv enthält w' die Zeitpunkte t,für die die Orte s(p,t) schon bekannt sind.w ist also der schon bekannte Teil von s.Aufgrund der Kenntnis von w sind die Orte von p zu den anderen Zeitpunkten aus $T \setminus w'$ durch die Keplerschen Gesetze eindeutig bestimmt.

<u>T9</u> Für gegebenes T und w' mit $w' \subseteq T$ ist X={x/x ist ein Meßmodell für einige Argumente von $\bar{s}$ mittels $\bar{w}$ bezüglich T und w'} eine Meßmethode für einige Argumente von $\bar{s}$ mittels $\bar{w}$

Beweis: Nach Definition von w ist $w \subseteq s$ und da w' "von außen" vorgegeben wird, ist X eine Strukturart. Zum Nachweis von D33-a-3 sei $<y_{-1}[s];w> \in X$, $<y_{-1}[s'];w> \in X$ und $s \cap w = s' \cap w$. Nach Definition ist aber $s'_{/P \times w'} = W = s_{/P \times w'}$. Mit $s_p(t) := s(p,t)$ folgt $s_{p/w'} = s'_{p/w'}$. Da $w' \neq \emptyset$ und offen ist, folgt die Existenz eines $t \in w'$ mit $s(p,t) = s'(p,t)$ und $\dot{s}(p,t) = \dot{s}'(p,t)$. Aus der Theorie der Differentialgleichungen folgt dann zusammen mit D35-4 $s = s'$ #

9) Meßmodelle als Teilstrukturen

<u>D36</u> a) X ist eine <u>Meßmethode für einige Argumente von $\bar{R}_i$</u> <u>mittels $\bar{w}$ in einer Teilstruktur</u> gdw 1) $X \subseteq \{z / \exists y \in M_p \exists w (w \subseteq R^y_1 \wedge z \sqsubset <y;w>)\}$; 2) X ist eine Strukturart; 3) $\forall z \forall t,t' \forall w (z_{-i}[t] \in X \wedge z_{-1}[t'] \in X \wedge w = pr_{k+1+m+1}(z) \wedge t \cap w = t' \cap w \rightarrow t = t')$

b) x ist ein <u>Meßmodell fur einige Argumente von $\bar{R}_1$</u> <u>mittels $\bar{w}$ in einer Teilstruktur</u> gdw es X gibt, sodaß X eine Meßmethode fur einige Argumente von $\bar{R}_1$ mittels $\bar{w}$ in einer Teilstruktur ist und $x \in X$

Der Unterschied zu den Meßmodellen aus III-8) besteht wieder im Übergang zu Teilstrukturen. Der Teil y in einem Meßmodell <y;w> darf hier eine Teilstruktur eines potentiellen Modells sein. w ist, wie in D33, der als bekannt vorausgesetzte Teil von R^y_i. Bedingung a-3 lautet genau so wie in D33-a-3. Der einzige -technisch bedingte- Unterschied ist, daß w mit Hilfe der Projektionsfunktion pr aus z herausgearbeitet werden muß. Wir betrachten als Beispiel die Abstandsmessung in der klassischen Kinematik.

<u>D57</u> a) x ist ein <u>Modell der Kinematik</u> gdw 1) $x = <P;T, \mathbb{R}^3, s>$
2) P ist eine endliche, nicht-leere Menge; 3) $T = \mathbb{R}$; 4)
4) $s: P \times T \rightarrow \mathbb{R}^3$ ist C^∞

b) x ist eine <u>2-dimensionale Kinematik</u> gdw x Teil a) mit $\mathbb{R}^2$ anstelle von $\mathbb{R}^3$ erfüllt

Die Bedeutung der Komponenten ist die gleiche wie in der Mechanik. P enthalt die Partikel, T ist ein Zeitintervall und s die Ortsfunktion.

<u>D38</u> x ist ein <u>Meßmodell für einige Argumente von $\bar{s}$</u> <u>mittels $\bar{w}$</u> <u>in einer Teilstruktur</u> (<u>bezüglich</u> t) gdw es P, s und w gibt, sodaß
1) $x = <P;T, \mathbb{R}^3; s; w>$; 2) $T = \{t\}$ und $t \in \mathbb{R}$; 3) $s: P \times T \rightarrow \mathbb{R}^3$;
4) es gibt p, p', p'' und $\alpha, \beta \in \mathbb{R}^+_0$, sodaß 4.1) $P = \{p, p', p''\}$;
4.2) $s(p,t) = 0 \wedge s(p',t) = <\alpha,0,0> \wedge s(p'',t) = <0,\beta,0>$;
4.3) $|s(p',t) - s(p'',t)| - 1$; 4.4) $w = \{<p'',t,0,\beta,0>\}$

Man hat drei Teilchen p,p´,p´´,sodaß zu einem einzigen Zeitpunkt t das Teilchen p im Nullpunkt,p´ auf der 1-Achse und p´´ auf der 2-Achse eines Koordinatensystems liegen (4.2).Der Abstand von p´ und p´´ ist bekannt und gleich 1 (4.3).Die Abstände α und β von p´ und p´´ zum Nullpunkt sind unbekannt.Dann kann man α messen,indem man β mißt oder als bekannt voraussetzt (4.4) und den Satz des Pythagoras anwendet. w enthält den Funktionswert s(p´´,t)=<0,β,0>. Wenn dieser,d.h. β ,bekannt ist,dann ist der gesuchte Wert s(p´,t),d.h. α ,eindeutig bestimmt und somit meßbar.Es handelt sich hier offenbar um das bekannte Verfahren der Triangulation zur Abstandsmessung.Es wird angewandt,wenn die Strecke $\overline{pp'}$ nicht direkt meßbar ist,etwa infolge eines Hindernisses zwischen p und p´.

Die Behandlung dieses Abstandsmeßverfahrens,das ja eigentlich nur Geometrie beinhaltet,als Teilstruktur eines kinematischen Systems ist keine formale und überflüssige Komplikation.Die Triangulation wird oft im Rahmen kinematischer Systeme durchgeführt,etwa bei Abstandsmessungen im Sonnensystem (vergleiche die einschlägigen Methoden in IV-15.4) unten).

<u>T10</u> Für gegebenes T={t} $\subseteq \mathbb{R}$ ist X={x/x ist ein Meßmodell fur einige Argumente von $\bar{s}$ mittels $\bar{w}$ in einer Teilstruktur bezüglich t} eine Meßmethode für einige Argumente von $\bar{s}$ mittels $\bar{w}$ in einer Teilstruktur

Beweis: Jedes Meßmodell von X hat die in D36-a-1 geforderte Form: seine ersten vier Komponenten bilden eine echte Teilstruktur eines potentiellen Modells und sind selbst kein potentielles Modell der Kinematik.Das liegt an der Form von T.Die einelementige Menge T ist nicht offen.Man zeigt bei festgehaltenem t,daß X eine Strukturart ist. Zum Nachweis von D36-a-3 ist zu zeigen,daß α in z $\in$ X eindeutig bestimmt ist.In $\mathbb{R}^3$ gilt der Satz des Pythagoras:

$|s(p'',t)-s(p,t)|^2+|s(p,t)-s(p',t)|^2=|s(p',t)-s(p'',t)|^2$.

Nach D38-4 erhalten wir hieraus $\beta^2+\alpha^2=1$,also $\alpha^2=1-\beta^2$.Das heißt,daß α durch w und D38-4 eindeutig bestimmt ist #

10) Meßmodelle für definierte Terme

<u>D39</u> a) X ist eine <u>Meßmethode für den definierten Term</u> $\bar{t}_0$ <u>mittels der definierten Terme</u> $\bar{t}_1,\ldots,\bar{t}_n$ (<u>in</u> T) gdw es ein S gibt,sodaß

1) S ist eine typisierte Klasse mit definierten Termen $\bar{t}_0,\ldots,\bar{t}_n$

2) die Strukturen von S haben die Form
$<D_1,\ldots,A_l;R_1,\ldots,R_m;t_1,\ldots,t_n;t_o>$ mit $<D_1,\ldots,R_m> \in M_p$

3) $X \subseteq \{<y;d_1,\ldots,d_n;d_o>/y \in M_p \wedge \exists t_o \ldots \exists t_n(<y;t_1,\ldots,t_n;t_o> \in S \wedge$
$\forall i \in \{0,\ldots,n\}\ (d_i \in t_i \vee \exists z_i \in t_i(d_i \in \bigcup z_i)))\}$

4) X ist eine Strukturart

5) $\forall y,y' \forall d_1 \ldots d_n \forall d,d'(<y;d_1,\ldots,d_n;d> \in X \wedge <y';d_1,\ldots,d_n;d'> \in X$
$\rightarrow d=d')$

b) x ist ein <u>Meßmodell für den definierten Term</u> $\bar{t}_o$ <u>mittels der definierten Terme</u> $\bar{t}_1,\ldots,\bar{t}_n$ (<u>in</u> T) gdw es X gibt,sodaß X eine Meßmethode fur den definierten Term $\bar{t}_o$ mittels der definierten Terme $\bar{t}_1,\ldots,\bar{t}_n$ ist und $x \in X$

Die Relativierung auf eine Theorie T ist natürlich so zu verstehen,daß die potentiellen Modelle,die in der Definition der Meßmethode und der Meßmodelle benutzt werden,potentielle Modelle von T sind.

In D39 sind über den Grundmengen außer den Relationen $R_1,\ldots,R_m$ von M_p noch weitere Relationen und Funktionen $t_o,\ldots,t_n$ gegeben und zwar durch Definition.Die Meßmodelle in X bestehen aus potentiellen Modellen y,an die noch einzelne "Werte" der $t_o,\ldots,t_n$ angefugt sind (D39-a-3). Ist t_i eine Relation,so soll d_i ein Element von (ein Tupel aus) t_i sein $(d_i \in t_i)$.Ist t_i eine Funktion,so interessieren wir uns fur den Funktionswert von t_i für ein Argument a,also $t_i(a)$ $(=d_i)$.Ist z.B. t_i eine Funktion der Form $t_i:N \rightarrow N'$,so ist $z_i:=<a,t_i(a)> \in t_i$.Mengentheoretisch gilt aber $<a,t_i(a)>=\{\{a\},\{a,t_i(a)\}\}$,also $\bigcup<a,t_i(a)>=\{a,t_i(a)\}$.Es gibt also ein $z_i \in t_i$ mit $t_i(a) \in \bigcup z_i$.D39-a-3 trifft diese Vorstellung nicht ganz genau -die Definition ist etwas zu weit weil nach ihr d_i auch das Argument a sein könnte.Das kommt daher,daß wir bei den potentiellen Modellen keine Unterscheidung zwischen Funktionen und "echten" Relationen eingeführt haben.Nur wenn eine solche Unterscheidung zur Verfügung steht,können wir die beiden angesprochenen Fälle genau auseinanderhalten.In der allgemeinen Definition der Modelle schien uns jedoch der Aufwand,den diese Unterscheidung mit sich bringt,zu groß,als daß er durch die hier vorliegende Meßmethode gerechtfertigt ware.

Die Eindeutigkeitsforderung D39-a-5 betrifft im wesentlichen nur die "Werte" der definierten Terme $d_o,d_1,\ldots,d_n$.In einer Struktur aus X,in der $d_o,\ldots,d_n$ vorkommen,ist d_o durch $d_1,\ldots,d_n$ eindeutig bestimmt (a-5),unabhängig davon,wie die potentiellen Modelle y,y' in beiden Strukturen beschaffen sind.Meist ist allerdings die Prämisse in a-5 nur erfüllt,wenn die Basismengen $D_1,\ldots,D_k,A_1,\ldots,A_l$ in y und y' identisch und die Relationen $R_1,\ldots,R_m$ in y und y' teilweise identisch sind.

In a-3 könnte man statt $d_i \in t_i$ auch $d_i \subseteq t_i$ oder $d_i=t_i$ fordern und erhielte weitere Arten von Meßmodellen. $d_i \subseteq t_i$ würde heißen, daß die Funktion d_0 teilweise durch Teile von $d_1,\ldots,d_n$ eindeutig bestimmt ist. Auch Mischfälle sind denkbar, etwa "ε" bei d_0, "$\subseteq$" bei d_1, "=" bei d_2 usw. Weiter sei bemerkt, daß in einem Meßmodell x für den definierten Term $\bar{t}_0$ mittels der definierten Terme $\bar{t}_1,\ldots,\bar{t}_n$ nicht "ganz" t_0^x bestimmt zu werden braucht, sondern t_0^x für einige Argumente unter Benutzung von Werten t_0^x für andere Argumente. Es ließen sich auch hier weitere Fälle unterscheiden, indem man statt D39 mehrere verschiedene Definitionen einführt. Als Beispiel betrachten wir eine Meßmethode zur Messung der "astronomischen Einheit", d.h. des Abstandes zwischen Sonne und Erde.

<u>D40</u> a) x ist ein <u>potentielles Modell der planetaren Meßtheorie</u> ($x \in M_p(PLAN)$) gdw es P, s, n, Φ gibt, sodaß 1) $x = \langle P; T, \mathbb{R}^2; s, \Phi\rangle$;
2) $\langle P; T, \mathbb{R}^2; s\rangle$ ist eine 2-dimensionale Kinematik (vergl. D37-b);
3) $\Phi: \{1,\ldots,n\} \to P$ ist bijektiv

b) x ist ein <u>Modell der planetaren Meßtheorie mit Zentrum</u> p_0 gdw
1) $x = \langle P; T, \mathbb{R}^2; s, \Phi\rangle \in M_p(PLAN)$; 2) es gibt $p_1,\ldots,p_n$, sodaß
2.1) $P = \{p_0, p_1, \ldots, p_n\}$ und alle p_i, p_j mit $0 \leq i \neq j \leq n$ sind verschieden;
2.2) für $p \in \{p_1,\ldots,p_n\}$ ist $s_p := \{\langle t,\alpha\rangle / \langle p,t,\alpha\rangle \in s\}$ eine periodische Funktion von t, Bild(s_p) ist ein Kreis und jeder Wert aus Bild(s_p) wird in jeder Periode genau einmal angenommen;
2.3) $\forall t \in T(\ s(p_0,t) = 0)$

Ein potentielles Modell der planetaren Meßtheorie besteht aus einer Menge P von Partikeln, einem "Zeitintervall" T (das wir aus Einfachheitsgründen mit $\mathbb{R}$ identifizieren), dem zweidimensionalen "Raum" ($\mathbb{R}^2$), einer Ortsfunktion s und einer Abzählung Φ der Partikel. Den Raum kann man hier zweidimensional wählen, weil sich die Planetenbewegungen "fast" in einer Ebene abspielen. Jedenfalls sind die Fehler, die durch Vernachlässigung der dritten Dimension entstehen, sehr klein und historisch arbeitete man lange mit der vereinfachenden Annahme. Die Funktion Φ ist aus technischen Gründen erforderlich, um die Partikel von P bei Formulierung der Axiome identifizieren zu können. Im Prinzip konnte man auf diese Numerierung verzichten, man müßte dann aber immer alle Axiome in etwas undurchsichtiger Weise zu einem einzigen Existenzsatz zusammenfassen. Intuitiv kann man sich bei unserer Behandlung einfach die Partikel durchnumeriert vorstellen: $p_1,\ldots,p_n$ und $\Phi(i) = p_i$ für $i \leq n$.

In den Modellen wird eine "Sonne" p_0 ausgezeichnet, die im Koordinatenursprung ruht (b-2.3). Alle anderen "Planeten" bewegen sich periodisch auf Kreisbahnen -jedoch nicht notwendig mit konstanter Winkelgeschwindigkeit- um p_0 herum (b-2.2).

D41 Ist $x=\langle P;T, \mathbb{R}^2;s,\Phi\rangle$ ein potentielles Modell der planetaren Meßtheorie, so sei a) $d_x: P \times P \times T \rightarrow \mathbb{R}^+_0$ definiert durch $d_x(p,p',t)=|s(p,t)-s(p',t)|$ und $\sphericalangle_x: P^3 \times T \rightarrow \mathbb{R}^+_0$ durch

$$\sphericalangle_x(p,p',p'',t)=\arccos \frac{(s(p,t)-s(p',t)) \nabla (s(p'',t)-s(p',t))}{|s(p,t)-s(p',t)| \cdot |s(p'',t)-s(p',t)|}$$

wobei arccos die Umkehrfunktion von cos, eingeschränkt auf $[0,\pi]$ ist. $U_x: P \rightarrow Pot(\mathbb{R})$ wird definiert durch $U_x(p)=\{t \in \mathbb{R}^+ / \forall t' \in T(t'+t \in T \rightarrow s(p,t'+t)=s(p,t') \wedge \forall t^* \in \mathbb{R}(\forall t' \in T(t'+t \in T \rightarrow s(p,t'+t^*)=s(p,t')) \rightarrow t \leq t^*)\}$

d_x gibt in Abhängigkeit von der Zeit (drittes Argument) die Abstände der verschiedenen Partikel an, ebenso $\sphericalangle_x$ den Winkel, den je drei Partikel miteinander bilden. $U_x(p)$ ist die "Umlaufzeit" von p, genauer: die einelementige Menge, die diese Umlaufzeit als Element enthält. Dies gilt allerdings nur für den Fall, daß $U_x(p) \neq \emptyset$ ist. Denn nach T11-a unten enthält dann $U_x(p)$ genau ein Element. Die Formel in der Definition von U_x drückt aus, daß 1) t eine Periode ist ("$s(p,t'+t)=s(p,t')$") und 2) t die kleinste Periode ist ("wenn t* Periode, dann ist $t \leq t^*$").

T11 a) Ist $x=\langle P;T, \mathbb{R}^2;s,\Phi\rangle$ ein Modell der planetaren Meßtheorie mit Zentrum p_0 und $p \in P, p \neq p_0$, so enthält $U_x(p)$ hochstens ein Element

b) $X:=\{\langle P;T, \mathbb{R}^2;s,\Phi; \sphericalangle_x, U_x; d_x\rangle / x=\langle P;T, \mathbb{R}^2;s,\Phi\rangle \in M_p(PLAN)$ und $\sphericalangle_x, U_x, d_x$ sind wie in D41 definiert$\}$ ist eine typisierte Klasse mit definierten Termen $\bar{\sphericalangle}$, $\bar{U}$ und $\bar{d}$

Beweis: a) folgt aus D40-b-2.2. b) Wir betrachten als Klasse M_p die Klasse aller potentiellen Modelle der planetaren Meßtheorie und definieren Terme $\bar{d}:=\{d_x/x \in M_p\}$, $\bar{\sphericalangle}:=\{\sphericalangle_x/x \in M_p\}$ und $\bar{U}:=\{U_x/x \in M_p\}$. Die Elemente von $\bar{d}$, $\bar{\sphericalangle}$ und $\bar{U}$ sind gemäß D41 typisiert und in $x \in M_p$ sind d_x, $\sphericalangle_x$ und U_x eindeutig bestimmt. $U_x(p)$ ist entweder leer oder enthalt genau ein Element (nach a)) #

D42 x ist ein <u>Meßmodell zur Bestimmung der astronomischen Einheit</u> (<u>zu</u> t) gdw es $P,s,\Phi,S,E,A,d_{SE},d_{EA},U_E,U_A$ und β,γ,δ gibt, sodaß 1) $x=\langle P;T, \mathbb{R}^2;s,\Phi;d_{EA},U_E,U_A,\beta;d_{SE}\rangle$; 2) $P=\{S,E,A\}$ und $t \in T$; 3) $y=\langle P;T, \mathbb{R}^2;s,\Phi\rangle$ ist ein Modell der planetaren Meßtheorie mit Zentrum S und $S=\Phi(1), E=\Phi(2), A=\Phi(3)$; 4) $d_{SE}=d_y(S,E,t)$ und $d_{EA}=d_y(E,A,t)$; 5) fur $p \in \{E,A\}$ ist $U_y(p) \neq \emptyset$, $U_p=U_y(p)$, $\gamma \in U_y(E)$ und $\delta \in U_y(A)$; 6) $\beta=\sphericalangle_y(E,S,A,t)$; 7) $d^3_{SE}/\gamma^2=|s(S,t)-s(A,t)|^3/\delta^2$

Das System besteht aus der Sonne S und den Planeten Erde E und Mars A. Der Abstand d_{SE} Sonne-Erde wird zunächst durch Triangulation auf die Abstände d_{SA} ($=|s(S,t)-s(A,t)|$) und d_{EA} zurückgefuhrt, indem man den Winkel $\sphericalangle_y(E,S,A,t)$ als bekannt oder gemessen voraussetzt. Den Abstand

d_{EA} kann man mit anderen Methoden messen.Den zweiten,nicht-meßbaren Abstand d_{SA} kann man durch Voraussetzung des dritten Keplerschen Gesetzes (D42-7) eliminieren,da er dann in zwei Gleichungen -nämlich in D42-7 und dem bei der Triangulation benutzten Kosinussatz- vorkommt. Den Kosinussatz braucht man nicht als Axiom in D42 aufzunehmen,da er schon in den potentiellen Modellen der planetaren Meßtheorie beweisbar ist.Für die Bestimmung von d_{SE} muß man also d_{EA},β ,sowie die Umlaufzeiten von Erde und Mars γ,δ als bekannt voraussetzen.All diese Werte lassen sich in der Tat unabhängig von der Bestimmung von d_{SE} ermitteln.

<u>T12</u> Für festes $t \in T$ ist $X:=\{x/x$ ist ein Meßmodell zur Bestimmung der astronomischen Einheit zu $t\}$
eine Meßmethode für den definierten Term $\overline{d}$ mittels der der definierten Terme $\overline{d},\overline{U}, \overline{\sphericalangle}$.Genauer ist in $x \in X$ d_x für einige Argumente eindeutig durch U_x, $\sphericalangle_x$ und einige Werte von d_x bei anderen Argumenten bestimmt

Beweis: Es sei $\underline{S}=\{<x;d_x,U_x,U_x,\sphericalangle_x;d_x>/x \in M_p\}$: Nach T11-b ist $\underline{S}$ eine typisierte Klasse mit definierten Termen $\overline{d}$, $\overline{\sphericalangle}$,$\overline{U}$. $\underline{S}$ und X stehen in dem in D39-a-3 geforderten Verhältnis.Es ist $d_{SE}=d(S,E,t) \in \bigcup<<S,E,t>, d(S,E,t)>$ und $<<S,E,t>,d(S,E,t)> \in d_x$,und genauso für d_{EA}. $U_E=U_x(E) \in \bigcup<E,U_x(E)>$ und $<E,U_x(E)> \in U_x$ und genauso für U_A. $\beta_x=\sphericalangle_x(E,S,A,t) \in \bigcup<<E,S,A,t>,\sphericalangle_x(E,S;A,t)>$ und $<<E,S,A,t>,\sphericalangle_x(E,S,A,t)> \in \sphericalangle_x$. X ist eine Strukturart.Zum Nachweis von D39-a-5 seien $x=<y;d_{EA},U_E,U_A,\beta;d_{SE}> \in X$ und $x'=<y';d_{EA},U_E,U_A,\beta;d'_{SE}> \in X$.In $\mathbb{R}$ gilt der Kosinussatz

(1) $d_{EA}^2=d_{SE}^2+d_{SA,y}^2-2d_{SE}d_{SA,y}\cos(\beta)$, wobei $d_{SA,y}:=d_y(S,A,t)$.

In X gilt nach D42-7 und D41

(2) $d_{SE}^3/\gamma^2=d_{SA}^3/\delta^2$. Aus (1) und (2) erhalt man durch Rechnung

(3) $d_{SE}=d_{EA}(1+ \sqrt[3]{\delta^2/\gamma^2}^{\,2}-2 \sqrt[3]{\delta^2/\gamma^2} \cos(\beta))$

Genauso erhält man in x′ unter Benutzung von $d_{SA,x'}$

(4) $d'_{SE}=d_{EA}(1+ \sqrt[3]{\delta^2/\gamma^2}^{\,2} -2 \sqrt[3]{\delta^2/\gamma^2} \cos(\beta))$.Es folgt $d_{SE}=d'_{SE}$ #

<u>11) Meßmodelle mit Invarianzen</u>

<u>D43</u> a) X ist eine <u>Meßmethode mit Invarianz</u> $\equiv$ <u>für</u> $\overline{R}_i$ gdw
1) $X \subsetneq M_p$ ist eine Strukturart; 2) $\equiv$ ist eine Äquivalenzrelation auf $\overline{R}_i$; 3) $\forall x \forall t,t'(x_{-1}[t] \in X \wedge x_{-i}[t'] \in X \rightarrow (t)_{\equiv}=(t')_{\equiv})$

b) x ist ein <u>Meßmodell mit Invarianz</u> $\equiv$ <u>für</u> $\overline{R}_i$ gdw es X gibt, sodaß X eine Meßmethode mit Invarianz $\equiv$ für $\overline{R}_i$ ist und $x \in X$

(t) bezeichnet hier die Äquivalenzklasse von t unter $\equiv$. Die Eindeutigkeitsforderung a-3 betrifft nur noch Äquivalenzklassen. Man sagt auch, R_i sei nur "bis auf die Äquivalenz $\equiv$ " eindeutig bestimmt. Meist ist $\equiv$ gegeben durch eine bestimmte Art von Transformationen, die man mit R_i ausführt. Man sagt dann auch, $\overline{R}_i$ sei nur bis auf solche Transformationen eindeutig bestimmt.

Im allgemeinen ist der in D43 definierte Begriff zu weit. Er umfaßt viele Fälle, in denen man nicht von Messung reden wird und zwar, weil die Äquivalenzrelation $\equiv$ beliebig "große" Äquivalenzklassen haben kann. Man findet immer eine Äquivalenzrelation $\equiv$ auf $\overline{R}_i$, sodaß z.B. die Klasse der Modelle selbst schon eine Meßmethode mit Invarianz $\equiv$ für $\overline{R}_i$ ist. Betrachten wir ein Beispiel.

<u>D44</u> a) Auf $\bar{s}:=\{s/\exists P \in V(s:P \times \mathbb{R} \to \mathbb{R}^3 \text{ ist } C^{\infty})\}$ wird eine Äquivalenzrelation $\equiv$ wie folgt definiert: $s \equiv s'$ gdw $\exists P \exists v,a \in \mathbb{R}^3($ $s:P \times \mathbb{R} \to \mathbb{R}^3 \wedge s':P \times \mathbb{R} \to \mathbb{R}^3 \wedge \forall p \in P \forall t \in \mathbb{R}(\ s(p,t)=s'(p,t)+vt+a))$
b) x ist ein <u>Meßmodell zur Ortsmessung mit Galilei-Invarianz</u> gdw $x \in M(KPM)$ und $\equiv$ ist wie in a) definiert

<u>T13</u> $X:=\{x/x$ ist ein Meßmodell zur Ortsmessung mit Galilei-Invarianz$\}$ ist eine Meßmethode mit Invarianz $\equiv$ für $\bar{s}$

Beweis: X ist eine Strukturart. Seien $x_{-1}[s]$ und $x_{-1}[s'] \in X=M(KPM)$. Es folgt $m\cdot\ddot{s} = \Sigma f_1 = m\cdot\ddot{s}'$, also $\forall p \forall t(\ \ddot{s}(p,t)=\ddot{s}'(p,t))$. Hieraus folgt durch zweimalige Integration $\exists v,a \in \mathbb{R}^3 \forall p,t(\ s(p,t)=s'(p,t)+vt+a)$, d.h. $s\equiv s'$, also $(s)_{\equiv}=(s')_{\equiv}$ #

Man wird jedoch zogern, hier von Messung zu reden, weil man die Werte s(p,t) nur "bis auf Wahl des Bezugssystems" eindeutig erhält. Man muß also noch ein Bezugssystem auszeichnen, um s(p,t) wirklich bestimmen zu können. Diese Auszeichnung kann aber nicht in dem formal durch $M_p(KPM)$ abgesteckten Rahmen erfolgen, da dort nicht von verschiedenen Bezugssystemen geredet wird. Eine solche "Meßmethode", die sich nicht durch Fixierung bestimmter, im Rahmen der Theorie zur Verfugung stehender Parameter wirklich eindeutig machen läßt, wollen wir nicht als Meßmethode bezeichnen. Der tiefere Grund fur den Ausschluß solcher Meßmethoden mit beliebiger Äquivalenzrelation liegt in der Beobachtung, daß, wenn man beliebige Äquivalenzrelationen zulaßt, in jeder Theorie jeder Term $\bar{t}$ durch die anderen Terme "gemessen" werden könnte. Die einzige Bedingung hierfur ist, daß der "Unbestimmtheitsspielraum" von $\bar{t}$ in Abhängigkeit von den anderen Termen sich durch eine Aquivalenzrelation erfassen laßt. Wenn wir Meßmethoden mit beliebigen Invarianzen als echte

Meßmethoden akzeptieren, wird damit der Begriff der Meßmethode trivialisiert und uninteressant.

Es gibt aber bestimmte Invarianzen, bei denen man noch von Messung redet, selbst wenn der betreffende Term nur bis auf solche Invarianzen eindeutig bestimmt wird: die sogenannten Skaleninvarianzen. Bei Skaleninvarianz denkt man meist an reellwertige Funktionen und deren Multiplikation mit einem Faktor oder an lineare Transformationen. Vielfach werden jedoch heute allgemeinere mathematische Räume anstelle von $\mathbb{R}$ und $\mathbb{R}^3$ benutzt, etwa in der Physik euklidische Räume. Wir behandeln daher Skaleninvarianzen gleich in der entsprechend abstrakten Weise. Statt der reellen Zahlen benutzt man dabei einen geordneten Körper und die betrachteten Funktionen nehmen ihre Werte in einem Vektorraum über diesem Körper an.

D45 a) Ein <u>geordneter Körper</u> ist ein Körper K (mit Nullelement 0_K, Einselement 1_K, sowie Addition + und Multiplikation $\cdot$), zusammen mit einer linearen, mit + und $\cdot$ verträglichen Ordnung $<$, sodaß gilt $0_K < 1_K$. K^+ sei die Menge $\{a \in K / 0_K < a\}$. (vergl. z.B. [Lang, 1971], S.57 und S.271)

b) Sei $\underline{V}$ ein Vektorraum über einem geordneten Körper K und $\overline{F}$:= $\{f / \exists D (D \in V \wedge f: D \to \underline{V})\}$.

b.1) $\equiv_1 \subseteq \overline{F} \times \overline{F}$ wird definiert durch $f \equiv_1 g$ gdw $Dom(f) = Dom(g) \wedge \exists \alpha \in K^+ \forall a \in Dom(f) (f(a) = \alpha \cdot g(a))$

b.2) $\equiv_2 \subseteq \overline{F} \times \overline{F}$ wird definiert durch $f \equiv_2 g$ gdw $Dom(f) = Dom(g) \wedge \exists \alpha \in K^+ \exists b \in \underline{V} \forall a \in Dom(f) (f(a) = \alpha \cdot g(a) + b)$

b.3) für $f \in \overline{F}$ und $j = 1,2$ sei $(f)_{K,j} := \{g \in \overline{F} / g \equiv_j f\}$

$\equiv_1$ und $\equiv_2$ sind Relationen zwischen Funktionen, die ihre Werte in $\underline{V}$ annehmen. $f \equiv_1 g$ bedeutet, daß g aus f durch Multiplikation mit einem "positiven" Faktor ($\alpha \in K^+$) hervorgeht und $f \equiv_2 g$, daß g aus f durch eine "lineare Transformation" der Form $f(a) = \alpha \cdot g(a) + b$ gewonnen wird. Aus den Körper- und Vektorraumaxiomen erhält man sofort, daß $\equiv_1$ und $\equiv_2$ Äquivalenzrelationen sind. In b.3) führen wir eine Notation für die zugehörigen Äquivalenzklassen ein.

Durch Einschränkung der Äquivalenzrelation in D43 auf die beiden in D45 definierten Relationen erhalten wir "echte" Meßmethoden, nämlich Meßmethoden zur Messung "bis auf Skaleninvarianz". Wir fassen beide Typen, die man bei der jeweiligen Invarianz für j=1,2 erhält, in einer Definition zusammen.

D46 Sei $j \in \{1,2\}$. a) X ist eine <u>Meßmethode mit Skaleninvarianz vom Typ</u> j (kurz: eine SKI_j-Meßmethode) <u>für</u> $\overline{R}_i$ gdw

1) $X \subseteq M_p$ ist eine Strukturart

2) alle Elemente von $\overline{R}_i$ sind Funktionen R_i:D → $\underline{V}$ und $\underline{V}$ ist ein Vektorraum über einem geordneten Körper K

3) $\forall x \forall t,t'(x_{-i}[t] \in X \wedge x_{-i}[t'] \in X \rightarrow (t)_{K,j}=(t')_{K,j})$

b) x ist ein SKI_j-Meßmodell für $\overline{R}_i$ gdw es X gibt,sodaß X eine SKI_j-Meßmethode für $\overline{R}_i$ ist und $x \in X$

Wir wollen kurz erläutern,warum man hier von Skaleninvarianz spricht. Eine Skala ist einfach eine Abbildung φ:D → |R, wobei D irgendein Objektbereich ist.Man unterscheidet mehrere Skalentypen.In D46 haben wir die Invarianzen von Verhältnisskalen (j=1) und Differenzenskalen (j=2) behandelt.Eine Verhältnisskala φ liegt vor,wenn durch eine Meßmethode die "Verhältnisse" $\varphi(a)/\varphi(b)$ $(a,b \in D)$ eindeutig bestimmt sind. φ ist dann bis auf Multiplikation mit einem positiven Faktor eindeutig bestimmt.Dies entspricht bei operationaler Deutung dem Sachverhalt,daß die "Maßeinheit",also ein Objekt $a \in D$ mit $\varphi(a)=1$,nicht festgelegt ist und daher willkürlich gewählt werden muß (z.B.das Urmeter bei der Längenskala).Eine Differenzenskala liegt vor,wenn durch die Meßmethode nur die Verhältnisse von Differenzen $(\varphi(a)-\varphi(b))/(\varphi(c)-\varphi(d))$ eindeutig bestimmt sind. φ ist dann nur bis auf lineare Transformationen,oder anders,bis auf die Äquivalenzrelation $\equiv_2$ von D45-b.2 eindeutig bestimmt. Dies entspricht dem Sachverhalt,daß zu einer "absoluten" Bestimmung noch die Maßeinheit und ein "Nullpunkt" festzulegen sind (etwa wie bei der Temperaturmessung).

Die Invarianz einer Skala unter den betrachteten Transformationen wird bei Messung eines Skalenwertes,d.h.bei Bestimmung eines Wertes $\varphi(a)$ mit $a \in D$,nicht als störend empfunden.Denn man interessiert sich bei solchen Skalen weniger für deren absolute Werte,als für die Verhältnisse bzw.die Differenzenverhältnisse.Diese Verhältnisse drücken "reale" Gegebenheiten im System aus,während man einen "absoluten" Skalenwert erst durch "willkürliche" Wahl einer Maßeinheit erhält.Man mißt also Verhältnisse bzw.Verhältnisse von Differenzen.Da die Bestimmung solcher Verhältnisse durch Wahl der Maßeinheit jederzeit zu einer absoluten Bestimmung verschärft werden kann,spricht man hier -trotz der Unbestimmtheit bis auf die genannten Transformationen- noch von Messung.

Wir möchten allerdings bemerken,daß die systematische Abgrenzung der Skaleninvarianzen von anderen Invarianzen (wie z.B.der Galilei-Invarianz) mit Hilfe eines Kriteriums problematisch ist.Jedenfalls haben wir im Moment kein solches.Hier sind -auch im Hinblick auf die Ergebnisse in Kap.VII- noch weitere Untersuchungen erforderlich.

Als Beispiel betrachten wir die Bestimmung von "Gleichgewichtspreisen" in ÖKO.Die Meßmodelle sind hier einfach durch die Modelle von

ÖKO gegeben,denn in diesen sind nach einem bekannten Theorem die Preisverhältnisse gleich den Verhältnissen der Substitutionsraten und damit die Preise bis auf einen positiven Faktor eindeutig bestimmt.

D47 x ist ein SKI_1-Meßmodell zur Preisbestimmung in ÖKO gdw
$x=\langle J;\ \mathbb{N}_n,\ \mathbb{R};Z,q^a,U,p,q^e\rangle \in M(\text{ÖKO})$ und $\exists i \in J\,\forall j \leq n(q^e(i,j) > 0)$

T14 $X:=\{x/x$ ist ein SKI_1-Meßmodell zur Preisbestimmung in ÖKO$\}$
ist eine Meßmethode mit Skaleninvarianz vom Typ 1

Beweis: X ist eine Strukturart.Sei $x=\langle J;\ \mathbb{N}_n,\ \mathbb{R};Z,q^a,U,p,q^e\rangle \in X$ und $i \in J$ so,daß $\forall j \leq n$: $q^e(i,j) > 0$.Nach T2),S.29,in [Balzer,1982a] gilt dann für alle $j,k \leq n$: $p(j)/p(k)=D_jU(i,q^e(i,1),\ldots,q^e(i,n))/D_kU(i,q^e(i,1),\ldots,q^e(i,n))$.Hieraus folgt,daß in $x \in X$ $(p)_{|\mathbb{R},1}$ eindeutig bestimmt ist und damit,daß $x \in X$ D46-a-3 erfüllt #

12) Vergleich der verschiedenen Meßmethoden

Bei einem Vergleich der verschiedenen Arten von Meßmethoden und Meßmodellen stellt sich heraus,daß Meßmethoden für definierte Terme (mittels definierter Terme) die allgemeinsten Meßmethoden sind und in genau angebbarem Sinn alle anderen Meßmethoden "umfassen".Trotzdem schien es uns angebracht,auch die anderen Meßmethoden einzuführen,weil man in der Anwendung nicht von einem möglichst allgemeinen,sondern von einem möglichst speziellen Begriff der Meßmethode Gebrauch machen wird. Der allgemeine Begriff ist zwar systematisch interessant,aber für die Anwendung unnötig kompliziert.Wir beanspruchen nicht,eine erschöpfende Klassifikation gefunden zu haben.Ausgehend von den hier aus Beispielen extrahierten Meßmethoden kann man vielleicht eine systematischere Klassifikation erreichen.

Wir beweisen zunächst einige Theoreme und fassen die Ergebnisse am Schluß zusammen.

T15 Jedes globale Meßmodell für $\bar{R}_i$ ist a) ein partielles Meßmodell für $\bar{R}_i$,b) einbettbar in ein Meßmodell für einige Argumente von $\bar{R}_i$ mittels eines $\bar{w}$, c) ein Meßmodell mit Invarianz $\equiv$ für $\bar{R}_i$

Beweis: a) Es gilt $M_p \subseteq M^K_{pp}$.Um D31-a-1 zu erfüllen,erweitert man die Meßmethode um "redundante",aber echte Teilstrukturen. b) Sei X eine globale Meßmethode für $\bar{R}_i$, $X \subseteq M_p$, $X':=\{\langle y;\emptyset\rangle/y \in X\}$ und $\langle y_{-i}[t];w\rangle \in X' \wedge \langle y_{-i}[t'];w\rangle \in X' \wedge t \cap w=t' \cap w$.Dann ist $y_{-i}[t] \in X \wedge y_{-i}[t'] \in X$ und somit nach D28-a-3 $t=t'$.Also ist X' eine Meßmethode für einige Argumente von $\overline{R}_i$ und jedes $x \in X$ ist eingebettet in ein $x' \in X'$ in dem Sinn, daß $x'=\langle x;\emptyset\rangle$. c) Sei $X \subseteq M_p$ eine globale Meßmethode für $\overline{R}_i$, $X':=X$ und $\equiv \subseteq \overline{R}_i \times \overline{R}_i$ die Identität.Offenbar ist $\equiv$ eine Äquivalenzrelation auf $\overline{R}_i$:Dann ist X' eine Meßmethode mit Invarianz für $\overline{R}_i$.Zum Nachweis von D43-a-3 sei $x_{-i}[t] \in X' \wedge x_{-i}[t'] \in X'$.Dann ist auch $x_{-i}[t] \in X \wedge x_{-i}[t'] \in X$, also nach D28-a-3 $t=t'$ und damit $(t)_{\equiv}=(t')_{\equiv}$ #

<u>T16</u> Jedes partielle Meßmodell für $\overline{R}_i$ ist einbettbar in ein Meßmodell für einige Argumente von $\overline{R}_i$ mittels eines $\bar{w}$ in einer Teilstruktur

Beweis: Sei $X \subseteq M_{pp}^K$ eine partielle Meßmethode für $\overline{R}_i$ und $X':=\{\langle x;\emptyset\rangle / x \in X\}$ Zum Nachweis von D36-a-3 gelte $z_{-i}[t] \in X' \wedge z_{-i}[t'] \in X' \wedge w=pr_{k+l+m+1}(z) \wedge t \cap w = t' \cap w$.Dann ist $z_{-i}[t]=\langle x_{-i}[t];\emptyset\rangle$ und $z_{-i}[t']=\langle x_{-i}[t'];\emptyset\rangle$ mit $x_{-i}[t] \in X \wedge x_{-i}[t'] \in X$.Nach D31-a-3 folgt $t=t'$.Jedes $x \in X$ ist eingebettet in ein $x' \in X'$ in dem Sinn,daß $x'=\langle x;\emptyset\rangle$ #

<u>T17</u> Jedes Meßmodell für einige Argumente von $\overline{R}_i$ mittels $\bar{w}$ ist ein Meßmodell für einige Argumente von $\overline{R}_i$ mittels $\bar{w}$ in einer Teilstruktur

Beweis: Für jede mengentheoretische Struktur x gilt $x \sqsubset x$ #

<u>T18</u> Jedes Meßmodell für einige Argumente von $\overline{R}_i$ mittels $\bar{w}$ in einer Teilstruktur ist einbettbar in ein Meßmodell für einen definierten Term $\overline{t}_o$ mittels definierter Terme $\overline{t}_1,\ldots,\overline{t}_n$

Beweis: Sei $X \subseteq \{z / z \sqsubset \langle y;w\rangle \wedge y \in M_p \wedge w \subseteq R_i^y\}$ eine Meßmethode für einige Argumente von $\overline{R}_i$ mittels $\bar{w}$ in einer Teilstruktur.Für $x \in X, x=\langle y;w\rangle$ gilt $w \subseteq R_i^y \subseteq \tau_i(D_1^y,\ldots,A_l^y)$. Wir setzen $t_o^x:=Pot(R_i^y \cap (\tau_i(D_1^y,\ldots,A_l^y) \setminus w))$, $t_{n+1}^x:=Pot(w)$ und für $n:=k+l+m-1$ seien $t_1^x,\ldots,t_n^x$ respektive definiert durch $Pot(D_1^y),\ldots,Pot(D_k^y),Pot(A_1^y),\ldots,Pot(A_l^y),Pot(R_1^y),\ldots,Pot(R_{i-1}^y)$, $Pot(R_{i+1}^y),\ldots,Pot(R_m^y)$. Wir setzen $S:=\{\langle y;t_1^x,\ldots,t_n^x;t_o^x\rangle / y \in M_p$ $x=\langle y;w\rangle \in X$ und $t_o^x,\ldots,t_{n+1}^x$ wie eben definiert$\}$. Dann ist S eine typisierte Klasse mit definierten Termen $\overline{t}_o,\ldots,\overline{t}_{n+1}$.Wir definieren $X':=\{\langle y;d_1,\ldots,d_{n+1};d_o\rangle / \exists w(\langle y;w\rangle \in X \wedge d_o=R_1^y \cap (\tau_i(D_1^y,\ldots,A_l^y) \setminus w)$ $\wedge d_{n+1}=w \wedge d_1,\ldots,d_n$ ist,respektive,$D_1^y,\ldots,A_l^y,R_1^y,\ldots,R_{i-1}^y,R_{i+1}^y,\ldots,R_m^y)\}$. Dann erfüllt X' D39-a-3 und 4.Zum Nachweis von D39-a-5 sei $\langle y;d_1,\ldots,d_{n+1};d_o\rangle \in X' \wedge \langle y';d_1,\ldots,d_{n+1};d_o'\rangle \in X'$.Dann gibt es w,w' mit

(1) $\langle y;w\rangle \in X$, $\langle y';w'\rangle \in X$, $y=\langle D_1^y,\ldots,A_l^y;R_1^y,\ldots,R_{1-1}^y,R_i,R_{i+1}^y,\ldots,R_m^y\rangle$, $y'=\langle D_1^{y'},\ldots,A_l^{y'};R_1^{y'},\ldots,R_{1-1}^{y'},R_i',R_{i+1}^{y'},\ldots,R_m^{y'}\rangle$, $d_o=R_i \cap (\tau_i(D_1^y,\ldots,A_l^y) \setminus w)$, $d_o'=R_i^{y'} \cap (\tau_i(D_1^{y'},\ldots,A_l^{y'}) \setminus w)$ und es gilt $w'=d_{n+1}=w$ und $D_1^y,\ldots,A_l^y$; $R_1^y,\ldots,R_{i-1}^y,R_{i+1}^y,\ldots,R_m^y$ sind,respektive,gleich $d_1,\ldots,d_n$ und diese, respektive,gleich $D_1^{y'},\ldots,A_l^{y'},R_1^{y'},\ldots,R_{i-1}^{y'},R_{i+1}^{y'},\ldots,R_m^{y'}$.Also

$y=\langle D_1,\ldots,R_{i-1},R_i,R_{i+1},\ldots,R_m\rangle$,$y'=\langle D_1,\ldots,R_{i-1},R'_i,R_{i+1},\ldots,R_m\rangle$, $d_o=R_i\cap(\tau_i(D_1,\ldots,A_l)\setminus w)$, $d'_o=R'_i\cap(\tau_i(D_1,\ldots,A_l)\setminus w)$. Sei $z:=\langle y;w\rangle$.Dann ist nach (1): $z_{-i}[R_i]=\langle y;w\rangle\in X$, $z_{-i}[R'_i]=\langle y';w\rangle\in X$ und $w=pr_{k+l+m+1}(z)$. Schließlich gilt $R_i\cap w=w=R'_i\cap w$.Nach D36-a-3 folgt $R_i=R'_i$,also $d=d'$. Jedes $x\in X$ ist also eingebettet in ein $x'\in X'$in dem Sinn,daß $x=\langle y;w\rangle$ und $x'=\langle y;D^y_1,\ldots,A^y_l,R^y_1,\ldots,R^y_{i-1},R^y_{i+1},\ldots,R^y_m;R^y_i\cap(\tau_i(D^y_1,\ldots,A^y_l)\setminus w)\rangle$ #

<u>T19</u> Jedes Meßmodell mit Invarianz für $\overline{R}_i$ ist ein Meßmodell für einen definierten Term $\overline{t}_o$ mittels definierter Terme $\overline{t}_1,\ldots,\overline{t}_n$

Beweis: Sei $X\subseteq M_p$ eine Meßmethode mit Invarianz $\equiv$ für $\overline{R}_i$.Für $x\in X$ sei $t^x_o:=Pot((R^x_i)_\equiv)$ und $t^x_1,\ldots,t^x_n$ seien,respektive,$Pot(D^x_1),\ldots,Pot(A^x_l)$, $Pot(R^x_1),\ldots,Pot(R^x_{i-1}),Pot(R^x_{i+1}),\ldots,Pot(R^x_m)$. Wir setzen $X':=\{\langle y;D^y_1,\ldots,A^y_l,R^y_1,\ldots,R^y_{i-1},R^y_{i+1},\ldots,R^y_m;(R^y_i)_\equiv\rangle/y\in X\}$. X' erfüllt D39-a-1 bis 4.Zum Nachweis von D39-a-5 sei $\langle y;d_1,\ldots,d_n;d_o\rangle\in X'\wedge\langle y';d_1,\ldots,d_n;d'_o\rangle\in X'$.Dann ist $y=\langle D_1,\ldots,R_{i-1},R_i,R_{i+1},\ldots,R_m\rangle\in X$, $y'=\langle D_1,\ldots,R_{i-1},R'_i,R_{i+1},\ldots,R_m\rangle\in X$ und $R_i=d$ und $R'_i=d'$. Es folgt nach D43-a-4 $(R_i)_\equiv=(R'_i)_\equiv$,also $d=d'$.Jedes $x\in X$ ist also eingebettet in ein $x'\in X'$ in dem Sinn,daß $x'=\langle D^x_1,\ldots,D^x_k;A^x_1,\ldots,A^x_l;R^x_1,\ldots,R^x_{i-1},R^x_{i+1},\ldots,R^x_m;(R^x_i)_\equiv\rangle$ #

Bezeichnen wir die verschiedenen Arten von Meßmodellen bzw.Meßmethoden in der Reihenfolge ihrer Einführung mit den Ziffern 1 bis 6 (also 1 = globales Meßmodell usw.) und stellen wir die Einbettbarkeit durch Pfeile dar,so ergibt sich folgendes Diagramm:

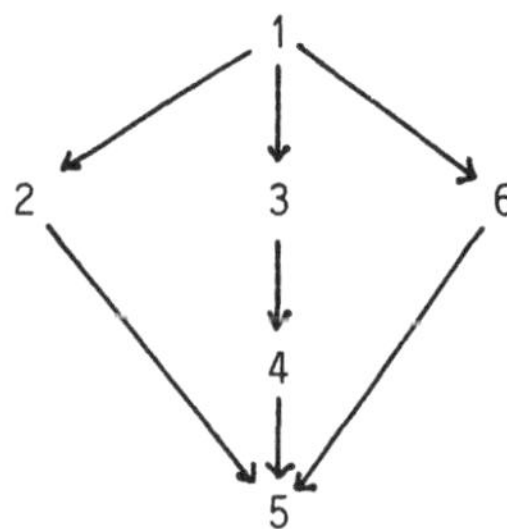

Wir können hier überall denselben Pfeil verwenden,weil die verschiedenen Arten der Einbettung nacheinander ausgeführt werden können und dadurch eine allgemeinere Einbettung vorgenommen wird.Der durch Hintereinanderschaltung der verschiedenen benutzten Einbettungsarten gewonnene allgemeinere Begriff der Einbettung ist dann transitiv,sodaß man die Pfeile im Diagramm auch so lesen kann,daß für zwei durch eine Kette gleichgerichteter Pfeile verbundene Meßmethoden die am unteren Ende allgemeiner ist als die am oberen Ende.Bei dieser Interpretation sind dann die Meßmodelle für den definierten Term $\bar{t}_0$ mittels der definierten Terme $\bar{t}_1,\ldots,\bar{t}_n$ die allgemeinsten. Alle anderen Meßmodelle lassen sich in diese einbetten, d.h. jedes Meßmodell kann man auffassen als ein Meßmodell für einen definierten Term mittels anderer definierter Terme.

Zugleich sieht man aber, daß die Definitionen umso unübersichtlicher werden, je allgemeiner die Meßmethode. Man wird daher bei der Untersuchung von Beispielen nicht immer den allgemeinsten Begriff verwenden, sondern den jeweils möglichst speziellsten und einfachsten.

Schließlich sei noch bemerkt, daß man aus den verschiedenen betrachteten Arten von Meßmodellen noch weitere Mischarten bilden kann. Zum Beispiel bräuchte die eindeutige Bestimmung bei den Meßmodellen für ein definiertes $\bar{t}_0$ mittels definierter $\bar{t}_1,\ldots,\bar{t}_n$ nicht <u>nur</u> durch die definierten Terme $\bar{t}_1,\ldots,\bar{t}_n$ zu erfolgen. Es könnten neben den $\bar{t}_1,\ldots,\bar{t}_n$ durchaus auch Komponenten aus dem zugrundeliegenden potentiellen Modell bei der eindeutigen Bestimmung mitwirken (vergleiche den Beweis von T18). Wegen der geringen Zahl von ausgearbeiteten Beispielen verzichten wir hier jedoch auf eine weitergehende systematische Untersuchung der möglichen Arten von Meßmodellen.

13) Fundamentale Messung

Schließlich wollen wir noch kurz zeigen, daß die entwickelte Begrifflichkeit auch die für archigone Messung aufgestellten Axiomensysteme abdeckt. Dies scheint angebracht, weil sich die bisherige Literatur über Messung fast ausschließlich mit archigoner Messung beschäftigt. Wir behandeln zwei Beispiele "fundamentaler" Messung. Im ersten Beispiel wird eine Nutzenfunktion U in Modellen von PRÄF bestimmt. Hier liegt ein auf v. Neumann zurückgehendes Repräsentationstheorem zugrunde, nach dem unter bestimmten Bedingungen (D48-2) die Präferenzrelation $\prec$ eine numerische Nutzenfunktion U bis auf lineare Transformationen eindeutig festlegt.

<u>D48</u> x ist ein <u>fundamentales</u> <u>SKI_2-Meßmodell für $\bar{U}$</u> gdw

1) $x=\langle A;[0,1],\mathbb{R};W,\prec,w^*,U\rangle$; 2) $\langle A;[0,1],\mathbb{R};W,\prec,w^*\rangle \in M(PRÄF)$;
3) $U:W\to\mathbb{R}$; 4) $\forall w,w'\in W\ \forall\alpha\in[0,1]$:
4.1) $w\prec w'$ gdw $U(w)<U(w')$; 4.2) $U(\alpha w+(1-\alpha)w')=\alpha U(w)+(1-\alpha)U(w')$

Die Bedeutung der Grundbegriffe wurde schon im Anschluß an D26 erläutert. U ist eine "Nutzenfunktion", die jeder Mischung $w\in W$ den Nutzen U(w) zuordnet, den die Person aus der Wahl dieser Mischung zieht. Durch

4.1 und 4.2 wird die Nutzenfunktion U mit $\prec$ in Verbindung gebracht. Unter den in D26-c-2 gemachten Voraussetzungen ist U durch 4.1 und 4.2 bis auf lineare Transformationen eindeutig bestimmt.Man kann also die Axiome für M(PRÄF) als hinreichende Bedingungen für die Nutzenbestimmung ansehen.

T20 X:={x/x ist ein fundamentales SKI$_2$-Meßmodell fur $\overline{U}$} ist eine SKI$_2$-Meßmethode für $\overline{U}$

Beweis: Zu $\langle A;[0,1],\mathbb{R};W,\prec,w^*\rangle$,das D26-c-2 erfüllt,gibt es ein U, welches D48-4 erfüllt und U ist eindeutig bis auf lineare Transformationen bestimmt ([Fishburn,1970],Theorem 8.4,S.112).Hieraus ergibt sich D46-a-3.Daß X eine Strukturart ist,rechnet man leicht nach #

Als zweites Beispiel dienen die positiven,abgeschlossenen,extensiven Systeme von [Krantz et al.,1971],S.73.Zum Verständnis von D49 definieren wir $a\sim b$ als Abkürzung für $a\preceq b \wedge b\preceq a$, $a\prec b$ als Abkürzung für $a\preceq b \wedge \neg(b\preceq a)$. Für $n\in\mathbb{N}$ wird na induktiv definiert durch $1a=a$, $(n+1)a=(na)\circ a$ (vergleiche die untigen Erläuterungen).

D49 x ist ein fundamentales SKI$_1$-Meßmodell für extensive Größen gdw

1) $x=\langle D,\preceq,\circ,s\rangle$; 2) D ist eine nicht-leere Menge;

3) $\preceq\subseteq D\times D$ ist reflexiv,transitiv und konnex; 4) $\circ: D\times D\rightarrow D$ und für alle $a,b,c\in D$ gilt 4.1) $a\circ(b\circ c)=(a\circ b)\circ c$;

4.2) $a\preceq b \leftrightarrow a\circ c\preceq b\circ c \leftrightarrow c\circ a\preceq c\circ b$;

4.3) $a\prec b \rightarrow \forall c,d\in D\,\exists n\in\mathbb{N}(na\circ c\preceq nb\circ d)$

4.4) $a\prec a\circ b$;

5) $s: D\rightarrow\mathbb{R}$ und für alle $a,b\in D$ gilt:

5.1) $a\preceq b \leftrightarrow s(a)\leq s(b)$; 5.2) $s(a\circ b)=s(a)+s(b)$

T21 X:={x/x ist ein fundamentales SKI$_1$-Meßmodell für extensive Größen} ist eine SKI$_1$-Meßmethode für $\bar{s}$

Beweis: Axiome 2 bis 4.4 sind genau die einer "closed extensive positive structure" in [Krantz et al.,1971],S.73.Nach dem dortigen Theorem 1 auf S.74 gibt es bis auf einen positiven Faktor genau eine Funktion s, für die D49-5 erfüllt ist.Damit ist $(s)_{\mathbb{R},1}$ eindeutig bestimmt #

In D49 steht $\preceq$ für eine Vergleichsoperation: $a\preceq b$ bedeutet,daß a in einem jeweils zu spezifizierenden Sinn "kleiner oder gleich" b ist. $a\circ b=c$ bedeutet,daß c das Resultat der Konkatenation ("Verkettung", "Zusammenfügung") der beiden Objekte a und b ist.4.3 ist eine Form des Archimedischen Axioms.Könnte man mit $\circ$ wie mit + rechnen,so wäre die Bedingung $na\circ c\preceq nb\circ d$ äquivalent mit $c-d\preceq n(b-a)$,d.h.jedes vorgegebene noch so große Objekt (c-d) wird von einem geeigneten n-fachen von (b-a) übertroffen,wenn nur n groß genug ist.Die restlichen Axiome sind unmittelbar klar.Konkrete Beispiele für solche Meßmodelle erhält man z.B. mit D als einer Menge von Gewichten und einer Balkenwaage,bezüglich derer a $\precsim$ b bedeutet,daß die Schale,auf der a liegt,nach oben geht und a $\circ$ b=c,daß a und b auf die gleiche Waagschale gelegt werden (als verkettetes Objekt c).Oder man wählt D als Menge von Punktepaaren auf festen Körpern,a $\precsim$ b als anzeigend,daß die Strecke zwischen den beiden Punkten von a kürzer ist als (oder gleichlang wie) die Strecke zwischen den beiden Punkten von b,und a $\circ$ b=c als mitteilend,daß die durch a gegebene Strecke,an die durch b gegebene entlang einer Geraden angefügt, genauso lang ist wie die durch c gegebene.

Betrachten wir die beiden Beispiele -als stellvertretend für viele andere- im Lichte der am Kapitelanfang eingeführten Vorstellung,daß ein Meßmodell einen einzelnen Meßvorgang erfassen soll,so sehen wir,daß diese Vorstellung hier nicht anwendbar ist.Wie sollte ein solcher Vorgang aussehen? Man müßte ihn als eine riesige Menge einzelner Bestimmungsoperationen zur Bestimmung jeweils von Propositionen der Form a $\precsim$ b oder a $\circ$ b=c auffassen und selbst dann wäre aus den angegebenen Axiomen noch nicht klar,wie groß der gemessene Wert (U(w) oder s(a)) ist.

Wir stellen fest,daß Axiomensysteme für "fundamentale Messung" (obzwar als Meßmodelle konstruierbar) keine einzelnen Meßvorgänge erfassen und beschreiben.Inwiefern redet man dann bei ihnen überhaupt von Messung?

"Messen" bedeutet seiner griechischen Wurzel nach auch "zählen", aber mit "messen" verband sich von Anfang an die Bedingung,"Gleiches" (gleiche Einheiten einer "teilbaren,homogenen Substanz") zu zählen. Die bei fundamentalen Systemen auftretenden Axiome stellen sicher,daß man einen Gegenstandsbereich hat,in dem man "Objekte" vergleichen, "Gleichheit der Quantität" feststellen und Objekte in irgendeiner Weise zu größeren Objekten "zusammenfügen" kann,in dem also die Gesamtheit der Objekte eine solche "teilbare,homogene Substanz" bildet.Dies ist besonders klar bei konkreter Interpretation von D49-4.1 bis 4.4, aber auch D26-c-2 hat genau diese Funktion.Die Axiome für fundamentale Systeme dienen dazu,einen Gegenstandsbereich so zu charakterisieren, daß in ihm Messung möglich wird.Sie sind hinreichend oder konstitutiv für die Möglichkeit von Messung.Sie beschreiben aber keine Meßvorgänge.

IV MEßKETTEN

14) Definitionen

Meßketten bilden ein wichtiges Beispiel für die in Kap.III angedeutete Strategie,komplexere Situationen im Kontext von Messung mit Hilfe von Meßmodellen als einfachsten Elementen zu analysieren.Andere Beispiele findet man in [Gähde,1983],S.39ff und 62ff und [Händler,1984].Eine unseren Meßketten ähnliche Begriffsbildung findet sich in [Glymour,1980], Chap.V.

Die intuitive Idee einer Meßkette ist höchst einfach.Eine Meßkette besteht aus einer endlichen Folge von Meßmodellen,die miteinander "verkettet" sind.Die Art der Verkettung kann von Fall zu Fall verschieden sein.Meist "überlappen" sich je zwei "benachbarte" Meßmodelle in der Kette,sodaß eine Querverbindung zwischen ihnen hergestellt werden kann. Auch der Zweck solcher Meßketten läßt sich leicht angeben.Er besteht darin,Meßwerte und damit Information,die in bestimmten Meßmodellen ermittelt wurde , in andere Meßmodelle zu übertragen,wo sie als Ausgangsbasis (als "bekannt vorausgesetzt") für die Durchführung weiterer Messungen dienen.

Die so zustandekommende Informationsübertragung kann man systematisch als auf zwei verschiedene Ziele hin gerichtet interpretieren,die auch beide in der Praxis verfolgt werden.Das erste Ziel besteht in der Erschließung neuer,zunächst unzugänglicher Bereiche für Messungen.Das zweite Ziel besteht in der Zurückverfolgung der bei einer Messung als bekannt vorausgesetzten Daten.Bei Verfolgung des ersten Ziels beginnt man mit einer oder mehreren Messungen.Die dabei gemessenen Werte bringt man in eine oder mehrere andere Messungen als Ausgangsdaten ein und erhält mit ihrer Hilfe weitere neue Meßwerte und so weiter.Bei Verfolgung des zweiten Ziels analysiert man eine Messung bezüglich der bei ihr als bekannt vorausgesetzten Daten.Man uberlegt,durch welche anderen Meßverfahren man diese Daten aus weiteren anderen Daten ermitteln kann oder fruher einmal ermittelt hat und so weiter.

Es ist ziemlich klar,daß der systematische Begriff der Meßkette,der beiden Richtungen des Vorgehens entspricht,der gleiche und also neutral gegenüber der Verfolgung beider Ziele sein wird.Wir wollen zunächst den Begriff der Meßkette möglichst allgemein explizieren und einige weitere Begriffe einführen,die fur die Darstellung der beiden Rollen von Meßketten (hier im Rahmen <u>einer</u> Theorie) nützlich sind.

Für den Rest dieses Kapitels sei wieder $T=\langle M_p,M,Q,I\rangle$ eine empirische Theorie mit potentiellen $\langle k,l,\tau_1,\ldots,\tau_m\rangle$-Modellen.

Zunächst ist es zweckmäßig, eine Notation festzulegen, die in einem Meßmodell die "als bekannt vorausgesetzten" und die "zu messenden" Werte oder Teile des Meßmodells unterscheidet und explizit macht. Der Einfachheit halber gehen wir dabei gleich vom allgemeinsten Begriff des Meßmodells aus Kap. III aus, nämlich dem eines Meßmodells für den definierten Term $\bar{t}$ mittels der definierten Terme $\bar{t}_1,\ldots,\bar{t}_n$. Nach D39-a hat ein solches Meßmodell die Form $x=\langle y;d_1,\ldots,d_n;d_o\rangle$, wobei y ein potentielles Modell der einschlägigen Theorie ist und $d_o,\ldots,d_n$ Elemente der Komponenten von Tupeln der in y definierten Komponenten $t^y,t_1^y,\ldots,t_n^y$ (vergl. D39 und die zugehörigen Erläuterungen). Nach den Theoremen 15 bis 19 läßt sich jedes Meßmodell anderer Art in ein Meßmodell der vorliegenden Form einbetten. Um zum Beispiel ein globales Meßmodell für $\bar{R}_i$ in dieser Form zu schreiben, wählt man $t^y:=\mathrm{Pot}(R_i^y)$, $n:=m-1, t_j^y:=\mathrm{Pot}(R_j^y)$ für $j\in\{1,..,m\}\setminus\{i\}$.

<u>D50</u> Sei $x=\langle y;d_1,\ldots,d_n;d_o\rangle$ ein Meßmodell für den definierten Term $\bar{t}$ mittels der definierten Terme $\bar{t}_1,\ldots,\bar{t}_n$.

a) $V(x):=\{d_1,\ldots,d_n\}$ heißt die Menge der in x <u>vorausgesetzten Daten</u>

b) $D(x):= d_o$ heißt das in x <u>zu messende Datum</u>

<u>D51</u> L ist eine <u>Meßkette</u> (<u>in</u> T) gdw es $x_1,\ldots,x_n$ gibt, sodaß

1) $L=\langle x_1,\ldots,x_n\rangle$; 2) $n\in\mathbb{N}, n>1$

3) für alle $i\leqq n$ gibt es $\bar{t}^i,\bar{t}_1^i,\ldots,\bar{t}_{n(i)}^i$, sodaß x_i ein Meßmodell für den definierten Term $\bar{t}^i$ mittels der definierten Terme $\bar{t}_1^i,\ldots,\bar{t}_{n(i)}^i$ in T ist

4) $\forall i<n\,\exists j(\,i<j\leqq n\wedge D(x_i)\in V(x_j))$

Eine Meßkette besteht also aus mindestens zwei Meßmodellen. Bedingung 4 beinhaltet den "Kettencharakter". Jedes gemessene Datum $D(x_i)$, mit Ausnahme des letzten, muß in einem "späteren" ($i<j$) Meßmodell der Kette als Voraussetzung benutzt werden. Der in x_i gemessene Wert geht also als Voraussetzung in die spätere, durch x_j erfaßte Messung ein.

Wir betrachten hier nur endliche Meßketten. Es kann zwar vorkommen, daß man streng genommen unendlich viele Werte als bekannt voraussetzen muß, um einen neuen Wert zu messen (etwa wenn man die Ableitung einer Ortsfunktion durch die angenommenen Orte messen will), aber solche Meßverfahren kann man real nicht durchführen. Man wird in solchen Fällen immer theoretische Zusatzannahmen machen (z.B. über die Form der Ortsfunktion), aufgrund derer man mit endlich vielen vorausgesetzten Werten auskommt. Trotzdem sind auch unendliche Meßketten der angedeuteten Art von wissenschaftstheoretischem Interesse, vor allem, wenn man die ökonomische Leistung theoretischer Terme und theoretischer Annahmen herausarbeiten will. D51 läßt sich mühelos auf abzählbare Meßketten erweitern. Für überabzählbare Ketten müßte man von der natürlichen Ordnung $<$ auf $\mathbb{N}$ zur Ordnung in einer Ordinalzahl übergehen. Ansonsten bleiben die Bedingungen von D51 unverändert.

Faßt man die Elemente von $\bigcup\{V(x_i)/i \leq n\} \cup \{D(x_i)/i \leq n\}$ als "Knoten" und die in jedem Meßmodell x_i zwischen den Elementen von $V(x_i)$ und $D(x_i)$ vorliegenden Beziehungen als "Fäden" auf, so kann man sich eine Meßkette als einen endlichen, transitiven, gerichteten Graphen mit eindeutigem Endpunkt vorstellen.

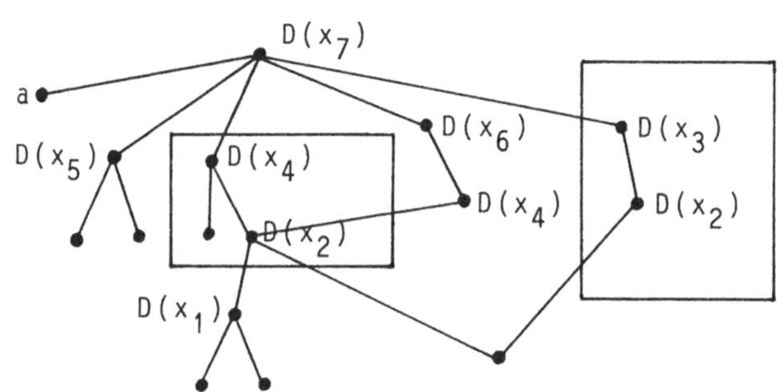

Vom obersten Knoten verlaufen verschiedene Fäden nach unten. Der jeweils unterste Knoten eines Fadens stellt einen bezüglich der ganzen Kette als bekannt vorausgesetzten Wert dar. Die restlichen Knoten auf einem Faden (außer dem obersten) stellen sowohl zu messende als auch vorausgesetzte Daten dar. Für je zwei solche, unmittelbar durch einen Faden verbundene Knoten gibt es ein Meßmodell x_i in der Kette, sodaß der obere Knoten gleich $D(x_i)$ ist und der untere ein Element von $V(x_i)$. In der obigen Figur sind zwei Meßmodelle durch Kästchen angedeutet. Geht man von einem Knoten zu den unmittelbar unter ihm liegenden, über Fäden erreichbaren Knoten, so bilden diese die Menge der im betreffenden Meßmodell vorausgesetzten Daten. In der Figur ist z.B. $V(x_7)=\{D(x_5), D(x_4), D(x_6), D(x_3), a\}$.

Ein endlicher gerichteter Graph ist eine Struktur $G=\langle K,<\rangle$, bestehend aus einer endlichen Menge K (von "Knoten") und einer zweistelligen Relation $< \subseteq K \times K$. "$a < b$" bedeutet, daß ein Faden von a nach b verläuft. Wir nennen G transitiv, wenn $<$ transitiv ist. Und daß G einen eindeutigen Endpunkt hat, soll heißen $\exists a_0 \in K \forall b \in K(b \neq a_0 \rightarrow \exists n \in \mathbb{N} \exists a_1 \ldots a_n \in K (a_1=b \wedge a_n=a_0 \wedge \forall i < n(a_i < a_{i+1})))$. a_0 ist hier der "Endpunkt" (etwa

$D(x_7)$ in obiger Figur) und die Bedingung besagt,daß von jedem Punkt $b \neq a_0$ ein Faden,eventuell über Zwischenstationen $a_2,\dots,a_{n-1}$ zu a_0 führt. Jeder derartige Faden entspricht intuitiv einer Kette von Daten. Da aber in manchen Knoten mehrere Fäden zusammenlaufen,kommen wir nicht mit diesen einfachsten Ketten aus,sondern müssen ganze Graphen betrachten.

Bei einer Meßkette $L=\langle x_1,\dots,x_n\rangle$ wäre $K:=\bigcup\{V(x_i)/i \leq n\} \cup \{D(x_i)/i \leq n\}$ zu wählen und $<$ zu definieren als die transitive Hülle der durch $a <' b$ gdw $\exists i \leq n(a \in V(x_i) \wedge b=D(x_i))$ gegebenen Relation $<'$. (Die transitive Hulle $<$ von $<'$ ist die Menge $\{\langle a,b\rangle \in K^2 / \exists a_1\dots a_n \in K (a_1=a \wedge a_n=b \wedge \forall i < n(a_i <' a_{i+1}))\}$). Man rechnet ohne Mühe nach,daß der so aus L definierte Graph $\langle K,<\rangle$ in der Tat ein endlicher,gerichteter Graph mit eindeutigem Endpunkt $D(x_n)$ ist.

D52 Sei $L=\langle x_1,\dots,x_n\rangle$ eine Meßkette.
$V(L):=(\bigcup\{V(x_i)/i \leq n\}) \setminus (\{D(x_i)/i \leq n\})$ heißt die Menge der in L vorausgesetzten Daten

In L vorausgesetzte Daten sind jene,die in irgendeinem Meßmodell von L vorausgesetzt und nicht durch ein anderes Meßmodell von L "produziert" werden.Bezüglich der zu messenden Daten wollen wir uns nicht festlegen. Man konnte zwar $D(x_n)$ als Kandidaten ins Auge fassen,was aber im Lichte des Beispiels in Abschnitt 2.2) unten eine unangenehme Einschrankung bedeuten würde.

Wie schon angedeutet,kann man Meßketten zum einen als Mittel zur Vergroßerung des meßbaren Bereichs ansehen.Da eine solche Vergrößerung oder Erweiterung für den Bestätigungsbegriff relevant ist,lohnt sich eine genauere Explikation,die allerdings nicht ohne pragmatische Komponente bleiben kann.Wir konzentrieren unsere Aufmerksamkeit auf die Argumente,bei denen die jeweiligen Größen gemessen werden.Alternativ könnte man auch von den durch Messung erhaltenen atomaren Satzen (Basissätzen) ausgehen.

D53 a) Z(T) ist die Menge der zugänglichen Objekte von T gdw für alle w: $w \in Z(T)$ gdw es eine Meßmethode B für den definierten Term $\bar{t}$ mittels definierter Terme $\bar{t}_1,\dots,\bar{t}_n$ und $y \in B$ gibt,sodaß 1) $w \in Dom(t_y)$; 2) real(y); 3) y erfaßt eine real durchgeführte Messung
b) der Bestätigungsbereich B(T) von T wird definiert als die Menge $B(T)=\bigcup\{D_j^x \cup A_i^x / x \in I \wedge j \leq k \wedge i \leq l\}$
c) Der Vermutungsbereich H(T) von T wird definiert durch $H(T):=B(T) \setminus Z(T)$

Ein zugängliches Objekt w ist,grob gesprochen,ein Objekt,das irgendwann bei einer Messung schon einmal als Argument gedient hat. Es muß ein Meßmodell y (für einen definierten Term $\bar{t}$) geben, sodaß w im Definitionsbereich von t_y liegt (D53-a-1) und y eine tatsächlich durchgeführte Messung erfaßt (D53-a-3). Bedingung a-2 folgt intuitiv aus a-3, denn eine tatsächlich durchgeführte Messung liefert natürlich ein reales Meßmodell. Formal gesehen läßt sich aber Bedingung a-3 in unserem Rahmen nicht präzise ausdrucken, sodaß wir den formal präzisierbaren "Anteil" von a-3, eben a-2, explizit anführen. Wir bemerken, daß a-3 auch intuitiv nicht aus a-2 folgt, weil sich unter den intendierten Anwendungen auch solche Systeme befinden, die noch nicht untersucht und gemessen wurden.

Die Menge der zugänglichen Objekte entspricht in gewisser Weise der "Beobachtungsbasis", denn letztere erhält man durch zusätzliche Auflistung der bei Messung an den Objekten von Z(T) erhaltenen Meßwerte und den zugehorigen atomaren Aussagen der Form "t(w)=u" bzw. "t(w)≠u".

Diese Auffassung rechtfertigt es, den Bereich aller Objekte, die in intendierten Anwendungen vorkommen, als Bestatigungsbereich (D53-b) und die Differenzmenge (D53-c) als Vermutungsbereich zu bezeichnen. Fur Objekte aus dem Vermutungsbereich wird eben vermutet, daß die Messung der Relationen der Theorie bei diesen Objekten als Argumenten zu Ergebnissen führt, die die empirische Behauptung nicht widerlegen und somit in gewissem Sinn bestatigen.

Es ist nun klar, wie man Meßketten benutzen kann, um die Menge der zugänglichen Objekte zu erweitern und damit den Vermutungsbereich einzuschranken. Wir nennen ein Objekt $w \in H(T)$ <u>unzuganglich</u> bezuglich Messung des definierten Terms $\bar{t}$, wenn es keine praktisch durchführbare Meßmethode gibt, sodaß w im Definitionsbereich eines Meßmodells dieser Methode liegt. Mit anderen Worten: es gibt kein praktisch realisierbares Meßmodell x, in dem man $t_x(w)$ messen könnte. Diese Charakterisierung ist natürlich ziemlich schwammig und hangt stark davon ab, was man als praktisch durchführbar ansieht und wie weit man den Begriff eines Meßmodells faßt. Eine Art von Fortschritt besteht gerade darin, neue Meßverfahren für unzugängliche Objekte zu entwickeln. Daher ist der Begriff des unzugänglichen Objekts historisch und pragmatisch relativiert aufzufassen. Hat man aber einmal -unter dieser Relativierung- ein unzugängliches Objekt w, so kann es vorkommen (und kommt auch vor), daß man w auf Umwegen, eben über eine Meßkette, zugänglich macht. Man muß einfach geeignete Meßmodelle finden oder konstruieren, die, aufeinander aufbauend, praktisch realisierbar sind, sodaß das zunachst unzuganglıche w schließlich im Definitionsbereich des letzten Meßmodells der Kette liegt. Oft kann man dann hinterher, nachdem man die Kette "erfunden" hat, alle Glieder der Kette zu einem einzigen Meßmodell vereinigen, sodaß die Kette im Prinzip überflüssig wird. Wenn man aber darauf besteht, daß ein einzelnes Meßmodell stets nur <u>einen</u> Meßvorgang, der zur Ermittlung eines Datums führt, erfaßt, so wird eine solche nachträgliche Vereinigung der Meßmodelle der Kette nicht immer zu einem Meßmodell führen.

Die zweite Funktion von Meßketten besteht darin, die bei einer Messung als gegeben vorausgesetzten Werte "nach unten" oder jedenfalls weiter zu hinterfragen. Auch diese Funktion ist für die Bestätigungsproblematik relevant.

Man geht aus von einem realen Meßmodell x und überlegt, woher man die in x vorausgesetzten Daten, die Elemente von V(x), genommen hat. Oft werden solche Daten durch Benutzung anderer Theorien ermittelt, die von der vorliegenden Theorie T verschieden sind (z.B. wenn die Daten aus der Messung T-nicht-theoretischer Größen gewonnen werden, vergl. Kap. VII). Man kann dann Meßmodelle in den anderen Theorien analysieren und erhält eine (hier nicht zu behandelnde) "theorieübergreifende" Meßkette.

Das ist aber durchaus nicht der Regelfall. Bei der Messung für einige Argumente eines Terms $\bar{t}$ fungieren Werte, die $\bar{t}$ (genauer: eine Realisierung von $\bar{t}$ im Meßmodell) bei anderen Argumenten annimmt, als vorausgesetzte Daten. Man kann dann weitere Meßmodelle analysieren, mit denen sich die vorausgesetzten Daten aus wieder anderen Daten bestimmen lassen und erhält eine Meßkette. Oft kommt es vor, daß eine so entstehende Meßkette ganz zur betrachteten Theorie T gehört, d.h. daß alle Meßmodelle der Kette potentielle Modelle oder Teilstrukturen von T sind. Solche Meßketten treten typischerweise bei der Messung T-theoretischer Größen auf und beinhalten in der Regel eine Erweiterung des zugänglichen Bereichs von T.

15) Beispiele von Meßketten

15.1) Eine Meßkette zur Bestimmung der Masse eines Jupitermondes

Die hier beschriebene Meßkette erfaßt nicht den historischen Verlauf der Massenbestimmung der Jupitermonde. Historisch erfolgte die Bestimmung mittels der sogenannten Störungsrechnung. Die hier geschilderte Meßkette stellt eine systematische Alternative dar, die wohl auch zu brauchbaren Werten führen würde.

Die Meßkette besteht aus drei Meßmodellen mit je zwei Partikeln. Das erste Meßmodell enthält die Erde E und die Sonne S, das zweite die Sonne und Jupiter J, das dritte Jupiter und den betrachteten Jupitermond M. In jedem Meßmodell wird das erste Keplersche Gesetz, nach dem sich der "äußere" Himmelskörper auf einer Ellipse um den Zentralkörper bewegt, als gültig angenommen und ferner das dritte Keplersche Gesetz "in Newtonscher Form". Das dritte Keplersche Gesetz besagt in der originalen Version, daß sich die Quadrate der Umlaufzeiten zweier "äußerer" Himmelskörper wie die Kuben der großen Halbachsen ihrer Ellipsen verhalten. Dieses Gesetz läßt sich durch Einführung einer Konstanten auf den Umlauf eines einzelnen Planeten übertragen und in der Newtonschen Version hängt diese Konstante (im Gegensatz zu Kepler) von den Massen der beteiligten Körper ab. In jedem Meßmodell läßt sich die Masse des einen Körpers aus der des anderen, sowie Umlaufzeit, großer Halbachse und Gravitationskonstante berechnen, sodaß sich durch Hintereinanderschalten der drei Meßmodelle die Masse des Jupitermondes aus der Erdmasse bestimmen läßt.

Die analytische Behandlung des Zwei-Körper-Problems, das sich hier bei einer Formulierung mittels Gravitationskräften ergibt, stellt zweifellos einen Höhepunkt der theoretischen Physik dar. Wir wollen diesen, zwar eleganten, aber doch komplizierten Weg vermeiden und begnügen uns mit etwas plumperen Meßmodellen, die sich aus der analytischen Behandlung des Zwei-Korper-Problems bei geeigneten Anfangsbedingungen ergeben (vergleiche [Goldstein, 1950], Kap.3). Wir beschreiben zunachst ein einzelnes Meßmodell der angedeuteten Art.

D54 x ist ein Kepler-Newton-Meßmodell bezüglich p, p', γ $(x \in KN(p,p',\gamma))$ gdw 1) $x=\langle P;T, \mathbb{R}^3, \mathbb{R}; \theta_p, r_p, m, \Phi\rangle$; 2) $P=\{p,p'\}$ und $p \neq p'$, $\Phi:\{1,2\} \to P$, $\Phi(1)=p$ und $\Phi(2)=p'$; $T=\mathbb{R}$ und $\gamma \in \mathbb{R}^+$; 4) $\theta_p: T \to \mathbb{R}$ und $r_p: T \to \mathbb{R}$ sind C^∞ ; 5) $m: P \to \mathbb{R}^+$; 6) es gibt $a,b \in \mathbb{R}^+$ und $U \in T$, sodaß:

6.1) $b \leq a$ und $\forall t \in T$: $r_p(t) = \dfrac{b^2}{a\left(1+\sqrt{1-\frac{b^2}{a^2}}\cos(\theta_p(t))\right)}$

6.2) $\forall t \in T(\ \theta_p(t+U)=\theta_p(t) \wedge r_p(t+U)=r_p(t))$

6.3) $\forall t' \in T(\ \forall t \in T\ (\ \theta_p(t+t')=\theta_p(t) \wedge r_p(t+t')=r_p(t)) \to U \leq t')$

6.4) $a^3/U^2=(\gamma/4\pi^2)(m(p)+m(p'))$

p' stellt den Zentralkörper dar und p den umlaufenden Körper. Die Abbildung Φ ist aus rein technische Gründen erforderlich, damit man sich eindeutig auf die Partikel beziehen kann. Streng genommen kann man nämlich bei Indizierung mit p und p' z.B. bei θ_p nicht wissen, welches Element von P nun als Index dient. Genauer müßte man daher (z.B. in T23 unten) $\theta_{\Phi(1)}$ schreiben. Wir sparen uns aber diese formale Umständlichkeit per Konvention. Als Zeitintervall haben wir der Einfachheit halber ganz $\mathbb{R}$ gewählt (D54-3). γ ist die Gravitationskonstante. Wir stellen uns an p' festgemacht ein zweidimensionales Bezugssystem vor. Relativ zu diesem erfassen θ_p und r_p den Winkel,den der Ort von p mit der 1-Achse bildet und den Abstand zwischen den Orten von p und p´ in Abhängigkeit von der Zeit.Da θ_p und r_p zur Beschreibung des Systems genügen,brauchen wir keine Ortsfunktion einzuführen. m ist die Massenfunktion.D54-6.1 ist eine Ellipsengleichung zwischen r_p und θ_p (erstes Keplersches Gesetz). a und b sind die Längen der großen und der kleinen Halbachse der Ellipse.Wenn der Abstand $r_p(t)$ von p zu einem der Brennpunkte in Abhängigkeit vom Winkel $\theta_p(t)$ der Gleichung 6.1 genügt,dann muß der Ort von p im Lauf der Zeit eine Ellipse um diesen Brennpunkt beschreiben.U ist die Umlaufzeit von p,d.h.nach Bedingungen 6.2 und 6.3 die kleinste Zahl t*,die,zu einem Zeitpunkt t addiert,die gleichen Werte für θ_p und r_p liefert,die diese zu t hatten.Bedingung 6.4 stellt die Newtonsche Version des dritten Keplerschen Gesetzes dar: das Quadrat der Umlaufzeit ist der dritten Potenz der großen Halbachse proportional und der Proportionalitätsfaktor hängt von den Massen beider Teilchen und der Gravitationskonstanten ab.Es wäre plausibel,auch das zweite Keplersche Gesetz (den "Flächensatz") zu fordern.Aber dazu braucht man eine Ortsfunktion,sodaß wir uns den Aufwand sparen,zumal das Gesetz in die Messung nicht explizit eingeht.

Nach D54-6.4 ist m(p) durch m(p´),γ,a und U eindeutig bestimmt. 6.1 bis 6.3 dienen lediglich dazu,a und U eindeutig festzulegen.Man erhält also zunächst formal eine Meßmethode für einige Argumente von $\bar{m}$ mittels eines $\bar{w}$,wobei $w=\{\langle p',m(p')\rangle\}$.

<u>T22</u> a) Ist $x \in KN(p,p',\gamma)$,so sind die nach D54-6 existierenden Zahlen a,b,U in x eindeutig bestimmt

b) Für festes $\gamma \in \mathbb{R}^+$ ist $X:=\{\langle x;w\rangle / \exists p,p'(x \in KN(p,p',\gamma) \wedge w=\{\langle p',m_x(p')\rangle\})\}$ eine Meßmethode für einige Argumente von $\bar{m}$ mittels $\bar{w}$

Beweis: a) Ist D54-6.1 bei gleichen θ_p und r_p für a,b und a´,b´ erfüllt,so folgt a=a´ und b=b´.Gibt es U,U´,für welche bei gleichen θ_p und r_p 6.2 und 6.3 gelten,so folgt U=U´. b) Wir wählen als M_p die Klasse aller Kepler-Newton-Meßmodelle bezüglich beliebiger p,p´,γ.X ist eine Strukturart.Aus $\langle x_{-3}[m];w\rangle \in X \wedge \langle x_{-3}[m'];w\rangle \in X \wedge m \cap w = m' \cap w = \{\langle p',m(p')\rangle\}$ folgt nach D54-6.4 m(p)=m´(p),also m=m´#

Diese Art,die Kepler-Newton-Meßmodelle zu behandeln,ist inhaltlich unbefriedigend,weil die Werte,die man tatsächlich voraussetzt bzw. durch andere Methoden mißt,nämlich Länge der großen Halbachse und Umlaufzeit, nicht explizit gemacht werden.Das läßt sich aber leicht bewerkstelligen,indem man zu einer Meßmethode für definierte Terme übergeht.Nach T22-a sind ja a und U eindeutig bestimmt.

D55 Sei x ein Kepler-Newton-Meßmodell bezüglich p,p',γ.
a_x:= die nach T22a in x eindeutig bestimmte Zahl a
U_x:= die nach T22a in x eindeutig bestimmte Zahl U

T23 Für gegebenes $\gamma \varepsilon \mathbb{R}^+$ sei $Y:=\{x/ \exists p,p'(x \varepsilon KN(p,p',\gamma))\}$, $\bar{a}:=\{\{a_x\}/x \varepsilon Y\}$, $\bar{U}:=\{\{U_x\}/x \varepsilon Y\}$, $\bar{m}_1:=\{\{<\Phi_x(1),m_x(\Phi_x(1))>\}/x \varepsilon Y\}$ (d.h. $\bar{m}_1=\{\{<p,m_x(p)>\}/x \varepsilon Y\}$) und $\bar{m}_2:=\{\{<p',m_x(p')>\}/x \varepsilon Y\}$.Dann ist $X:=\{<x;d_1,d_2,d_3;d>/ \exists p,p'(x \varepsilon KN(p,p',\gamma) \wedge d=m_x(p) \wedge d_1=a_x \wedge d_2=U_x \wedge d_3=m_x(p'))\}$ eine Meßmethode für den definierten Term $\bar{m}_1$ mittels der definierten Terme $\bar{a},\bar{U}$ und $\bar{m}_2$

Beweis: $S:=\{<y;\{a_y\},\{U_y\},\{<p',m_y(p')>\};\{<p,m_y(p)>\}>/y \varepsilon KN(p,p',\gamma)\}$ ist eine typisierte Klasse mit definierten Termen $\bar{m}_1,\bar{a},\bar{U},\bar{m}_2$ und X steht zu S in der in D39-a geforderten Beziehung.X ist eine Strukturart.Aus $<x;a_x,U_x,m_x(p');m_x(p)> \varepsilon X \wedge <y;a_x,U_x,m_x(p');m_y'(p_1)> \varepsilon X$ folgt $p_1=p'$ und damit nach D54-6.4 $m_x(p)=m_y'(p_1)$ #

Bei dieser Auffassung ist für ein Meßmodell $x \varepsilon KN(p,p',\gamma)$ $V(x)=\{a_x,U_x,m_x(p')\}$ und $D(x)= m_x(p)$ .Wir haben also in der Tat die bei Messung vorausgesetzten Daten explizit gemacht und in V(x) gesammelt. Unsere Meßkette erhalten wir nun durch Hintereinanderschaltung,wobei wir die Konvention verwenden,daß jeweils das erste hingeschriebene Element einer Menge $\{p,p'\}$ den Wert von $\Phi(1)$ darstellt,also $p=\Phi(1)$.

D56 L ist eine Meßkette zur Massenbetsimmung eines Jupitermondes (bezüglich γ) gdw es p_i,q_i (i=1,2,3) gibt,sodaß 1) $L= <x_1,x_2,x_3>$;
2) für i=1,2,3 ist $x_i \varepsilon KN(p_i,q_i,\gamma)$; 3) $p_1=q_2$ und $p_2=q_3$;
4) $\forall p \varepsilon \{p_1,\ldots,q_3\} \forall i,j \leqq 3(p \varepsilon P_i \cap P_j \rightarrow m_i(p)=m_j(p))$

Setzen wir E,S,J,M für "Erde","Sonne","Jupiter" und "Jupitermond",so lassen sich die Bedingungen 2 und 3 zusammenfassen zur leichter lesbaren Aussage $x_1 \varepsilon KN(S,E,\gamma) \wedge x_2 \varepsilon KN(J,S,\gamma) \wedge x_3 \varepsilon KN(M,J,\gamma)$.In x_1 spielt die Erde die Rolle des Zentralkorpers.Das sieht zwar merkwürdig aus,ist aber wegen der Symmetrie von D54-6.4 in p und p' moglich und erspart uns die Definition eines zusätzlichen Meßmodells.Außerdem haben wir in den Erläuterungen zu D54 das Bezugssystem nur aus Gründen der Anschaulichkeit in den "Zentralkorper" gelegt.Vom Formalen her kann man es beliebig wählen,also auch an dem umlaufenden Körper festmachen.Dann ruht eben dieser (im Bezugssystem) und der "Zentralkörper" beschreibt um ihn herum genau die gleiche Ellipse wie vorher der erste um den letzteren.In x_2 läuft Jupiter um die Sonne und in x_3 der Jupitermond um den Jupiter herum.Bedingung 4 ist die Identitäts-Querverbindung für die Masse: Teilchen,die in verschiedenen Systemen vorkommen,sollen dort identische Massen haben.Nach T23 ist in x_1 die Sonnenmasse $m_1(S)$ eindeutig durch die Erdmasse $m_1(E)$,die große Halbachse der Sonnenbahn

a_S,die Umlaufzeit der Sonne U_S und γ bestimmt.Aus D56-4 erhält man $m_1(S)=m_2(S)$.In x_2 ist wieder nach T23 $m_2(J)$ eindeutig durch $m_2(S),a_J$, U_J und γ bestimmt,sodaß man insgesamt die Jupitermasse $m_2(J)$ auf $m_1(E)$, a_S,a_J,U_S,U_E und γ zurückgeführt hat.Mit D56-4 erhält man $m_2(J)=m_3(J)$. In x_3 ist $m_3(M)$ durch $m_3(J),a_M,U_M$ und γ eindeutig bestimmt und man erhält schließlich die gesuchte Masse des Jupitermondes aus $m_1(E),a_S,a_J$, a_M,U_S,U_J,U_M und γ .Da die Halbachsen und Umlaufzeiten durch Entfernungs-, Winkel- und Zeitmessungen meßbar sind,hat man also die Masse des Jupitermondes auf die Erdmasse und Raum-Zeit-Messungen zurückgeführt.Durch formalen Nachvollzug dieser Überlegung erhält man den Beweis des folgenden Theorems.

<u>T24</u> Ist $L=\langle x_1,x_2,x_3\rangle$ eine Meßkette zur Massenbestimmung eines Jupitermondes bezüglich γ ,so ist $V(L)=\{m_1(E),a_S,a_J,a_M,U_S,U_J,U_M,\gamma\}$, $D(L)=m_3(M)$ und $D(L)$ ist durch $V(L)$ eindeutig bestimmt

15.2) Eine Meßkette zur Präferenzbestimmung

Man möchte in einem ökonomischen System die Präferenzrelation $\prec$ einer bestimmten Person bestimmen.Ein "passendes Argument" besteht hier aus einem Paar $\langle a,b\rangle$ von "Alternativen",zwischen denen die Person wählen kann und die Messung aus der eindeutigen Zuordnung eines Wahrheitswertes zur Aussage "$a\prec b$" ("b wird vor a vorgezogen").Die unbeschränkte Präferenztheorie verlangt der Person die Fähigkeit ab,alle "erreichbaren" Alternativen in ihrer Präferenzordnung einzustufen.Es kann daher vorkommen,daß im System zwei Alternativen a,b auftreten,die für die Person zwar im Prinzip,jedoch unter realistischer Einschätzung ihres Lebenswandels und Charakters nicht erreichbar sind,z.B.ob sie lieber Postminister oder Vorsitzender des Verteidigungsausschusses wäre.Natürlich kann man die Person trotzdem einfach fragen,welche Alternative sie lieber hätte.Die Antwort ist dann aber wenig verläßlich.Man könnte der Person auch beide Alternativen real anbieten,aber das ist meist zu teuer.Ein dritter Weg besteht darin,die Person in ein Labor einzuladen, in dem sie bezüglich ihrer Präferenzen getestet wird.Bei geschickter Anordnung kann der Experimentator zwischen a und b eine "Kette" von anderen Alternativen testen,sodaß für jedes Paar beobachteter Alternativen in der Kette die Entscheidung leicht fällt und zum Schluß mittels der Transitivitätsbedingung auf dem Umweg über die Zwischenglieder eine Einstufung von a und b möglich wird.

Jeder einzelne Schritt in der Kette wird durch ein Meßmodell erfaßt,welches beschreibt,wie das jeweils zuletzt vorgelegte Alternativenpaar eingeordnet wird. Indem man das hierbei gewonnene Resultat mit den früheren Bewertungen in die "richtige" Verbindung bringt, kann man mittels Transitivität die zuletzt vorgelegte Alternative mit der allerersten, nämlich a, vergleichen und beide einordnen. Bei den einzelnen Meßmodellen brauchen wir die Menge der tatsächlich ausgewählten Alternativen wie in D32 als weiteren Grundbegriff. Auf Mischungen können wir aber hier verzichten, da ein Repräsentationstheorem nicht angestrebt wird. Mit $\chi_{\prec}$ bezeichnen wir die charakteristische Funktion von $\prec$. Es gilt also Bild($\chi_{\prec}$)={w,f} und ($\chi_{\prec}$)(a)=w (bzw.=f) gdw $a \in \prec$ (bzw. $\neg(a \in \prec)$).

<u>D57</u> a) x ist ein <u>Präferenz-Meßmodell für</u> i,a,b ($x \in PMM(i,a,b)$) gdw $x=\langle J,A;\{w,f\};W,\prec;d_1,..,d_4;d\rangle$ und 1) J ist eine endliche, nicht-leere Menge (von Individuen); 2) A ist eine nicht-leere Menge (von Alternativen); 3) $\prec \subseteq J \times A \times A$ (Präferenzrelation); 4) $W:J \rightarrow Pot(A)$; 5) $\exists u(W(i) \cap \{a,b\}=\{u\})$; 6) $\forall u,v \in \{a,b\}$ $(u \neq v \rightarrow (u \prec_i v \leftrightarrow v \in W(i)))$; 7) $\prec_i$ ist transitiv und anti-reflexiv; 8) $d=(\chi_{\prec})(i,a,b)$, $d_1=W(i)$, $d_2=a$, $d_3=b$ und $d_4=i$

b) x ist ein <u>Präferenz-Meßmodell für</u> i,a,b,c ($x \in PMM(i,a,b,c)$) gdw $x=\langle J,A;\{w,f\};W,\prec;d_1,..,d_5;d\rangle$ und 1) $\exists d'(\langle J,A;\{w,f\};W,\prec;$ $d_1,..,d_4;d'\rangle \in PMM(i,b,c))$; 2) $d_5=(\chi_{\prec})(i,a,b)=w$ und $d_1= c$; 3) $d=(\chi_{\prec})(i,a,c)$

W ist hier eine Funktion, die jedem Individuum i die von i tatsächlich ausgewählte Menge $W(i) \in Pot(A)$ von Alternativen zuordnet. Nach Bedingung a-5 soll W(i) von den beiden Alternativen a,b nur eine enthalten, d.h. von den beiden vorgelegten Alternativen, um die es im Meßmodell geht, wird genau eine ausgewählt. Nach Bedingung a-6 wird die ausgewählte Alternative aus der Menge {a,b} der anderen in dieser Menge vorkommenden Alternative auch wirklich vorgezogen. Ist z.B. W(i)={b}, so gilt nach Bedingung a-6: $a \prec_i b$. $d=(\chi_{\prec})_x(i,a,b)$ ist das zu messende Datum (=D(x)) und $W_x(i)$ ist das vorausgesetzte Datum ($V(x)=\{W_x(i),a,b,i\}$). Wir benutzen die charakteristische Funktion ($\chi_{\prec}$), weil sonst eine Proposition, nämlich z.B. "$a \prec_i b$" als Komponente in x aufträte. Streng genommen muß man auch den Wertebereich {w,f} von ($\chi_{\prec}$) als Basismenge anführen. In den Meßmodellen von D57-b wird neben der Bestimmung der Präferenzordnung zwischen b und c gemäß D57-a noch als bekannt vorausgesetzt, daß $a \prec_i b$ bereits gilt. Man kann dann mittels Transitivität von $\prec_i$ auf $a \prec_i c$ schließen, wenn $W_x(i)=\{c\}$. Beide Voraussetzungen werden in D57-b-2 als erfüllt gefordert. Offenbar ist für $x \in PMM(i,a,b,c)$: $V(x)=\{W_x(i),b,c,i,(\chi_{\prec})_x(i,a,b)\}$ und $D(x)=(\chi_{\prec})_x(i,a,b)$.

T25 a) $X=\{x/\exists\, i,a,b(\ x \in PMM(i,a,b))\}$ ist eine Meßmethode für den definierten Term $\overline{x\prec}$ mittels der definierten Terme $\overline{W},\overline{A},\overline{J}$

b) $X=\{x/\exists\, i,a,b,c(\ x \in PMM(i,a,b,c))\}$ ist eine Meßmethode für den definierten Term $\overline{x\prec}$ mittels der definierten Terme $\overline{W},\overline{A},\overline{J}$ und $\overline{x\prec}$

Beweis: a) X ist eine Strukturart. Sei $S:=\{<J,A;\{w,f\};W,\prec;W,A,A,J;x\prec>$ $/\exists\, i,a,b(<J,A;\{w,f\};W,\prec>$ erfüllt D57-a-1 bis 6)\}. Dann ist S eine typisierte Klasse mit definierten Termen $\overline{x\prec},\overline{W},\overline{A},\overline{J}$ und S und X stehen in dem in D39-a-3 geforderten Verhältnis. Sind $y=<x;W_x(i),a,b,i;(\ x\prec)_x(i,a,b)> \in X$ und $y'=<x';W_{x'}(j),a',b',j\ ;(\ x\prec)_{x'}(j,a',b')> \in X$ und ist $i=j, a=a', b=b'$ und $W_x(i)=W_{x'}(j)$, so folgt nach D57-a-3 $W_x(i)=\{a\}$ oder $W_x(i)=\{b\}$. Ist $W_x(i)=\{a\}$, so gilt nach D57-a-6 $b\prec_i^x a$ und $b\prec_i^{x'} a$. Ist $W_x(i)=\{b\}$, so gilt nach D57-a-6 $a\prec_i^x b$ und $a\prec_i^{x'} b$. In jedem Fall also $(\ x\prec)_x(i,a,b)=(\ x\prec)_{x'}(j,a',b')$. b) beweist man genauso #

Unsere Meßkette läßt sich nun wie folgt definieren.

D58 L ist eine <u>Meßkette zur Präferenzbestimmung für</u> i,a,b gdw es $x_1,\ldots,x_n$ $(n>1)$ und $a_1,\ldots,a_{n+1}$ gibt, sodaß 1) $L=<x_1,\ldots,x_n>$;
2) $a=a_1$, $b=a_{n+1}$ und alle a_j sind paarweise verschieden;
3) $x_1 \in PMM(i,a_1,a_2)$; 4) für $j=2,\ldots,n$ ist $x_j \in PMM(i,a_1,a_j,a_{j+1})$;
5) $\forall j,j' \leqq n \forall c,c'(\ c,c' \in A_j \cap A_{j'} \wedge c\neq c' \rightarrow$

$$(c\prec_i^j c' \leftrightarrow c\prec_i^{j'} c'))$$

Im ersten Meßmodell x_1 der Kette wird $(\ x\prec)_1(i,a_1,a_2)$ "direkt" bestimmt, indem man schaut, welche Alternative i aus $\{a_1,a_2\}$ wählt. In den folgenden Meßmodellen $(j>1)$ wird $(\ x\prec)_j(i,a_1,a_j)$ als gegeben vorausgesetzt. Man schaut, welche der Alternativen a_j,a_{j+1} i wählt und bestimmt $(\ x\prec)_j(i,a_j,a_{j+1})$. Wenn $(\ x\prec)_j(i,a_1,a_j)=w$, d.h. $a_1\prec_i^j a_j$ und $(\ x\prec)_j(i,a_j,a_{j+1})=w$, d.h. $a_j\prec_i^j a_{j+1}$, so kann man aufgrund der Transitivität von $\prec_i^j$ auf $a_1\prec_i^j a_{j+1}$ schließen und so weiter. Bedingung 5, die die Identitäts-Querverbindung für $\prec_i$ zum Ausdruck bringt, ist nötig, um die verschiedenen Meßmodelle zusammenzuschließen. Durch Bedingung 5 wird eine Verbindung hergestellt zwischen dem in Meßmodell j erhaltenen Resultat $a_1\prec_i^j a_{j+1}$ und der Aussage $a_1\prec_i^{j+1} a_{j+1}$, die im folgenden Meßmodell x_{j+1} als gegeben vorausgesetzt wird.

T26 Sei $L=<x_1,\ldots,x_n>$ eine Meßkette zur Präferenzbestimmung für i,a,b.
a) $V(L)=\{W_j(i)/j \leqq n\} \cup \{i\} \cup \{a_j/j \leqq n+1\}$
b) L ist eine Meßkette
c) gilt für $j \leqq n$: $W_j(i)=\{a_{j+1}\}$, so ist $(\ x\prec)_n(i,a,b)$ eindeutig durch V(L) bestimmt und $(\ x\prec)_n(i,a,b)=w$

Beweis: a) Nach D57 ist (1) $V(x_1)=\{W_1(i),a_1,a_2,i\}$, $V(x_j)=\{W_j(i),a_j,a_{j+1},$

$i,(\chi\prec)_j(i,a_1,a_j)\}$ für $j=2,\ldots,n$, $D(x_1)=(\chi\prec)_1(i,a_1,a_2)$ und $D(x_j)=(\chi\prec)_j(i,a_1,a_{j+1})$ für $2\leq j\leq n$.Nach D58-5 gilt $(\chi\prec)_j(i,a_1,a_j)=(\chi\prec)_{j-1}(i,a_1,a_j)$ für $j=2,\ldots,n$.Mit (1) folgt hieraus (2) $(\chi\prec)_j(i,a_1,a_j)=D(x_{j-1})$ für $j=2,\ldots,n$.Nach D52 folgt aus (1) und (2) die Behauptung. b) Nach T25 sind $x_1,\ldots,x_n$ Meßmodelle für definierte Terme. Zum Nachweis von D51-4 sei $k<n$.Wir setzen in Teil a) $j=k+1$ $(2\leq j\leq n)$ und erhalten $D(x_k)=(\chi\prec)_{k+1}(i,a_1,a_{k+1})$. Nach (1) mit $j=k+1$ folgt $(\chi\prec)_{k+1}(i,a_1,a_{k+1})\in V(x_{k+1})$,also insgesamt $D(x_k)\in V(x_{k+1})$. c) Induktion nach n.n=2: Aus $W_1(i)=\{a_2\}$ und $W_2(i)=\{a_3\}$folgt $a_1\prec_i^1 a_2\prec_i^2 a_3$. Da $a_1,a_2\in A$,folgt nach D58-5: $a_1\prec_i^1 a_2\leftrightarrow a_1\prec_i^2 a_2$. Insgesamt folgt nach D57-a-7 $a_1\prec_i^2 a_2$. $n>2$: Nach Induktionsvoraussetzung ist $(\chi\prec)_{n-1}(i,a_1,a_n)=w$,d.h. $a_1\prec_i^{n-1}a_n$.Aus $W_n(i)=\{a_{n+1}\}$ folgt $a_n\prec_i^n a_{n+1}$. Wegen $a_1,a_n\in A_n$ gilt nach D58-5 $a_1\prec_i^{n-1}a_n\leftrightarrow a_1\prec_i^n a_n$. Insgesamt folgt nach D57-a-7 $a_1\prec_i^n a_{n+1}$ #

15.3) Eine Meßkette zur Messung des elektrischen Widerstandes von Drähten

Als nächstes Beispiel betrachten wir eine formal kompliziert aussehende, inhaltlich aber ziemlich einfache Meßkette aus dem Bereich der Elektrizitätslehre.Wir stützen uns hier auf [Mühlhölzer,1981]. Da die Kette wegen ihrer Länge $(n\geq 5)$ formal ziemlich unübersichtlich ist,schicken wir eine inhaltliche Beschreibung voraus.

Man möchte den Widerstand r(a) eines Drahtes messen.Dazu benutzt man das Ohmsche Gesetz

$$i(a,B)=\frac{u(B)}{b(B)+r(a)}$$

welches gilt,wenn man mit einer Batterie B und dem gegebenen Draht a einen Stromkreis bildet.i(a,B) ist die im Stromkreis herrschende Stromstärke,u(B) die sogenannte "Urspannung" der Batterie,die zwischen den Polen der Batterie herrscht,wenn kein Strom fließt und b(B) der "innere Widerstand" von B,d.h.der elektrische Widerstand der als Leiter aufgefaßten Batterie.Zur Bestimmung des Widerstandes braucht man also i(a,B),U(B) und b(B).Die Stromstärke kann man durch die Auslenkung einer Magnetnadel,die neben dem Draht angebracht ist,"direkt" auf Winkel- und Abstandsbestimmungen zurückführen.Diese Meßmethode wird hier nicht weiter analysiert.Zur Bestimmung der Batteriekonstanten u(B) und b(B) benutzt man meist ebenfalls das Ohmsche Gesetz und zwar zweimal mit Drähten b,c verschiedenen Widerstands.Aus i(b,B)=u(B)/(b(B)+r(b)) und i(c,B)=u(c)/(b(B)+r(c)) erhält man nämlich

$$b(B)=\frac{i(c,B)r(c)-i(b,B)r(b)}{i(b,B)-i(c,B)}\quad\text{und}$$

$$u(B) = \frac{i(b,B)r(b)\cdot(r(c)-r(b))}{i(b,B)-i(c,B)} .$$

Aus diesen Gleichungen lassen sich b(B) und u(B) berechnen,wenn man i(b,B),i(c,B),r(b) und r(c) kennt.Da wir die Messung der Stromstärken i(b,B) und i(c,B) als unproblematisch voraussetzen,bleibt nur die Aufgabe, r(b) und r(c) zu messen.

Wollte man hier wieder auf das Ohmsche Gesetz zurückgreifen,so erhielte man einen Regreß.Es ist aber durchaus möglich,die beiden geschilderten Schritte noch mehrmals "rückwärts" auszuführen.Wenn der anfangs gegebene Draht sehr extrem ist,etwa sehr dick oder sehr lang, kann es notwendig werden,sich über eine "Kette" von geeigneten Batterien in der geschilderten Weise bis in einen Bereich "zurückzuarbeiten",in dem man entweder normierte Batterien anwenden kann oder die Widerstände der zuletzt benutzten Drähte durch Vergleich mit geeichten Standarddrähten möglich ist.Wir werden in unserer Kette endlich viele solcher Zwischenschritte zusammenfassen und im letzten Schritt -im ersten Meßmodell der Kette- die Widerstände zweier Drähte durch Längenvergleich mit einem "Einheitsdraht" a* bestimmen.Die systematische Beschreibung der Kette fängt also am Ende unserer intuitiven Skizze an und wir arbeiten uns vor zu immer "unzugänglicheren" Drähten.

<u>D59</u> x ist ein <u>Meßmodell zur Widerstandsmessung von a durch Längenvergleich mit der Einheit</u> a* ($x \in MM_1(r(a);l(a),l(a^*))$) gdw 1) $x=\langle D;\mathbb{R};l,r\rangle$; 2) D ist eine endliche Menge (von Drähten) und $a,a^* \in D$; 3) $l:D \to \mathbb{R}^+$ und $r:D \to \mathbb{R}^+$; 4) $\exists \alpha \in \mathbb{R}^+ \forall c \in D(\ r(c)=\alpha \cdot l(c))$, 5) $r(a^*)=1$; 6) $l(a) \neq l(a^*)$

l ordnet jedem Draht seine Länge , r seinen Widerstand zu.Die Widerstände aller Drähte aus D sollen proportional zu deren Länge sein (Bedingung 4),d.h.alle Drähte sind aus dem gleichen Material und haben gleichen Querschnitt.a* ist ein Einheitsdraht mit Widerstand 1 (D59-5). Schließlich sollen a und a* verschieden lang sein (D59-6).In einem solchen Meßmodell x ist $V(x)=\{l(a),l(a^*)\}$ und $D(x)=r(a)$. r(a) ist eindeutig bestimmt,denn aus 4 und 5 erhält man $\alpha=r(a^*)/l(a^*)=1/l(a^*)$ und hieraus nach 4 $r(a)=l(a)/l(a^*)$.Man mißt also r(a) durch Vergleich der Länge von a mit der Einheit a*.Es macht keine Mühe,geeignete Terme zu definieren und das folgende Theorem zu beweisen.

<u>T27</u> $X=\{x/\ \exists a,a^*(\ x \in MM_1(r(a);l(a),l(a^*)))\}$ ist eine Meßmethode für den definierten Term $\bar{r}$ mittels des definierten Terms $\bar{l}$

<u>D60</u> x ist ein <u>Modell der Ohmschen Theorie mit Batterie</u> B gdw $x=\langle D,\Omega;\mathbb{R};i,r,b,u\rangle$ und 1) D ist eine endliche-nicht-leere Menge (von Drähten); 2) $\Omega=\{B\}$ (B ist die "Batterie");

3) $r:D \to \mathbb{R}^+$ ("Widerstand"); 4) $b:\Omega \to \mathbb{R}^+$ ("innerer Widerstand") und $u:\Omega \to \mathbb{R}^+$ ("Urspannung" von B); 5) $i:D \times \Omega \to \mathbb{R}^+$ ("Stromstärke");

6) $\forall c \in D$: $i(c,B) = \dfrac{u(B)}{b(B)+r(c)}$ (Ohmsches Gesetz)

Die einzelnen Begriffe wurden bereits erläutert (vergleiche auch [Heidelberger,1980]).In Modellen der allgemeinen Ohmschen Theorie kann Ω auch mehr als eine Batterie enthalten.Wir brauchen in den folgenden Meßmodellen jeweils nur eine,sodaß wir uns in diesem Punkt etwas einschränken.

<u>D61</u> x ist ein <u>Ohmsches Meßmodell zur Bestimmung des inneren Widerstands von B</u> ($x \in MM_2(b(B);r(a),r(c),i(a,B),i(c,B))$) gdw $x = \langle D,\Omega;\ \mathbb{R};i,r,b,u;r(a),r(c),i(a,B),i(c,B);b(B)\rangle$ und 1) $\langle D,\Omega;\ \mathbb{R};i,r,b,u\rangle$ ist ein Modell der Ohmschen Theorie mit Batterie B; 2) $a,c \in D$ und $r(a) \neq r(c)$

Man hat zwei Drähte a,c,deren Widerstände r(a),r(c) als bekannt vorausgesetzt werden.Weiter setzt man die Stromstärken i(a,B) und i(c,B) als bekannt bzw.meßbar voraus,die entstehen,wenn man den Draht a oder c an die Batterie B anschließt.Aus den beiden Gleichungen,die das Ohmsche Gesetz fur a und c liefern,erhält man $b(B)=(i(c,B)r(c)-i(a,B)r(a))/(i(c,B)-i(a,B))$,sodaß durch die vorausgesetzten Werte ($V(x)=\{r(a),r(c),i(a,B),i(c,B)\}$) b(B) eindeutig bestimmt ist ($D(x)=b(B)$).Der Meßvorgang verläuft dann wie folgt.Man schließt a und dann c an die Batterie an und mißt jeweils die Stromstärke.Die Widerstände werden als bekannt vorausgesetzt,sodaß alle Größen auf der rechten Seite der obigen Formel bekannt sind.So kann man b(B) aus der Formel berechnen.

<u>T28</u> $X=\{x/ \exists a,c,B(\ x \in MM_2(b(B);r(a),r(c),i(a,B),i(c,B)))\}$ ist eine Meßmethode für den definierten Term $\bar{b}$ mittels der definierten Terme $\bar{r}$ und $\bar{i}$

Ganz analog sieht das Meßmodell zur Bestimmung der Urspannung von B aus.

<u>D62</u> x ist ein <u>Ohmsches Meßmodell zur Bestimmung der Urspannung von B</u> ($x \in MM_3(u(B);r(a),r(c),i(a,B),i(c,B))$) gdw $x = \langle D;\Omega;\ \mathbb{R};i,r,b,u;r(a),r(c),i(a,B),i(c,B);u(B)\rangle$ und 1) $\langle D,\Omega;\ \mathbb{R};i,r,b,u\rangle$ ist ein Modell der Ohmschen Theorie mit Batterie B; 2) $a,c \in D$ und $r(a) \neq r(c)$

Genau wie aus D61 erhält man auch hier aus dem Ohmschen Gesetz für a und c: $u(B)=(i(a,B)i(c,B)(r(c)-r(a)))/(i(a,B)-i(c,B))$.Es liegt also eine Meßmethode vor.Offenbar gilt $V(x)=\{r(a),r(c),i(a,B),i(c,B)\}$ und $D(x)=u(B)$.Der Meßvorgang läuft genau wie im letzten Fall ab.

T29 $X=\{x/\exists a,c,B(x \in MM_3(u(B);r(a),r(c),i(a,B),i(c,B)))\}$ ist eine Meßmethode für den definierten Term $\bar{u}$ mittels der definierten Terme $\bar{r}$ und $\bar{i}$

Im letzten Meßmodell wird der Widerstand eines Drahtes durch das Ohmsche Gesetz aus bekannter Stromstärke, Urspannung und bekannten innerem Widerstand der Batterie bestimmt.

D63 x ist ein <u>Ohmsches Meßmodell zur Bestimmung des Widerstandes von</u> a ($x \in MM_4(r(a);i(a,B),u(B),b(B))$) gdw
$x=\langle D,\Omega;\mathbb{R};i,r,b,u;i(a,B),u(B),b(B);r(a)\rangle$ und
1) $\langle D,\Omega;\mathbb{R};i,r,b,u\rangle$ ist ein Modell der Ohmschen Theorie mit Batterie B; 2) $a \in D$

Aus dem Ohmschen Gesetz, das man in dem mit a gebildeten Stromkreis als gültig voraussetzt, erhält man unmittelbar $r(a)=(u(B)-i(a,B)b(B))/i(a,B)$, sodaß sich im Meßmodell r(a) aus den vorausgesetzten Werten ($V(x)=\{i(a,B),u(B),b(B)\}$) eindeutig ergibt ($D(x)=r(a)$).

T30 $X=\{x/\exists a,D(x \in MM_4(r(a);i(a,B),u(B),b(B)))\}$ ist eine Meßmethode für den definierten Term $\bar{r}$ mittels der definierten Terme $\bar{i}$, $\bar{u}$ und $\bar{b}$

Wir definieren nun formal unsere Meßkette.

D64 L ist eine <u>Meßkette zur Widerstandsmessung mit dem Ohmschen Gesetz</u> gdw es $m \geq 0, x_1,\ldots,x_{5+4m}$, $a_1,\ldots,a_{2m+3}$ und $B_1,\ldots,B_{m+1}$ gibt, sodaß
1) $L=\langle x_1,\ldots,x_{5+4m}\rangle$
2) für $i=1,2$ ist $x_i \in MM_1(r_i(a_i);l_i(a_i),l_i(a^*))$
3) für $k \leq m$ und $j=3+4k$ ist $x_j \in MM_2(b_j(B_{k+1});r_j(a_{2k+1}),r_j(a_{2k+2}),$
$i_j(a_{2k+1},B_{k+1}),i_j(a_{2k+2},B_{k+1}))$
4) für $k \leq m$ und $j=4+4k$ ist $x_j \in MM_3(u_j(B_{k+1});r_j(a_{2k+1}),r_j(a_{2k+2}),$
$i_j(a_{2k+1},B_{k+1}),i_j(a_{2k+2},B_{k+1}))$
5) für $k \leq m$ und $j=5+4k$ ist $x_j \in MM_4(r_j(a_{2k+3});i_j(a_{2k+3},B_{k+1}),$
$u_j(B_{k+1}),b_j(B_{k+1}))$
6) für $k \leq m$ mit $j=6+4k \leq 5+4m$ ist $x_j \in MM_4(r_j(a_{2k+4});i_j(a_{2k+4},B_{k+1}),$
$u_j(B_{k+1}),b_j(B_{k+1}))$
7) für alle $i,j \leq 5+4m$ und alle a,B: 7.1) $a \in D_i \cap D_j \rightarrow l_i(a)=l_j(a)$; 7.2) $a \in D_i \cap D_j \rightarrow r_i(a)=r_j(a)$; 7.3) $a \in D_i \cap D_j \wedge B \in \Omega_i \cap \Omega_j \rightarrow i_i(a,B)=i_j(a,B)$; 7.4) $B \in \Omega_i \cap \Omega_j \rightarrow b_i(B)=b_j(B)$; 7.5) $B \in \Omega_i \cap \Omega_j \rightarrow u_i(B)=u_j(B)$

Untere Indizes an den Zeichen l,r,b,u,i,D,Ω beziehen sich stets auf den entsprechenden Index des Meßmodells, in dem die betreffende Menge oder Funktion vorkommt, r_i ist also der Widerstand in Meßmodell x_i und i_j die Stromstärke in Meßmodell x_j etc. In den Bedingungen 2 bis 6 werden die verschiedenen Meßmodelle festgelegt.Es gibt mindestens 5 Meßmodelle in der Kette (für m=0). x_1,x_2 sind nach 2 Meßmodelle aus MM_1,nach 3 ist fur k=0 $x_3 \varepsilon MM_2$, nach 4 (für k=0) $x_4 \varepsilon MM_3$,nach 5 (für k=0) $x_5 \varepsilon MM_4$,nach 6 ist x_6 (falls vorhanden) Element von MM_4 (für k=0), nach 3 fur k=1 ist $x_7 \varepsilon MM_2$ (falls vorhanden) usw. Für ein festes $k \leqq m$ bilden die vier Meßmodelle $x_{3+4k}, x_{4+4k}, x_{5+4k}, x_{6+4k}$ eine Sequenz aus MM_2, MM_3,MM_4,MM_4 mit folgender Bedeutung. In x_{3+4k} wird der innere Widerstand einer Batterie B_{k+1} durch den Widerstand zweier Drähte a_{2k+1}, a_{2k+2} und die zugehorigen Stromstärken $i(a_{2k+1},B_{k+1})$,$i(a_{2k+1}B_{k+1})$ gemäß Methode MM_2 (d.h.mit dem Ohmschen Gesetz) bestimmt.Genauso in x_{4+4k} die Urspannung $u(B_{k+1})$ dieser Batterie.Mittels der so erhaltenen Werte $b(B_{k+1})$,$u(B_{k+1})$ mißt man dann in x_{5+4k} den Widerstand eines neuen Drahts a_{2k+3} gemäß MM_4 (mit dem Ohmschen Gesetz),wobei die Stromstärke $i(a_{2k+3},B_{k+1})$ als bekannt oder meßbar vorausgesetzt wird.Genauso mißt man in x_{6+4k} den Widerstand eines zweiten neuen Drahts a_{2k+4}.Mit diesen beiden Drahten und deren Widerständen kann man dann die gleiche Sequenz fur den nachsten Index k+1 durchlaufen usw. Die undurchsichtige Indizierung kommt daher,daß wir mehrere,nämlich m,solcher Sequenzen zulassen.Die beiden ersten Meßmodelle liefern am Anfang zwei Widerstände fur zwei Drahte unabhängig vom Ohmschen Gesetz,nämlich durch Längenvergleich mit dem Einheitsdraht.Mit diesen beiden Werten steigt man dann in die erste obige "Ohm-Sequenz" mit k=0 ein.Bedingung 7 enthält Identitäts-Querverbindungen fur alle vorkommenden Funktionen: l,r,i,b und u.Diese sind notig,um die in einem Meßmodell erhaltenen Werte in das nächste "transportieren" zu konnen.

Die in der ganzen Kette vorausgesetzten Daten sind: Längen und Stromstarken.Gemessen werden in den verschiedenen Schritten: Widerstände,innere Widerstande und Urspannungen.Man kann die Kette natürlich auch bei 5+4m-i (i=1,2,3) abbrechen.Im letzten Schritt wird dann bei 5+4m-1 die Urspannung einer Batterie,bei 5+4m-2 der innere Widerstand einer Batterie und bei 5+4m-3 der Widerstand eines Drahts bestimmt.

T31 Sei $L=\langle x_1,\ldots,x_{5+4m}\rangle$ eine Meßkette zur Widerstandsmessung mit dem Ohmschen Gesetz.

a) L ist eine Meßkette

b) In L ist $r_{5+4m}(a_{2m+3})$ durch V(L) eindeutig bestimmt

Beweis: a) D51-1 und 2 sind nach Konstruktion der Meßmodelle erfüllt. D51-4 beweist man durch Fallunterscheidung nach D64-2 bis 6.In jedem Fall tritt das zu messende Datum in späteren Modellen als vorausgesetztes Datum auf. b) Der Beweis erfolgt durch Induktion nach m.Für m=0 betrachtet man die Sequenz $x_1,\ldots,x_5$.In x_1 ist $r_1(a_1)$,in x_2

ist $r_2(a_2)$ eindeutig bestimmt nach T27.Nach D64-7.2 ist $r_1(a_1)=r_3(a_1)$ und $r_2(a_2)=r_3(a_2)$.In x_3 ist nach T28 $b_3(B_1)$ eindeutig durch $r_3(a_1)$, $r_3(a_2)$ und die Elemente von V(L) bestimmt,also nach dem vorherigen durch V(L) allein.In x_4 ist nach T29 $u_4(B_1)$ eindeutig durch $r_4(a_1)$, $r_4(a_2)$ und Elemente aus V(L) bestimmt.Nach D64-7.2 ist $r_4(a_1)=r_1(a_1)$ und $r_4(a_2)=r_2(a_2)$ und damit $u_4(B_1)$ durch V(L) allein eindeutig bestimmt.In x_5 ist $r_5(a_3)$ durch $u_5(B_1)$,$b_5(B_1)$ und Elemente aus V(L) eindeutig bestimmt.Nach D64-7.4 und 7.5 ist $u_5(B_1)=u_4(B_1)$ und $b_5(B_1)=b_3(B_1)$ und damit nach dem vorherigen $r_5(a_3)$ durch V(L) allein eindeutig bestimmt.Für den Induktionsschritt zeigt man genau wie oben,daß auch $r_6(a_4)$ durch V(L) eindeutig bestimmt ist.Sodann beweist man die scharfere Aussage,daß $r_{5+4m}(a_{2m+3})$ und $r_{6+4m}(a_{2m+4})$ durch V(L) eindeutig bestimmt sind,wenn man die Kette um ein $x_{6+4m} \in MM_4(r_{6+4m}(a_{2m+4});\, i_{6+4m}(a_{2m+4},B_{m+1}),u_{6+4m}(B_{m+1}),b_{6+4m}(B_{m+1}))$ verlangert.Nach Induktionsvoraussetzung sind $r_{5+4(m-1)}(a_{2(m-1)+3})$ und $r_{6+4(m-1)}(a_{2(m-1)+4})$ durch V(L) eindeutig bestimmt.Man geht nun die Sequenz von $x_{5+4(m-1)},\ldots,x_{5+4m},x_{6+4m}$ durch.In jedem Meßmodell ist nach T28 bis T30 der gemessene Wert eindeutig durch die vorausgesetzten Werte bestimmt.Diese lassen sich mittels D64-7 auf $r_{5+4(m-1)}(a_{2(m-1)+3}),r_{6+4(m-1)}(a_{2(m-1)+4})$ und Elemente von V(L) zurückfuhren #

15.4) Eine Meßkette zur Bestimmung der Lichtgeschwindigkeit

Als letztes Beispiel betrachten wir eine "zurückverfolgende" Meßkette, die zumindest in den ersten Schritten den historischen Verlauf der Bestimmung der Lichtgeschwindigkeit durch O.Romer im Jahre 1676 wiedergibt.Wir stutzen uns hier auf [Balzer & Wollmershäuser,1982]. Ist $s:P \times T \to \mathbb{R}^2$ mit $P=\{p_1,\ldots,p_k\}$,so schreiben wir s_i für die durch $s_i(t)=s(p_i,t)$ definierte Funktion und ebenso s_p fur $s(p,\cdot)$.

<u>D65</u> x ist ein <u>kopernikanisches Beobachtungssystem mit Zentrum</u> p* gdw es $p_1,\ldots,p_k$ gibt,sodaß 1) $x=\langle P;T,\mathbb{R}^2;s\rangle$ ist eine 2-dimensionale Kinematik (vergl.D37-b); 2) $P=\{p^*,p_1,\ldots,p_k\}$ und alle Elemente von P sind paarweise voneinander verschieden; 3) für alle $i \leq k$ ist das Bild von s_i ein Kreis und s_i hat konstante Winkelgeschwindigkeit; 4) $\forall t \in T\, \forall p,p' \in P(p \neq p' \to s(p,t) \neq s(p',t))$

p* stellt die Sonne dar,$p_1,\ldots,p_k$ sind Planeten.D65-3 besagt,daß sich alle Planeten auf Kreisen und mit konstanter Winkelgeschwindigkeit um die Sonne bewegen.Zu Kopernikus´ Zeiten waren diese Bedingungen allgemein akzeptiert,zu Romers Zeit wußte man bereits,daß die Planetenbahnen elliptisch sind und auch,daß das Sonnensystem nicht 2-dimensional ist.Der Fehler,der sich aus der Annahme einer 2-dimensionalen Kinematik ergibt,ist jedoch klein genug und auch Römer benutzte vermutlich das einfachere 2-dimensionale Modell.Römers "potentielles Modell" war noch etwas komplizierter,weil sich die Jupitermonde ja nicht auf Kreisen um die Sonne,sondern um Jupiter bewegen.Aus Einfachheitsgründen betrachten wir nur einen einzigen Mond.

D66 x ist ein Römersches Beobachtungssystem ($x \in RBS$) gdw es S,E,J und M gibt,sodaß 1) $x=<P;T, \mathbb{R}^2;s>$; 2) $P=\{S,E,J,M\}$ und S,E,J,M sind alle voneinander verschieden; 3) $<\{S,E,J\};T, \mathbb{R}^2;s_{/\{S,E,J\}}>$ ist ein Kopernikanisches Beobachtungssystem mit Zentrum S; 4) $<\{J,M\};T, \mathbb{R}^2;s_{/\{J,M\}}>$ ist ein Kopernikanisches Beobachtungssystem mit Zentrum J; 5) $\forall t \in T$: $d_x(S,E,t) < d_x(S,J,t)$ (vergl.D41)

Hier und im folgenden bezeichnen S,E,J,M die Sonne,die Erde,den Planeten Jupiter und dessen betrachteten Mond.Nach D66-3 bewegen sich Erde und Jupiter auf Kreisen mit konstanter Geschwindigkeit um die Sonne und genauso nach D66-4 der Mond um Jupiter.Nach D66-5 hat Jupiter größeren Abstand von der Sonne als die Erde.

Neben diesem kinematischen Modell brauchen wir noch ein "statisches", in dem die Erde nicht punktformig,sondern räumlich ausgedehnt ist.

D67 x ist ein astronomischer Rahmen ($x \in AR$) gdw $x=<\mathfrak{P};d,E,G,\{F\};\{z\}>$ und 1) $<\mathfrak{P},d>$ ist eine 3-dimensionale euklidische Geometrie; 2) E ist der Rand einer Kugel in $<\mathfrak{P},d>$ mit Mittelpunkt z; 3) G ist eine Gerade durch z; 4) $F \in \mathfrak{P}$ und $\forall a \in E(d(z,a) < d(z,F))$

$\mathfrak{P}$ ist die Menge der Raumpunkte und d die euklidische Abstandsfunktion. E stellt die ausgedehnte Erde (d.h.deren Oberfläche) dar,z den Erdmittelpunkt,G die Erdachse und F einen Fixstern,der nach D67-4 weiter von z entfernt sein muß als jeder Punkt der Erdoberfläche.Die in 2 und 3 verwandten Begriffe lassen sich in Modellen der Geometrie in bekannter Weise definieren (vergl.z.B. [Borsuk & Szmielew,1960]).Um nicht in einem Wust von Definitionen zu ersticken,werden wir im folgenden weitere Standarddefinitionen aus Geometrie und Kinematik verwenden, ohne diese alle genau hinzuschreiben.

D68 Sei $x=<P;T, \mathbb{R}^2;s> \in RBS$ und $p,p' \in \{E,J,M\}, p \neq p'$.
a) Die siderische Umlaufzeit von p wird definiert als das eindeutig bestimmte Element von $U_x(p)$ (vergl.D41) und mit τ_p bezeichnet
b) Die synodische Umlaufzeit von p bezüglich p', θ_p, wird definiert durch $\theta_p=t^*-t$,wobei $t,t^* \in T, t < t^*$ und 1) zu t und t^* ist p zwischen S und p' ;2) für kein t' mit $t < t' < t^*$ ist p zu t' zwischen S und p'

Die siderische Umlaufzeit von p ist nichts anderes als die Periode von p,die wegen der Forderung konstanter Winkelgeschwindigkeiten (D65-3) eindeutig existiert. Die synodische Umlaufzeit dagegen wird durch zwei aufeinanderfolgende (D68-b-2) "Oppositionen" von p mit einem anderen p´ definiert, wobei eine Opposition vorliegt, wenn p zwischen S und p´ steht. Die synodische Umlaufzeit ist länger als die siderische, wie man sich anhand eines anschaulichen Modells schnell klarmacht.

Wir beschreiben unsere Meßkette vom Endpunkt aus, d.h. von dem Meßmodell, mit dem Römer die Lichtgeschwindigkeit c bestimmte und verfolgen dann die dabei benutzten und vorausgesetzten Daten weiter zurück. Zum Verständnis des Römerschen Meßmodells betrachten wir Figur 1).

Fig.1

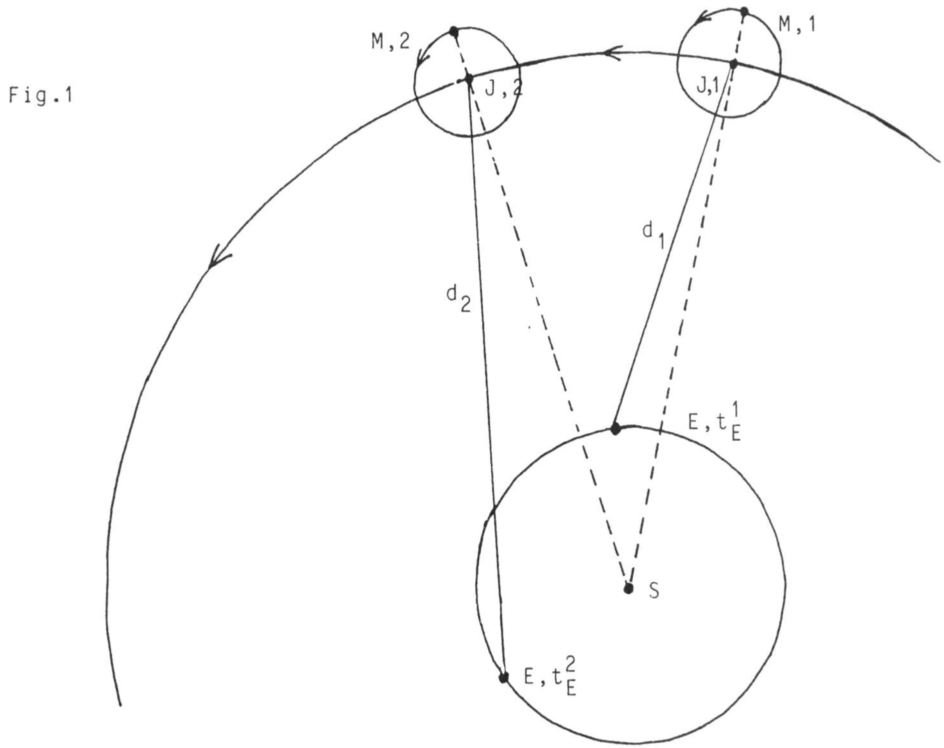

Wir nehmen an, daß J und M in der fraglichen Zeit beobachtet werden können und wir betrachten zwei sogenannte "Immersionen", d.h. Ereignisse des Eintauchens von M in den Schatten von J. Diese finden bei den jeweiligen Stellungen 1 und 2 von J,E und S zur Zeit t_J^1 und t_J^2 statt. Die Erde ist zu diesen Zeiten an den Orten E,t_J^1 bzw. E,t_J^2. Wir nehmen an, daß M zwischen den zwei Immersionen n Umläufe um J ausgeführt hat. t_E^1 und t_E^2 bezeichnen die (von t_J^1 und t_J^2 verschiedenen) Zeitpunkte, zu denen die beiden Immersionen auf der Erde beobachtet werden. Wegen der endlichen Lichtgeschwindigkeit und der großen Entfernungen ($d_i=d_i(J,E)$, i=1,2) zwischen Erde und Jupiter treffen die "letzten" Strahlen von M erst später auf E ein,und zwar gilt $c=d_i/(t_E^i-t_J^i)$ ("Geschwindigkeit gleich Weg durch Zeit"),also $t_E^i=t_J^i+d_i/c$. Die zu t_E^i gehörigen Orte von E sind in Fig.1 durch E,t_E^1 und E,t_E^2 markiert.Da die Ortsveränderung von E im Zeitraum von t_J^i bis t_E^i relativ zum Abstand d_i klein ist,kann man die Anderung von d_i vernachlässigen und d_i als Abstand von E zu J sowohl zu t_J^i als auch zu t_E^i betrachten.c wird nun wie folgt bestimmt. Man mißt den Abstand zwischen E und J zu Zeiten t_E^1 und t_E^2,wobei zu t_E^1 eine Immersion von M beobachtet wird und zu t_E^2 eine weitere Immersion nach n Umläufen von M um J.Die synodische Umlaufzeit von M um J wird als bekannt vorausgesetzt und als zeitlich konstant angesehen.Man kann nun die zusatzliche Strecke,,die das Licht in Stellung 2 vom Moment der Immersion bis zum Moment von deren Beobachtung auf E,nämlich d_2-d_1, bestimmen und diesen Wert durch die Zeitdifferenz zwischen der gesamten "beobachteten" Zeitspanne $t_E^2-t_E^1$ und der "theoretisch errechneten" Zeitspanne,die M für n Umläufe braucht, $(t_E^2-t_E^1)-n\cdot\theta_M$, dividieren.Das heißt, man berechnet den Quotienten "Weg/Zeit" für die Lichtübertragung.Mit $r_x(p)$ bezeichnen wir den in Romerschen Beobachtungssystemen eindeutig bestimmten Radius der Bahn von p.

<u>D69</u> x ist ein <u>Römersches Meßmodell fur</u> c <u>relativ zu</u> $d_1(E,J),d_2(E,J),\theta_M, t_E^1,t_E^2,n$ ($x\in MM_1$) gdw es t_J^1,t_J^2 und c* gibt,sodaß $x=\langle P;T,\mathbb{R}^2;s\rangle$ mit $P=\{S,E,J,M\}$ und 1) $x\in RBS$; 2) $n\in\mathbb{N}, c^*\in\mathbb{R}^+$, $t_E^i,t_J^i\in T$ fur i=1,2; 3) für i=1,2 ist $d_i(E,J)=d_x(E,J,t_E^i)$;
4) θ_M ist die synodische Umlaufzeit von M bezüglich J;
5) $t_J^1<t_E^1<t_E^2$ und $t_J^1<t_J^2<t_E^2$; 6) $d_1(E,J)<d_2(E,J)$;
7) $r_x(E)<r_x(J)$ und $r_x(M)<r_x(J)-r_x(E)$; 8) für i=1,2 sind zu t_J^i S,E,M nicht collinear, J ist zu t_J^i zwischen S und M und $0<\measuredangle_x(J,S,E,t_J^i)$; 9) $d_2(E,J)<\theta_M\cdot c^*$ und $c^*\leqq c$; 10) fur i=1,2: $t_E^i=t_J^i+d_i/c$; 11) $t_J^2=t_J^1+n\cdot\theta_M$

Bedingungen 3 bis 9 betreffen die Konstellationen,die vorliegen mussen, damit die Messung sinnvoll ist.c* ist ein grob geschätzter Wert für c und D69-9 stellt sicher,daß die mit c* geschatzte Zeit,die das Licht fur die Strecke $d_2(E,J)$ braucht,also $d_2(E,J)/c^*$,die Umlaufzeit θ_M nicht übersteigt.Andernfalls wäre das Licht so langsam,daß die in D69-11 ausgedrückte Beziehung gestört würde.Die wesentlichen Bedingungen sind D69-10 und 11.Aus ihnen folgt durch leichte Rechnung.

<u>T32</u> In jedem $x\in MM_1$ ist c eindeutig durch $d_i(E,J),t_E^i$ (i=1,2),θ_M und n eindeutig bestimmt

Beweis: Aus D69-10 erhält man $t_E^2-t_E^1=t_J^2-t_J^1+(d_2-d_1)/c$.Aus D69-11 folgt

$t_J^2 - t_J^1 = n \cdot \theta_M$. Durch Einsetzung in die erste Gleichung folgt $c = (d_2 - d_1) / ((t_E^2 - t_E^1) - n \cdot \theta_M)$ #

Wir verzichten hier und im folgenden darauf, jeweils passende Terme anzugeben, sodaß die eingeführten Meßmodelle zu Meßmodellen für den definierten Term $\bar{t}$ mittels der definierten Terme $\bar{t}_1, \ldots, \bar{t}_n$ werden und formulieren und beweisen nur jeweils die wesentliche Eindeutigkeitsaussage. Von den in MM_1 vorausgesetzten Werten werden t_E^1 und t_E^2 "direkt" gemessen, d.h. an Uhren abgelesen. Die Bestimmung von $d_i(E,J)$ $(i=1,2)$, θ_M und n erfolgt durch weitere Messungen. Die synodische Umlaufzeit θ_M wird bestimmt, indem man "Emersionen" (bei denen M aus dem Jupiterschatten heraustritt) betrachtet, die unmittelbar nach zwei aufeinanderfolgenden Oppositionen von S,E,J erfolgen, und die so erhaltene Zeit durch die Anzahl m der in dieser Zeit erfolgten Umläufe von M und J dividiert. Man bildet also eine Art Mittelwert.

<u>D70</u> x ist ein <u>Meßmodell für</u> θ_M <u>relativ zu</u> t_1, t_2, t_3, t_4, n $(x \in MM_2)$ gdw 1) $x = \langle P; T, \mathbb{R}^2; s \rangle \in RBS$; 2) $t_1, \ldots, t_4 \in T$ und $n \in \mathbb{N}$; 3) zu t_3 und t_4 ist E zwischen S und J; 4) $t_3 < t_4$ und für kein t^* mit $t_3 < t^* < t_4$ ist E zu t^* zwischen S und J; 5) t_1 (bzw. t_2) ist die Zeit der ersten Emersion von M nach t_3 (bzw. t_4); 6) $\theta_M = (t_2 - t_1)/n$

<u>T33</u> In $x \in MM_2$ ist θ_M durch $t_1, \ldots, t_4$ und n eindeutig bestimmt
Beweis: Trivial #

Man beachte, daß t_3, t_4 nicht unmittelbar in den Eindeutigkeitsbeweis eingehen, aber zur effektiven Bestimmung von θ_M erforderlich sind. $t_1, \ldots, t_4$ werden an Uhren abgelesen, n wird genauer bestimmt, weil J über ein Jahr hinweg nicht ständig sichtbar ist. In D71 ist θ_M^* ein grober Wert für θ_M, dessen Bestimmung in D72 unten folgt. c^* ist, wie in D69, ein grober Wert für c, der nicht unmittelbar in die Berechnung eingeht.

<u>D71</u> x ist ein <u>Meßmodell für</u> n <u>relativ zu</u> θ_M^*, t_5, t_6 und c^* $(x \in MM_3)$ gdw 1) $x = \langle P; T, \mathbb{R}^2; s \rangle \in RBS$; 2) $n \in \mathbb{N}$, $t_5, t_6 \in T, c^*, \theta_M^* \in \mathbb{R}^+$; 3) zu t_5 und t_6 ist E zwischen S und J; 4) $t_5 < t_6$ und für kein t^* mit $t_5 < t^* < t_6$ ist E zu t^* zwischen S und J; 5) für alle $t^* \in T$ ist $d_x(E,J,t^*) \leq c^* \cdot \theta_M^*$; 6) $n = \mathrm{Max}\{k \in \mathbb{N} / k \cdot \theta_M^* \leq t_6 - t_5\}$

<u>T34</u> In $x \in MM_3$ ist n eindeutig durch θ_M^*, t_5, t_6 und c^* bestimmt
Beweis: D71-6 #

Auch hier sind t_5, t_6 und c^* für den formalen Beweis nicht erforderlich, da für je zwei Zeitpunkte t, t', die D71-3 und 4 erfüllen, $t'-t$ gleich ist. Für eine effektive Bestimmung ist aber eine Messung von t_5 und t_6 nötig. Auch den groben Wert c^* für c muß man haben, weil sonst D71-5 verletzt sein könnte, d.h. das Licht bräuchte für den Übergang von J zu E länger als M für einen Umlauf, sodaß das ganze Modell fragwürdig wäre. t_5, t_6 werden direkt an Uhren abgelesen. Die Schätzung von c* verfolgen wir nicht weiter. Ein erster Wert wurde von Descartes angegeben. Die Bestimmung von θ_M^* erfolgt durch Beobachtung einer Emersion von M und der übernächsten Emersion.

D72 x ist ein Meßmodell für θ_M^* relativ zu t_7, t_8 ($x \in MM_4$) gdw 1) $x = <P; t, \mathbb{R}^2; s> \in RBS$; 2) $t_7, t_8 \in T$; 3) t_7 (bzw. t_8) ist die Zeit einer Emersion von M; 4) $t_7 < t_8$ und für genau ein t* mit $t_7 < t^* < t_8$ ist t* die Zeit einer Emersion von M; 5) $2 \cdot \theta_M^* = t_8 - t_7$

T35 In $x \in MM_4$ ist θ_M^* eindeutig durch t und t´ bestimmt
Beweis: D72-5 #

Man muß hier die übernächste Emersion betrachten, weil es bei der nächsten Emersion auf der Erde Tag ist und man sie deshalb nicht beobachten kann.

Es bleiben in MM_1 noch die Werte $d_i(E,J)$ zu bestimmen. Römer entnahm diese aus vorhandenen astronomischen Tafelwerken, während wir hier systematisch weiter zurückgehen. In einem ersten Schritt wird die Entfernung $d_x(E,J,t)$ unter Benutzung des dritten Keplerschen Gesetzes (siehe D73-4) auf die Bestimmung von τ_E, τ_J und der astronomischen Einheit $d_x(E,S,t)$ zurückgeführt.

D73 x ist ein Meßmodell für $d_x(E,J,t_9)$ relativ zu $\tau_E, \tau_J, d_x(S,E,t_9)$, t_{10} ($x \in MM_5$) gdw 1) $x = <P; T, \mathbb{R}^2; s> \in RBS$; 2) $t_9, t_{10} \in T$, $t_9 < t_{10}$ und zu t_9 ist E zwischen S und J; 3) für kein t* mit $t_9 < t^* < t_{10}$ ist E zu t* zwischen S und J; 4) $d_x(S,J,t_{10})^3 / d_x(S,E,t_{10})^3 = \tau_J^2 / \tau_E^2$; 5) $\sphericalangle_x(J,S,E,t_{10}) = 2\pi \cdot (t_{10} - t_9)(1/\tau_E - 1/\tau_J)$; 6) $\tau_E < \tau_J$ und $\sphericalangle_x(s(J,t_9), s(S,t_{10}), s(E,t_{10}), t_{10}) < 2\pi$

Diese Meßmethode ist in Figur 2) dargestellt.

Fig.2

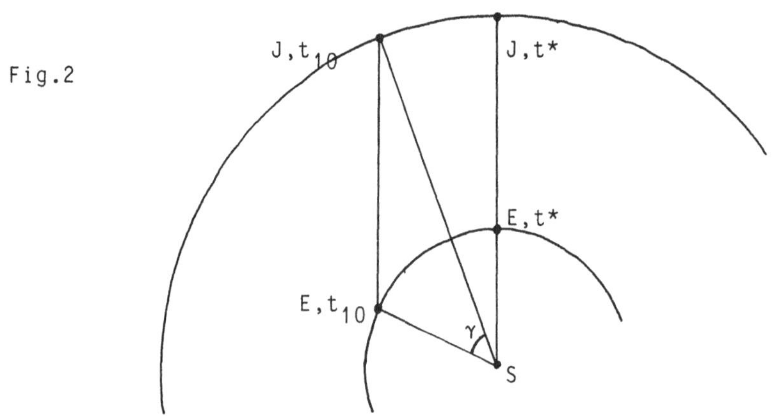

Die Entfernung y wird durch $d_x(E;S,t_{10})$, $d_x(S,J,t_{10})$ und $\gamma = \sphericalangle_x(J,S,E,t_{10})$ mit Hilfe des Kosinussatzes bestimmt und $d_x(S,J,t_{10})$ läßt sich durch das dritte Keplersche Gesetz eliminieren, wenn τ_E und τ_J bekannt sind. γ wird durch D73-5 definiert und somit ist $d_x(J,E,t_{10})$ insgesamt durch $d_x(E,S,t_{10})$, τ_E und τ_J bestimmt. Die Formel in D73-5 läßt sich geometrisch herleiten. Eine direkte Messung des Winkels γ war zu Römers Zeit nicht möglich, weil man J am Tag nicht sieht.

<u>T36</u> In $x \in MM_5$ ist $d_x(E,J,t_{10})$ durch τ_E, τ_J und $d_x(S,E,t_{10})$ eindeutig bestimmt

Beweis: Offenbar ist t_9 durch D73-2 und 3 eindeutig bestimmt. Sei $y := d_x(E,J,t_{10})$, $r := d_x(S,J,t_{10})$, $r' := d_x(S,E,t_{10})$ und $\gamma := \sphericalangle_x(J,S,E,t_{10})$. In RBS gilt der Kosinussatz (1) $y^2 = r'^2 + r^2 - 2rr'\cos\gamma$. Aus D73-4 folgt $r = r' \sqrt[3]{\tau_J^2/\tau_E^2}$. Mit $\delta := \sqrt[3]{\tau_J^2/\tau_E^2}$ ergibt dies, in (1) eingesetzt, $y = r'(1+\delta-2\delta\cos\gamma)$ #

τ_E wird durch Bezugnahme auf einen Fixstern bestimmt.

<u>D74</u> x ist ein <u>Meßmodell für</u> τ_E <u>relativ zu</u> t_{11}, t_{12}, F $(x \in MM_6)$ gdw
1) $x = <P;T, \mathbb{R}^2;s>$ ist eine 2-dimensionale Kinematik (vergl. D37-b); 2) $F \in \mathbb{R}^2$, $t_{11}, t_{12} \in T$ und $t_{11} < t_{12}$; 3) für alle $t, t' \in T$: $d_x(S,F,t) = d_x(S,F,t')$ und $d_x(S,J,t) < d_x(S,F,t)$; 4) E ist zu t_{11} und t_{12} zwischen S und F; 5) für kein t^* mit $t_{11} < t^* < t_{12}$ ist E zu t^* zwischen S und F; 6) $\tau_E = t_{12} - t_{11}$

F ist der Ort eines Fixsterns, dessen Entfernung zur Sonne konstant bleibt und größer ist, als die von S zu J (D74-3).

<u>T37</u> In $x \in MM_6$ ist τ_E durch t_{11}, t_{12} und F eindeutig bestimmt
Beweis: D74-6 #

Die siderische Umlaufzeit τ_J von Jupiter wird aus dessen synodischer Umlaufzeit θ_J und aus τ_E berechnet.

<u>D75</u> x ist ein <u>Meßmodell für</u> τ_J <u>relativ zu</u> τ_E und θ_J $(x \in MM_7)$ gdw
1) $x = <P;T, \mathbb{R}^2;s> \in RBS$; 2) $1/\tau_J = 1/\tau_E + 1/\theta_J$

<u>T38</u> In $x \in MM_7$ ist τ_J durch τ_E und θ_J eindeutig bestimmt
Beweis: D75-2 #

Die synodische Umlaufzeit von J wird durch Oppositionen bestimmt.

<u>D76</u> x ist ein <u>Meßmodell für</u> θ_J <u>relativ zu</u> t_{13}, t_{14} $(x \in MM_8)$ gdw
1) $x = <P;T, \mathbb{R}^2;s> \in RBS$; 2) zu t_{13} und t_{14} ist E zwischen S und J;
3) für kein t^* mit $t_{13} < t^* < t_{14}$ ist E zu t^* zwischen S und J;
4) $\theta_J = t_{14} - t_{13}$

<u>T39</u> In $x \in MM_8$ ist θ_J durch t_{13}, t_{14} eindeutig bestimmt
Beweis: D76-4 #

Es bleibt nun noch $d_x(S,E,t)$ zu bestimmen. In D42 wurde die Meßmethode für diesen Wert schon behandelt. Wir geben sie hier nochmals in veränderter Form an, weil es uns hier nicht so auf die in Kap. III hervorgehobenen strukturellen Eigenschaften ankommt. Zunächst kann man τ_A ("A" für "Mars") genau wie τ_J mittels MM_7 und MM_8 messen.

<u>D77</u> x ist ein <u>Meßmodell für</u> $d_x(E,S,t_{15})$ <u>relativ zu</u> τ_E, τ_A, t_{16} und $d_x(E,A,t_{15})$ ($x \in MM_9$) gdw 1) $x = \langle P; T, \mathbb{R}^2; s \rangle$ ist ein kopernikanisches Beobachtungssystem mit Zentrum S und $P = \{S,A,E\}$;
2) $t_{15}, t_{16} \in T$ und $t_{16} < t_{15}$; 3) zu t_{15}, t_{16} ist A zwischen S und E und für kein t^* mit $t_{16} < t^* < t_{15}$ ist A zu t^* zwischen S und E;
4) $d_x(S,A,t_{15})^3 / d_x(S,E,t_{15})^3 = \tau_A^2 / \tau_E^2$; 5) $\sphericalangle_x(A,S,E,t_{15}) = 2\pi \cdot (t_{15} - t_{16}) \cdot (1/\tau_E - 1/\tau_A)$; 6) $\tau_E < \tau_A$ und $\sphericalangle_x(s(A,t_{16}), s(S,t_{15}), s(E,t_{15}), t_{15}) < 2\pi$

Die Bedingungen sind ahnlich wie die in D73, nur tritt dort J anstelle von A, und $d_x(S,E,t)$ und $d_x(E,A,t)$ haben dort vertauschte Rollen.

<u>T40</u> In $x \in MM_9$ ist $d_x(E,S,t_{15})$ eindeutig durch τ_E, τ_A, t_{16} und $d_x(E,A,t_{15})$ bestimmt
Beweis: Wie T36 #

$d_x(E,A,t_{15})$ wird durch Triangulation gemessen, siehe Figur 3).

Fig.3

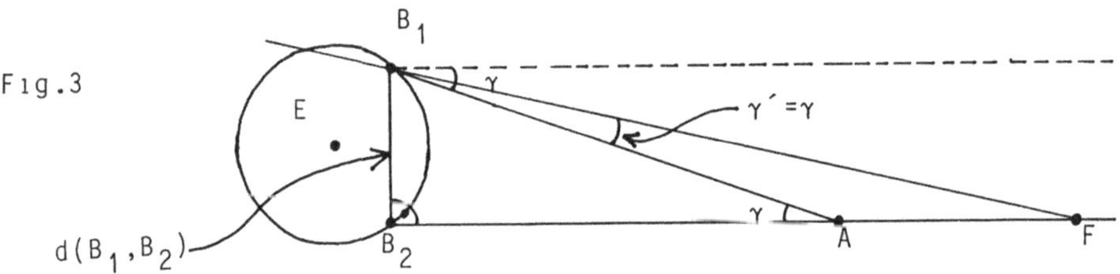

Man wählt einen Fixstern F, sodaß A zwischen B_2 und F ist. Gleichzeitig bestimmt man den Winkel γ' von B_1 aus. Weil F "unendlich" weit entfernt ist, sind die Geraden durch A, B_2 und durch F und B_1 parallel und daher ist $\gamma = \gamma'$. Im Dreieck ABC erhält man dann geometrisch $d_x(E,A,t_{15}) = d(B_1,B_2)/\sin\gamma$.

D78 x ist ein Meßmodell für $d_x(E,A,t_{15})$ relativ zu γ und $d(B_1,B_2)$ ($x \in MM_{10}$) gdw 1) $x=<\mathcal{P};d,E,G,\{A\},\{z\}> \in AR$ (vergl. D67); 2) $B_1,B_2 \in E$, $B_1 \neq B_2$, $A \in \mathcal{P}$ und A liegt außerhalb von E; 3) A liegt zwischen F und B_2; 4) $d_x(E,A,t_{15})=d(A,B_2)$; 5) γ ist der Winkel, der von der Geraden durch A und B_1 und der Parallelen zur Geraden durch A und B_2 durch B_1 gebildet wird

T41 In $x \in MM_{10}$ ist $d_x(E,A,t_{15})$ durch γ und $d(B_1,B_2)$ eindeutig bestimmt
Beweis: geometrisch aus Figur 3 abzulesen #

Der Abstand $d(B_1,B_2)$ muß ziemlich groß sein (historisch: Paris-Cayenne), sodaß seine Messung weitere Zwischenschritte erfordert.

D79 x ist ein Meßmodell fur $d(B_1,B_2)$ relativ zu $\delta_1,\delta_2,r,\alpha$ ($x \in MM_{11}$) gdw 1) $x=<\mathcal{P};d,E,G,\{F\},\{z\}> \in AR$; 2) $B_1,B_2 \in E$ und B_1,B_2 liegen relativ zu G auf einem Meridian; 3) fur i=1,2 ist δ_i der Winkel, der von der Parallelen zu G durch B_i und der Tangentialebene an E in B_i gebildet wird; 4) r ist der Radius von E; 5) α ist der Winkel zwischen der Äquatorebene (relativ zu G) und der Geraden durch B_1 und F; 6) $d(B_1,B_2)=r(\sin\delta_1-\sin\delta_2)\cos\alpha$

Die Situation ist in Figur 4) dargestellt.

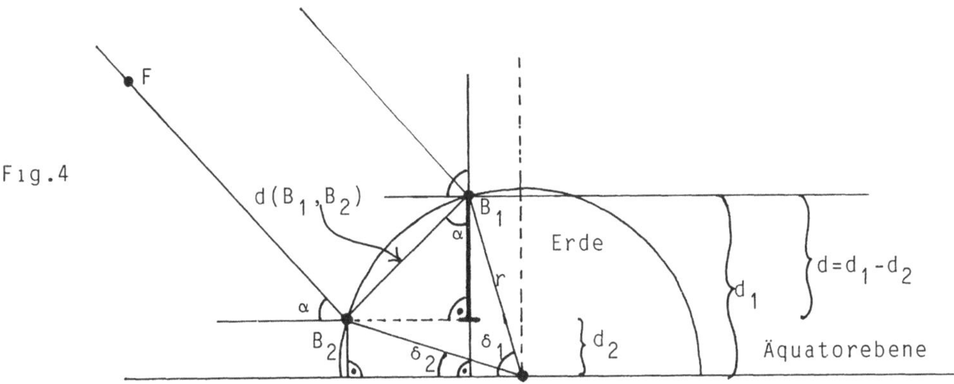

Fig.4

T42 In $x \in MM_{11}$ ist $d(B_1,B_2)$ durch δ_1,δ_2,r und α eindeutig bestimmt
Beweis: geometrisch aus Figur 4 abzulesen #

D79-6 ist ein geometrisches Theorem, welches $d(B_1,B_2)$ durch leichter meßbare Winkel und r ausdrückt. Die Winkel δ_1,δ_2 und α kann man direkt messen, indem man den Winkel zwischen Erdachse (Polarstern) und der am jeweiligen Ort errichteten Senkrechten bestimmt. Der einzig verbleibende, noch nicht bekannte Wert ist r, der Erdradius.

D80 x ist ein Meßmodell für r relativ zu β und $d(a_3,a_4)$ $(x \in MM_{12})$ gdw 1) $x=\langle \mathcal{D};d,E,G,\{F\},\{z\}\rangle \in AR$; 2) $a_3,a_4 \in E$ und $a_3 \neq a_4$; 3) a_3 ist zwischen z und F; 4) $0<\alpha<\pi/2$; 5) α ist der Winkel zwischen der Geraden durch z und a_4 und der Parallelen zur Geraden durch z und F durch a_4

Fig.5

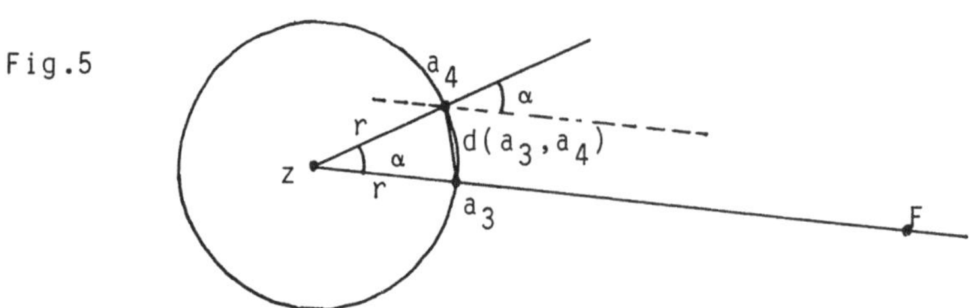

T43 In $x \in MM_{12}$ ist r eindeutig durch $d(a_3,a_4)$ und α bestimmt

Beweis: Aus Figur 5) sieht man mit dem Kosinussatz, daß $r=d(a_3,a_4)/\sqrt{2(1-\cos\alpha)}$ #

Der Abstand $d(a_3,a_4)$ schließlich muß immer noch ziemlich groß sein, sodaß er nicht mit Meterstäben gemessen werden kann. Man wendet abermals die Triangulation an, um längere Strecken auf kürzere zurückzuführen und landet am Schluß bei Strecken, die man tatsächlich mit Meterstäben messen kann.

Indem wir alle Meßmodelle in der richtigen Weise zusammenfügen, erhalten wir folgendes Bild der ganzen Meßkette. Jeder Pfeil stellt ein Meßmodell dar. Er zeigt auf den im Meßmodell ermittelten Wert. Die vorausgesetzten Werte stehen am Anfang des Pfeils in einem Kasten.

Fig.6

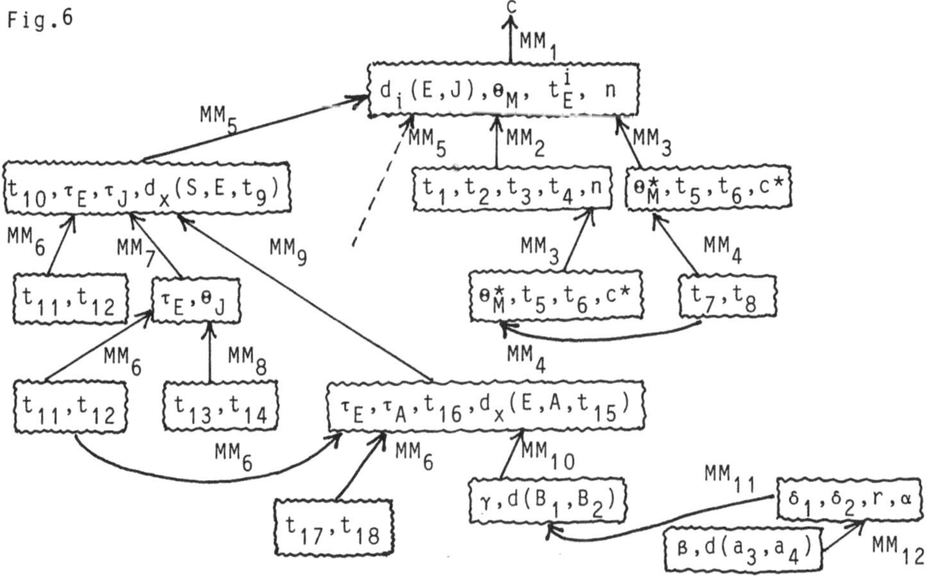

Der schraffierte Pfeil deutet an,daß das vollständige Bild noch einen weiteren "Ast" enthält,der dem linken,mit MM_5 bezeichneten isomorph ist,den wir aber der Übersichtlichkeit halber nicht ausgeführt haben. Man stellt ohne Mühe anhand von Figur 6) eine Folge von Meßmodellen zusammen und zeigt,daß tatsächlich eine Meßkette vorliegt.Das in der Kette L schließlich gemessene Datum ist c,die Lichtgeschwindigkeit, die Menge V(L) der in der Kette vorausgesetzten Daten ist $\{t_1,..,t_{18},c^*,\alpha,\beta,\gamma,\delta_1,\delta_2,d(a_3,a_4)\}$ .In dem schraffiert angedeuteten Ast kommen keine weiteren hinzu,weil man wegen D65-3 bei den Abstandsmessungen die gleichen Zeiten wie im ausgeführten Ast nehmen kann.Die Lichtgeschwindigkeit wird also gemessen durch Bestimmung mehrerer Zeitpunkte $t_1,...,t_{18}$,zu denen bestimmte Konstellationen vorliegen,mehrerer Winkel $\alpha,\beta,\gamma,\delta_1,\delta_2$ (jeweils auf der Erde am Ort eines Beobachters gemessen),sowie eines auf der Erde meßbaren Abstands $d(a_3,a_4)$ und eines angenäherten Wertes c^*.

Man sieht an dieser Meßkette schön,wie erst der "theoretische Überbau" diese schließlich direkt meßbaren Daten zu einem komplexen Bild zusammenfügt,aus dem sich der gesuchte Wert ergibt.

16) Typen von Meßketten

Abschließend wollen wir noch drei allgemeine Typen von Meßketten unterscheiden.Zwei davon ergeben sich aus unseren Beispielen,der dritte Typ bietet einen Ausblick auf das weite Feld intertheoretischer Beziehungen, das wir in diesem Buch durch Beschränkung auf jeweils eine Theorie ausgeklammert haben,das aber gerade bei Messungen oft zentral wird.

D81 a) L ist eine homogene Meßkette in T gdw $L=\langle x_1,...,x_n\rangle$ eine Meßkette in T ist und es eine Meßmethode B (in T) gibt,sodaß für alle $i \leq n$: $x_i \in B$

b) L ist eine inhomogene Meßkette in T gdw L eine nicht homogene Meßkette in T ist

c) L ist eine theorieübergreifende Meßkette gdw es $T_1,...,T_m$ und $x_1,...,x_n$ $(n > 2)$ gibt,sodaß 1) $L=\langle x_1,...,x_n\rangle$; 2) für $i \leq m$ ist T_i eine empirische Theorie; 3) $m \leq n$; 4) für alle $i \leq n$ gibt es $j \leq m$ und $\bar{t}^i,\bar{t}^i_1,...,\bar{t}^i_{n(i)}$,sodaß x_i ein Meßmodell für den definierten Term $\bar{t}^i$ mittels der definierten Terme $\bar{t}^i_1,...,\bar{t}^i_{n(i)}$ in T_j ist;
5) $\forall i < n \exists j(i < j \leq n \wedge D(x_i) \in V(x_j))$

In homogenen Meßketten sind alle Meßmodelle von der gleichen Art,d.h. sie gehören alle zur gleichen Meßmethode.Ein Beispiel hierfür ist die Meßkette zur Massenbestimmung eines Jupitermondes.Eine inhomogene Meßkette in T enthält Meßmodelle,die zu verschiedenen Meßmethoden gehören. Alle Meßmodelle sind (oder enthalten) jedoch potentielle Modelle von T (als Teilstrukturen),d.h.alle in der Kette benutzten Meßmethoden liefern Messungen im Rahmen von T.Dieser Rahmen wird verlassen bei den theorieübergreifenden Meßketten.In einer solchen Meßkette konnen die Meßmodelle aus verschiedenen Theorien stammen.Lediglich der Kettencharakter (D81-c-5) muß gewahrt bleiben,d.h.jedes in der Kette gemessene Datum (mit Ausnahme des letzten) muß in einem spateren Meßmodell der Kette als vorausgesetztes Datum auftreten.

Beispiele für inhomogene Meßketten in T haben wir in Form der Meßkette zur Präferenzbestimmung und der Meßkette zur Widerstandsmessung von Drähten.In beiden werden jeweils verschiedene Meßmethoden benutzt, die aber alle zu jeweils einer Theorie gehoren.Auch die Meßkette zur Bestimmung der Lichtgeschwindigkeit ist als eine inhomogene Meßkette anzusehen,für die sich die klassische Kinematik als Rahmentheorie anbietet.Alle Definitionen lassen sich auch -nur eben etwas komplizierter- in der Kinematik formulieren.Es ware jedenfalls ein ziemlich willkurlicher Akt,die kinematischen von den rein geometrischen Meßmodellen dadurch zu trennen,daß man Kinematik und Geometrie als zwei verschiedene Theorien ansieht.Die klassische Kinematik enthält die volle euklidische Geometrie.

Ein einfaches Beispiel einer theorieübergreifenden Meßkette erhält man bei sukzessiver Druck- und Volumenmessung mittels Mechanik und Thermodynamik.Man kann in der Partikelmechanik "Druck" P_1 und Meßmodelle fur diesen definieren.In einem solchen Meßmodell mißt man den mechanischen Druck P_1^{KPM}.Mit dem gemessenen Wert geht man in eine Anwendung der Thermodynamik ein (d.h.man identifiziert P_1^{KPM} und den thermodynamischen Druck P_1^{TD} in dieser Anwendung).Mit Hilfe von P_1^{TD} und dem als bekannt angenommenen Volumen V_1 mißt man thermodynamisch (d.h.mittels des idealen Gasgesetzes oder des van der Waalsschen Gesetzes) die Temperatur T_1.In einer anderen Anwendung der Thermodynamik kann man aus T_1 und einem Volumenwert einen weiteren thermodynamischen Druck P_2^{TD} bestimmen.Mit diesem konnte man in ein mechanisches System eingehen,dort P_2^{TD} mit P_2^{KPM} identifizieren und mittels P_2^{KPM} und einer als bekannt vorausgesetzten Fläche z.B.einen Massenwert bestimmen.

Homogene Meßkette liefern in der Regel keine "absoluten" Werte, sondern,genau wie einzelnen Meßmodelle,nur Verhaltnisse zu vorausgesetzten Werten.Die Wahl der Maßeinheit wird meist durch ein eigenes

Meßmodell erfaßt,welches von denen der Kette verschieden ist.Die Einbeziehung der Wahl der Maßeinheit führt also in der Regel zu inhomogenen Meßketten.In der Tat wäre in unserem ersten Beispiel der Meßkette zur Bestimmung der Masse eines Jupitermondes ein weiteres Meßmodell nötig,wenn wir zu absoluten Massenwerten kommen wollten.Man könnte etwa die Bestimmung der Erdmasse mittels einer Drehwaage nach Cavendish durch ein Meßmodell erfassen und vorschalten.Die Kette wird dann inhomogen.

V DAS MEẞPROBLEM

Es sei x ein konkretes System und R_i^x die in x vorkommende i-te Relation oder Funktion. Will man im System x einen bestimmten Wert $R_i^x(a)$ messen, so ist in der Regel das vorliegende System x selbst kein Meßmodell für diesen "zu messenden Wert". Andererseits gehört zu jeder Messung ein Meßvorgang und damit ein Meßmodell y. Will man also in x den Wert $R_i^x(a)$ messen, so muß man in der Regel ein von x verschiedenes Meßmodell y benutzen. In y aber mißt man $R_i^y(a)$, den "gemessenen Wert".

Es ergibt sich dann sofort das folgende Problem, das wir als das <u>Meßproblem</u> bezeichnen wollen:

> Der gemessene Wert $R_i^y(a)$ braucht nicht mit dem zu messenden Wert $R_i^x(a)$ identisch zu sein.

Bei Auftreten dieses Problems ergibt sich die Notwendigkeit, in irgendeiner Weise vom gemessenen Wert $R_i^y(a)$ auf den zu messenden Wert $R_i^x(a)$ zu <u>schließen</u>. Es ist klar, daß ein solcher Schluß weitere Prämissen, also Zusatzannahmen erfordert, denn logisch gesehen besteht zwischen $R_i^x(a)$ und $R_i^y(a)$ kein Zusammenhang -außer, daß beides Werte für das gleiche Argument sind.

Tatsächlich ist das Problem noch heikler, als es zunächst aussieht. Denn um von $R_i^y(a)$ auf $R_i^x(a)$ zurückzuschließen, muß man schon eine klare Vorstellung davon haben, was $R_i^x(a)$ eigentlich für ein Wert ist. Woher aber soll man dies wissen, wenn es doch gerade Ziel der Messung ist, diesen Wert $R_i^x(a)$ herauszubekommen? Die Lösung des Meßproblems besteht also aus zwei Teilen. Erstens muß man definieren, was man mit $R_i^x(a)$ genau meint und zweitens muß man Zusatzannahmen machen, mittels derer man vom tatsächlich gemessenen Wert $R_i^y(a)$ zu $R_i^x(a)$ übergehen kann. Den ersten Teil der Lösung verschieben wir auf das folgende Kapitel. Im vorliegenden Kapitel beschäftigen wir uns mit den Zusatzannahmen des zweiten Teils und dazu setzen wir voraus, daß $R_i^x(a)$ schon gegeben ist. Genauer meinen wir damit, daß wir klare Vorstellungen darüber haben, was wir mit $R_i^x(a)$ meinen (was nicht implizieren soll, daß wir im konkreten Fall auch schon jeweils den genauen, etwa numerischen Wert von $R_i^x(a)$ kennen).

Es geht also um die Lösung des Meßproblems unter der Voraussetzung, daß der zu messende Wert bereits irgendwie definiert ist. Wir untersuchen verschiedene Möglichkeiten des Übergangs vom gemessenen Wert $R_i^y(a)$ zum zu messenden Wert $R_i^x(a)$.Der häufigste Fall ist sicher der in Abschnitt 17) behandelte,bei dem in den Theorien vorhandene Identitäts-Querverbindungen die benötigten Zusatzannahmen darstellen.Dies zeigt einmal mehr die Wichtigkeit von Querverbindungen,die von einigen Autoren bestritten wurde (z.B. [Przelecki,1974]).In Abschnitt 18 betrachten wir den Fall,daß bei Auftreten eines systematischen Fehlers der Übergang durch eine Korrekturformel ermöglicht wird und in Abschnitt 19) wenden wir uns der Rolle zu,die Konditionalsätze hier spielen (können).

17) Lösung des Meßproblems durch Querverbindungen

Wir betrachten zuerst den Fall,daß die oben angegebene Zusatzbedingung aus einer Identitäts-Querverbindung für $\overline{R}_i$ folgt.Für den Fall,daß die Elemente von $\overline{R}_i$ Funktionen sind,lautet die Identitäts-Querverbindung für T,die durch die Elemente von Q gegeben ist,wie folgt.

D82 T erfüllt die Identitäts-Querverbindung für $\overline{R}_i$ gdw für alle $X \in Q$ gilt:

$$\forall x,y \forall a(x,y \in X \wedge a \in Dom(R_i^x) \cap Dom(R_i^y) \rightarrow R_i^x(a)=R_i^y(a))$$

Im Falle echter Relationen ist "R" in der Gleichung durch die charakteristische Funktion " χR" von R zu ersetzen.Falls T die Identitäts-Querverbindung für $\overline{R}_i$ erfüllt,kann man einfach diese als Zusatzvoraussetzung für die Lösung des Meßproblems wählen.Denn aus ihr folgt sofort die gesuchte Identität: $R_i^x(a)=R_i^y(a)$.Betrachten wir einige Beispiele.

17.1) Abstandsmessung durch Triangulation

D83 a) x ist ein potentielles Modell der Geometrie ($x \in M_p(GEO)$) gdw $x=\langle P,G,E; \mathbb{R}; \preccurlyeq, zw, \equiv, d\rangle$ und 1) P,G,E sind paarweise disjunkte Mengen,$P \neq \emptyset$; 2) $\preccurlyeq \subseteq P \times (G \cup E)$, $zw \subseteq P^3$, $\equiv \subseteq P^4$ und $d: P \times P \rightarrow \mathbb{R}_0^+$

b) x ist ein System mit zu messendem Abstand zwischen a und b gdw 1) $x \in M_p(GEO)$ und 2) $P_x=\{a,b\}$ und $a \neq b$

c) y ist ein Meßmodell durch Triangulation bezüglich a,b,c ($y \in B_1(a,b,c)$) gdw 1) $y=\langle P,G,E; \mathbb{R}; \preccurlyeq, zw, \equiv, d\rangle \in M_p(GEO)$; 2) $P=\{a,b,c\}$ und $a \neq b \neq c \neq a$; 3) $d(a,b)^2+d(b,c)^2=d(a,c)^2$

P,G,E sind Mengen von Punkten,Geraden und Ebenen."a $\lessdot$ g" bzw."a $\lessdot$ e" bedeutet,daß Punkt a auf der Geraden g bzw.auf der Ebene e liegt. zw und $\equiv$ sind die bekannten Zwischen- und Kongruenzrelationen für Punkte und d ist eine Abstandsfunktion,die je zwei Punkten a,b deren Abstand d(a,b) zuordnet.Ein System x mit zu messendem Abstand zwischen a und b ist einfach ein potentielles Modell der Geometrie,das nur die beiden Punkte a,b enthält.Hierdurch ist offenbar noch kein Meßmodell und keine Meßmethode gegeben.Ein Meßmodell enthält drei Raumpunkte a,b,c und Punkt a bildet mit den beiden anderen Punkten b,c einen rechten Winkel.Dies wird in D83-c-3 durch den Satz des Pythagoras ausgedrückt.

<u>T44</u> $X=\{y/\exists a,b,c,w\,\exists x(x\in B_1(a,b,c)\wedge w=\{\langle a,c,d_x(a,c)\rangle,\langle b,c,d_x(b,c)\rangle\}\wedge y=\langle x;w\rangle)\}$ ist eine Meßmethode für einige Argumente von $\bar{d}$ mittels $\bar{w}$

Beweis: X ist eine Strukturart.Seien $y_{-4}[d]\in X\wedge y_{-4}[d']\in X\wedge d\cap w_y=d'\cap w_y$.Die letzte Bedingung besagt,daß d(a,c)=d'(a,c) und d(b,c)= d'(b,c).Mit D83-c-3 folgt d(a,b)=d'(a,b) #

Sei nun x ein System mit zu messendem Abstand zwischen a und b.Der zu messende Wert sei $d_x(a,b)$.Man braucht zur Messung das Meßmodell y, welches durch Erweiterung von x um einen geeigneten Punkt c ($x\sqsubset y$) entsteht.In y kann man $d_y(a,b)$ bestimmen unter der Voraussetzung,daß $d_y(a,c)$ und $d_y(b,c)$ schon bekannt oder gemessen sind.Unter welchen Zusatzannahmen kann man nun auf $d_x(a,b)=d_y(a,b)$ schließen? Da GEO die Identitäts-Querverbindung für $\bar{d}$ enthält (vergl. [Balzer,1978],S.34 ff), liegt es nahe,einfach diese als Zusatzannahme zu wählen.

(Z_1) GEO erfüllt die Identitäts-Querverbindung für $\bar{d}$

Aus (Z_1) erhält man sofort die Identität $d_x(a,b)=d_y(a,b)$ und damit eine Lösung des Meßproblems,was wir trotz der Trivialität als Theorem notieren wollen.

<u>T45</u> Ist x ein System mit zu messendem Abstand zwischen a und b, $y\in B_1(a,b,c)$ und sind $x,y\in X\in Q(GEO)$,so folgt aus (Z_1): $d_x(a,b)=d_y(a,b)$

Beweis: Trivial #

17.2) Massenmessung mittels Probekörper

<u>D84</u> a) x ist ein <u>System mit zu messender Masse von</u> p gdw $x\in M_p(KPM)$ und $P_x=\{p\}$

b) y ist ein <u>Meßmodell für $\bar{m}$</u> <u>bezüglich</u> γ,p,p' ($y\in B_2(p;p',\gamma)$) gdw $y=\langle P;T,\mathbb{R}^3,\mathbb{R};s,m,f_1,\ldots,f_n\rangle\in M^n(KPM)$; 2) $P=\{p,p'\}$,$p\neq p'$ und $\gamma\in\mathbb{R}^+$; 3) $\forall p_2,p_3\in P\,\forall t\in T$: 3.1) $p_2\neq p_3\rightarrow f_1(p_2,t)=-\gamma m(p_2)m(p_3)\cdot(s(p_3,t)-s(p_2,t))\cdot|s(p_3,t)-s(p_2,t)|^{-3}$;

3.2) $\sum_{1<i\leq n} f_i(p_2,t)=0$; 4) $\forall t \in T(\ s(p,t) \neq s(p',t))$

Ein System mit zu messender Masse besteht aus nur einem Teilchen p,etwa einem "frei fallenden" Teilchen im Weltraum,das man sich angenähert als einen kleinen Himmelskörper vorstellen kann,der das Sonnensystem durchquert,ohne "eingefangen" zu werden.Um die Masse von p zu messen,schießt man z.B.eine Rakete p´ in die Nähe von p,schaltet deren Antrieb aus und beobachtet,wie p´ durch p von ihrer Bahn abgelenkt wird (eine bis jetzt wohl noch nicht wirklich durchgeführte Meßmethode).Das zugehörige Meßmodell besteht aus dem zu messenden Teilchen p und dem Probekörper p´ (der "Rakete").Zwischen beiden soll nur die Gravitationskraft wirken (D84-b-3),beide Teilchen sollen räumlich voneinander entfernt sein (D84-b-4).Man kann nun $m_y(p)$ aus den Bahnen von p und p´ berechnen. Das heißt,m(p) ist in y eindeutig bestimmt.B_2 induziert wie folgt eine Meßmethode.

<u>T45</u> Für $\gamma \in \mathbb{R}^+$ ist $X:=\{<y;w>/ \exists p,p'(y \in B_2(p;p',\gamma) \wedge w=\{<p',m_y(p')>\})\}$ eine Meßmethode für einige Argumente von $\bar{m}$ mittels $\bar{w}$

Beweis: X ist eine Strukturart.Nach D84-b-1 und 3 gilt für alle $t \in T$:

$$m(p')\ddot{s}(p',t)=-\gamma\cdot m(p)m(p')\frac{s(p',t)-s(p,t)}{|s(p',t)-s(p,t)|^3}\ .$$

Nach D84-b-4 folgt,daß $\ddot{s}(p',t)\neq 0$ und o.B.d.A.können wir annehmen,daß die erste Komponente (Koordinate) von $\ddot{s}(p',t)$,also $\ddot{s}_1(p',t)\neq 0$.Es folgt $m(p)=(-1/\gamma)\cdot\ddot{s}_1(p',t)\cdot|s_1(p',t)-s_1(p,t)|^3\cdot\ (s_1(p',t)-s_1(p,t))^{-1}$ #

m(p) ist also durch die anderen Komponenten von y eindeutig bestimmt, wobei w hier streng genommen gar nicht gebraucht wird.

Wieder liegt es nahe,die Identitäts-Querverbindung für $\bar{m}$,die in KPM gilt,zur Lösung des Meßproblems heranzuziehen,um von $m_y(p)$ zu $m_x(p)$ zu gelangen.

(Z_2) KPM erfüllt die Identitäts-Querverbindung für $\bar{m}$

<u>T46</u> Ist x ein System mit zu messender Masse von p, $y \in B_2(p;p',\gamma)$ und sind $x,y \in X \in Q(KPM)$,so folgt aus (Z_2): $m_x(p)=m_y(p)$

Beweis: Trivial #

18) Systematische Meßfehler

Die bisherigen Beispiele waren so gewählt,daß -wenn wir vom allgemeinen Problem der Meßungenauigkeit absehen- der gemessene Wert unter plausiblen zusätzlichen Identitätsannahmen mit dem gesuchten Wert exakt übereinstimmt.Bei vielen Messungen treten aber systematische Fehler auf.Ein systematischer Fehler liegt vor,wenn der gemessene Wert selbst bei Berücksichtigung der Zusatzbedingungen (Z_i) (und bei Abstraktion vom Problem der Meßungenauigkeit) vom gesuchten Wert verschieden ist, wenn man aus dem gemessenen Wert aber "systematisch" durch eine "Korrekturformel",die sich aus den benutzten Gesetzen ergibt,den gesuchten Wert berechnen kann.Die Lösung des Meßproblems erfolgt also hier nicht über Identitäts-Querverbindungen,sondern über eine Korrekturformel.Der Einfachheit halber beschränken wir uns in diesem Kapitel auf den Fall,daß alle $R_i \in \overline{R}_i$ Funktionen sind.Rge(R_i) bezeichnet in D85 den Wertebereich der Funktion R_i.

D85 a) $f_{x,y}$ ist eine <u>Korrekturformel bezüglich</u> i gdw 1) $x,y \in M_p$ für eine Klasse potentieller <k,l,m>-Modelle M_p
2) es gibt $i_1,\ldots,i_s \leq k+l+m$,sodaß
$f_{x,y}: \prod_{j \leq s} pr_j(x) \cup pr_j(y) \times Rge(R_i^y) \to Rge(R_i^x)$

b) Bei <u>Messung von</u> $R_i^x(a)$ <u>durch</u> $R_i^y(a)$ <u>entsteht ein systematischer Meßfehler</u> gdw 1) $R_i^x(a) \neq R_i^y(a)$ und 2) es gibt eine Korrekturformel $f_{x,y}$ bezüglich i und es gibt $b_1,\ldots,b_n$,sodaß
$f_{x,y}(b_1,\ldots,b_n,R_i^y(a))=R_i^x(a)$

Die in D85 zugrundeliegende Idee ist einfach.$R_i^x(a)$ soll sich mittels einer Korrekturformel aus $R_i^y(a)$ ergeben.Dies kommt in D85-b-2 zum Ausdruck.Der Begriff der Korrekturformel beinhaltet dreierlei.Erstens soll $R_i^x(a)$ durch $R_i^y(a)$ und eventuell andere "Parameter" eindeutig festgelegt ("berechenbar") sein.Diese Bedingung wird dadurch erfüllt, daß die Korrekturformel $f_{x,y}$ eine Funktion ist.Zweitens sollen außer $R_i^x(a)$ und $R_i^y(a)$ die in der Formel auftretenden Parameter Elemente der Basismengen von x oder y oder der Relationen aus x oder y sein (D85-a-2). Das heißt,die Korrekturformel enthält nur "Teile" der beiden Strukturen x und y; keine "Teile" aus anderen Strukturen.Drittens soll die Formel einen systematischen Zusammenhang herstellen.Dem wird dadurch Rechnung getragen,daß $f_{x,y}$ auf dem ganzen möglichen Bereich von Argumenten passenden Typs definiert ist (D85-a-2).Intuitiv kann man sagen, daß ein systematischer Fehler vorliegt,wenn $R_i^x(a) \neq R_i^y(a)$ und wenn man $R_i^x(a)$ aus $R_i^y(a)$ unter Bezugnahme auf geeignete Komponenten der Strukturen x und y berechnen kann.

Wir betrachten zur Illustration ein Beispiel,in welchem zum einen einfache Verhältnisse bezüglich des auftretenden systematischen Fehlers vorliegen, welches aber zum anderen mathematisch nicht mehr völlig trivial ist: das Beispiel der Gewichtsmessung mittels Federwaage.

Gegeben sei ein potentielles Modell $x=<P;T, \mathbb{R}^3, \mathbb{R};s,m,f_1,\ldots,f_n>$ von KPM welches auch real sein soll (d.h. $\exists z \in I(KPM)(z \sqsubset x)$). P möge nur zwei Teilchen p,p´ enthalten. p´ kann man sich im folgenden vorstellen als die Erde, p als ein kleines Teilchen, welches man an eine Federwaage hängen kann. Wir möchten das Gewicht von p an einem bestimmten Ort in x bestimmen. Zu diesem Zweck nehmen wir p, hängen es an eine geeignete, starr aufgehängte Federwaage, deren Federkonstante k als bekannt vorausgesetzt wird, lassen die Feder schwingen und lesen, wenn sie zur Ruhe gekommen ist, deren Auslenkung aus der Ruhelage ab. Macht man für das so entstehende Meßmodell die "richtigen" Voraussetzungen, so läßt sich das Gewicht von p am Ort der Ruhelage <u>in</u> y berechnen, wobei y das System bezeichnet, das den Meßvorgang erfaßt.

Man weiß aber, daß das Gewicht -aufgrund seiner Definition (siehe D86-b unten)- mit dem Abstand von p zu p´ variiert, also ortsabhängig ist. Das in y gemessene Gewicht ist nur dann mit dem gesuchten Gewicht in x identisch, wenn der Ort von p in x, an dem man das Gewicht messen möchte, zum Ort von p´ den gleichen Abstand hat wie der Ort von p in y bei ausgelenkter, zur Ruhe gekommener Federwaage. Diese Voraussetzung ist im allgemeinen nur durch Zufall erfüllt, weil man ja, bevor man p an die Federwaage hängt, nicht weiß, wie weit diese ausgelenkt wird. Ist die Voraussetzung verletzt, so weiß man aufgrund der Theorie, daß beide Gewichte (für praktische Zwecke vernachlässigbar wenig) voneinander verschieden sind und man muß durch theoretische Überlegungen den systematischen Meßfehler eliminieren, d.h. aus dem in y gemessenen Gewicht das gesuchte Gewicht in x berechnen.

<u>D86</u> a) x ist ein Modell von KPM <u>mit definierbarem Gewicht für</u> p <u>(relativ zu</u> p´,γ) $(x \in DG(p;p',\gamma))$ gdw

1) $x=<P;T, \mathbb{R}^3, \mathbb{R};s,m,f_1,\ldots,f_n> \in M^n(KPM)$;

2) $p \neq p', p,p' \in P$ und $\gamma \in \mathbb{R}^+$; 3) $\forall t,t' \in T(\ s(p',t)=s(p',t'))$;

4) $\forall t \in T(\ f_1(p,t)=-\gamma m(p)m(p')\dfrac{s(p,t)-s(p',t)}{|s(p,t)-s(p',t)|^3}\ )$

b) Ist $x \in DG(p;p',\gamma)$ und $s \in \mathbb{R}^3$, so gelte $G_x(p,s)=\alpha$ gdw $\exists t \in T(\ s_x(p,t)=s \wedge \alpha=|f_1^x(p,t)|)$

Ein Modell x von KPM mit definierbarem Gewicht enthält mindestens zwei Teilchen p,p´ und p´ ruht in x (D86-a-3). Auf p wirkt die von p´ verursachte Gravitationskraft (D86-a-4), wobei die Gravitationskonstante γ als gegeben vorausgesetzt wird. Über die weiteren Kräfte und sonstigen Teilchen ist nichts ausgesagt,nur soll das ganze System das zweite Newtonsche Axiom erfüllen (D86-a-1).Das Gewicht von p am Ort s wird in b) definiert als Betrag der Gravitationskraft,die auf p dann wirkt,wenn sich p am Ort s befindet.Da in der benutzten Axiomatisierung die Kräfte im allgemeinen nicht explizit vom Ort abhängen,müssen wir die Verbindung zwischen Kraft und Ort auf dem Umweg über die Zeit herstellen.Das folgende Theorem zeigt,daß der Effekt genau der gewünschte ist.

<u>T47</u> $G_x(p,s)$ ist in $x \in DG(p;p',\gamma)$ eindeutig durch s bestimmt
Beweis: Für $t,t' \in T$ mit $s(p,t)=s=s(p,t')$ gilt $f_1(p,t)=-\gamma m(p)m(p')\cdot (s(p,t)-s(p',t))\cdot|s(p,t)-s(p',t)|^{-3}=-\gamma m(p)m(p')(s-s(p',t))\cdot|s-s(p',t)|^{-3} =-\gamma m(p)m(p')(s(p,t')-s(p',t'))\cdot|s(p,t')-s(p',t')|^{-3}=f_1(p,t')$ wegen D86-a-3 und 4 #

Natürlich kann man D86-b auch in Systemen mit mehreren Teilchen betrachten.Nur wird man,wenn die Massen dieser Teilchen relativ zu der von p´ groß sind und ihr Abstand zu p´ relativ klein ist,nicht mehr von $|f_1(p,t)|$ als Gewicht reden wollen.Im folgenden Meßmodell schränken wir daher die Partikelmenge auf die wirklich relevanten Teilchen ein.

<u>D87</u> a) y ist ein <u>Gewichtsmeßmodell für</u> p <u>mittels Federwaage</u> (<u>relativ zu</u> p',t',k,γ) ($y \in MG(p;p',t',k,\gamma)$) gdw es p_1 gibt,sodaß

1) $y=\langle P;T, \mathbb{R}^3, \mathbb{R};s,m,f_1,\ldots,f_n\rangle \in DG(p;p',\gamma)$; 2) $P=\{p,p',p_1\}$ und $p\neq p'\neq p_1\neq p$; 3) $t' \in T$, $k \in \mathbb{R}^+$ und $\gamma \in \mathbb{R}^+$; 4) für alle $t \in T$:

4.1) $f_2(p,t)=-k\cdot(s(p,t)-s(p_1,t))-\dot{s}(p,t)$;

4.2) $\forall \underline{p} \in P \setminus \{p\}(\ f_1(\underline{p},t)=f_2(\underline{p},t)=0)$; 4.3) $\forall \underline{p} \in P: \sum_{2<i\leq n} f_i(\underline{p},t)=0$

5) $\exists \alpha \in \mathbb{R}\, \forall t \in T(\ f_2(p,t)=\alpha\cdot(s(p',t)-s(p_1,t)))$

6) $s(p,t')=s(p_1,t') \wedge \dot{s}(p,t')=0$; 7) $\exists \beta,\beta' \in \mathbb{R}$ mit $\beta < 0 < \beta'$ und

7.1) $\forall t \in T(\ s(p',t)=\langle\beta,0,0\rangle \wedge s(p_1,t)=\langle\beta',0,0\rangle)$

7.2) $\beta'+2\beta=0 \wedge -2\alpha/k < \beta^3 < -\alpha/4k$,wobei $\alpha-\gamma m(p)m(p')$

b) y ist ein <u>Gewichtsmeßmodell mittels Federwaage</u> gdw es p,p',t',k,γ gibt,sodaß y ein Gewichtsmeßmodell für p mittels Federwaage relativ zu p',t',k,γ ist

Ein Gewichtsmeßmodell enthält genau drei Teilchen: p´,"die Erde",p_1, ein Teilchen,das am Ort des Federendes bei nicht-belasteter Feder ruht (eine "Marke") und p,dessen Gewicht man messen will (siehe Figur 7). D87-a-1 beinhaltet in Verbindung mit D86-a-1,daß keine "äußeren" Kräfte auf das System wirken und in Verbindung mit D86-a-4,daß auf p die von p´ verursachte Gravitationskraft wirkt.Da somit f_1 die Gravitationskraft bezeichnet,fordert D87-a-4.2,daß auf die von p verschiedenen Teilchen keine Gravitationskraft wirkt,nämlich $f_1(\underline{p},t)=0$.Das ist natürlich fiktiv und heißt,daß man die auf p´ und p_1 wirkende Gravitationskraft vernachlässigt.Aber zwischen p´ und p_1 herrschen -bedingt

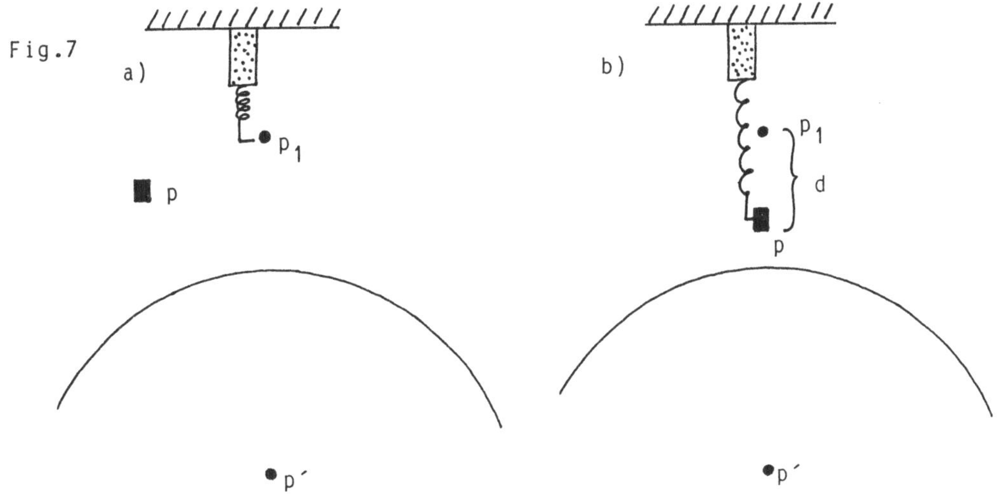

durch die starre Aufhängung der Feder- starke Zwangskräfte,gegen die die Gravitationskraft zwischen p´ und p_1 vernachlässigbar klein ist.Man könnte mit einiger Komplikation auch die restlichen Gravitationskräfte berücksichtigen.Da wir dies nicht tun,wäre eventuell in einem weiteren Schritt zu untersuchen,ob unsere vereinfachende Annahme noch einen weiteren systematischen Meßfehler verursacht. D87-a-4.1 besagt zweierlei. Erstens wirkt auf p eine Hookesche Kraft f_2,eben die Kraft,mit der die Feder p in Richtung p_1 zieht.Zweitens ist diese Hookesche Kraft durch das Zusatzglied "$-\dot{s}(p,t)$" gedämpft: je größer die Geschwindigkeit von p bei Schwingung der Feder ist,desto größer ist die dämpfende Kraft (z.B.Reibung),die das Teilchen in die Gleichgewichtslage zieht.Die Konstante im Dämpfungsglied haben wir der Einfachheit halber gleich 1 gesetzt.Nach D87-a-4.2 wirken auf die von p verschiedenen Teilchen keine solchen Hookeschen Kräfte und nach D87-a-4.3 heben sich die restlichen Kräfte (darunter die Zwangskräfte für p_1) gegenseitig auf.

Die restlichen Bedingungen stellen spezielle Annahmen dar,die den Ablauf der Messung mathematisch zugänglich machen.Nach D87-a-5 wirkt die Hookesche Kraft auf p entlang der Verbindungsgeraden zwischen p´ und p_1,sodaß man bei geeigneten Anfangswerten eine Bewegung in nur einer Dimension erhält.D87-a-6 legt die Anfangswerte fest.t´ markiert den Zeitpunkt,in dem p -an der Feder festgemacht- losgelassen wird. Das Federende befindet sich zu t´ bei $s(p_1,t´)$ und vor dem Loslassen in Ruhe ($\dot{s}(p,t´)=0$).D87-a-7 enthält vier Bedingungen.Erstens sollen die Orte von p´ und p_1 sich nicht ändern (d.h.p´ und p_1 ruhen im Bezugssystem ,Bedingung 7.1).Zweitens sollen diese Orte auf der 1-Achse liegen (7.1),drittens p' links und p_1 rechts vom Nullpunkt ($\beta < 0 < \beta'$). Viertens stellt 7.2 zwischen den Konstanten $\beta, \beta', k, \gamma, m(p)$ und $m(p')$ geeignete Verhältnisse her,sodaß das System bei den in 6 gegebenen Anfangsbedingungen auch wie vorgesehen abläuft und nicht z.B.durch den Hookeschen Bereich der Feder in einem Zug zur Erde fällt und dann an der kaputten Feder hängt.

T48 a) $MG(p;p',t',k,\gamma) \subseteq DG(p;p',\gamma)$

b) Ist $y=\langle P;T, \mathbb{R}^3, \mathbb{R};s,m,f_1,\ldots,f_n\rangle \in MG(p;p',t',k,\gamma)$,so gibt es genau ein $t^*(y)$,sodaß für alle $t,t^* \in T$ mit $t^*(y) \leq t,t^*$ gilt

1) $t' \leq t^*(y)$; 2) $s(p,t)=s(p,t^*)$; 3) $|s(p',t)-s(p,t)|+|s(p,t)-s(p_1,t)|=|s(p',t)-s(p_1,t)|$;

4) $\gamma m(p)m(p')\dfrac{s(p,t)-s(p',t)}{|s(p,t)-s(p',t)|^3} = -k\cdot(s(p,t)-s(p_1,t))$

Beweis: a) folgt unmittelbar aus den entsprechenden Definitionen.

b) Es sei $y=\langle P;\ldots,f_n\rangle \in MG(p;p',t',k,\gamma)$.Aus D87-a-7 erhält man durch Rechnung

(1) $\exists e(\ 0 < e < 1 \wedge (k/2)(e^3-e^2)\beta^3 > \alpha+k\beta'(e^2-e)\beta^2)$.

Sei $\alpha:=\gamma m(p)m(p')$ und $U:= \mathbb{R}\setminus\{\beta\} \to \mathbb{R}$ definiert durch

$U(s)=-\alpha\dfrac{1}{s-\beta} -k\beta's+(k/2)s^2$. Durch Rechnung erhält man aus (1)

(2) $\exists\beta^*(\beta < \beta^* < 0 < \beta' \wedge U(\beta^*) > 0)$.

Sei $v:=-3\beta^2$ und $q:=\alpha/k+2\beta^3$.Für die Ableitung U' von U erhält man

(3) $U'(s)=0 \to 0=s^3+vs+q$ und aus D87-a-7 folgt

(4) $v^2/4+p^3/27 < 0$. Wir betrachten die in y wegen D87-a-1,4,6 und 7.1 geltende Differentialgleichung

(5) $m(p)\ddot{s}(p,t)=-\gamma m(p)m(p')\dfrac{s(p,t)-s(p',t)}{|s(p,t)-s(p',t)|^3} -k\cdot(s(p,t)-s(p_1,t))-\dot{s}(p,t)$

mit $s(p,t')=\langle\beta',0,0\rangle$,$\dot{s}(p,t')=0$. Wegen D87-a-5 und 7.1 handelt es sich um ein eindimensionales Problem.Wir können daher ohne Beschränkung der Allgemeinheit annehmen,daß $s:P \times T \to \mathbb{R}$. Weiter beschränken wir die Untersuchung auf den Bereich $s(p,t) > \beta$,sodaß der Betrag in (5) wegfällt.(5) wird dann mit D87-a-7 zu

(6) $m(p)\ddot{s}(p,t)=-\alpha\dfrac{1}{(s(p,t)-\beta)^2} +k\beta'-ks(p,t)-\dot{s}(p,t)$ mit $s(p,t')=\beta'$ und $\dot{s}(p,t')=0$.

Die analytische Lösung von (6) ist schwierig,sodaß wir eine etwas physikalische Betrachtung durchführen,die sich aber einwandfrei zu einem Beweis ergänzen läßt.Wir lassen zunächst das Dämpfungsglied weg und betrachten die (ortsabhängige) Kraft $f(s)=1/(s-\beta)^2+k\beta'-ks$,die sich als Gradient des oben angegebenen Potentials $U(s)$ gewinnen läßt. Setzen wir $U'(s)=0$,so folgt nach (3) $0=s^3+vs+q$. Wegen (4) hat dann die

Gleichung $U'(s)=0$ drei reelle Nullstellen (vergl.z.B. [Smirnoff,1962], S.383 ff.).Folglich hat U im Bereich $s > \beta$ zwei Extrema,d.h.auch ein Minimum.Aus D87-a-7 erhält man (7) $U(\beta') < 0 < U'(\beta')$.
Nach (2) gibt es aber β^* mit $\beta < \beta^* < \beta'$,sodaß $U(\beta^*) > 0$.U nimmt also zwischen β^* und β' ein Minimum an,etwa bei β_0.Aus (2) und (7) folgt (8) $U(\beta')-U(\beta_0) < U(\beta^*)-U(\beta_0)$, d.h. der Startpunkt $\beta'=s(p_1,t')=s(p,t')$ liegt im "Potentialtopf". Wegen der Anfangsbedingung $\dot{s}(p,t')=0$ bleibt daher p stets im Potentialtopf.Das Dämpfungsglied bewirkt schließlich, daß die Schwingung im Minimum β_0 zur Ruhe kommt,d.h. $\exists t > t' \forall t^* \geqq t$ $(s(p,t)=s(p,t^*))$.Mit $t^*(y):=\inf\{t/t > t' \wedge \forall t^* \geqq t(\ s(p,t)=s(p,t^*))\}$ ist Teil 1) und 2) bewiesen.Teil 3) besagt,daß sich p im Gleichgewicht echt zwischen p' und p_1 befindet.Dies folgt aus $\beta < \beta_0 < \beta'$.Teil 4) folgt aus Teil 2) und (5) #

Wir können nun zeigen,daß die Meßmodelle mittels Federwaage eine Meßmethode induzieren.

<u>T49</u> Für $y \in MG(p;p',t',k,\gamma)$ definieren wir

$$G_{y,p}(t) = \begin{cases} 0 & \text{für } t \leqq t^*(y) \\ |f_1^y(p,t)| & \text{für } t^*(y) < t \end{cases}$$

Dann ist $X=\{z/\exists p,p',t',k,\gamma,t\ \exists y(\ z=\langle y;f_1^y(p,t);G_{y,p}(t)\rangle \wedge t^*(y) < t \wedge y \in MG(p;p',t',k,\gamma))\}$ eine Meßmethode für den definierten Term $\overline{G}_p$ mittels des definierten Terms $\overline{f}_1$

Beweis: Sei $S:=\{z/\exists p,p',t',k,\gamma(\ z=\ \langle y;f_1^y;G_{y,p}\rangle \wedge y \in MG(p;p',t',k,\gamma))\}$. S ist eine typisierte Klasse mit definierten Termen $\overline{G}_p$ und $\overline{f}_1$.X erfüllt dann D39-a-3 und ist eine Strukturart. $G_{y,p}(t)$ ist in $x \in X$ eindeutig bestimmt,da explizit definiert #

Die Festsetzung $G_{y,p}(t)=0$ für $t \leqq t^*(y)$ ist reine Konvention und nur der Eindeutigkeit halber erforderlich.Man könnte auch $G_{y,p}(t)=|f_1^y(p,t)|$ für $t \leqq t^*(y)$ setzen,würde aber damit verschleiern,daß man $|f_1^y(p,t)|$ für $t \leqq t^*(y)$ nicht als "Gewicht" ansehen kann.

Will man nun das Gewicht von p in einem System x mit definierbarem Gewicht für p am Ort s messen,so geht man folgendermaßen vor.Man hängt p an eine geeignete Federwaage,die durch ein $y \in MG(p;p',t',k,\gamma)$ erfaßt wird,wartet,bis die Schwingung abgeklungen ist (d.h.bis zu einem Zeitpunkt t mit $t > t^*(y)$) und liest die Auslenkung $d=|s_y(p,t)-s_y(p_1,t)|$ ab.Nach D87 und D86-b ist dann $G_y(p,s_y(p,t))=|f_1^y(p,t)|=k\cdot d$,sodaß man bei bekannter Federkonstante k das Gewicht von p am Ort $s_y(p,t)$ ermittelt hat.Wie in den Beispielen des letzten Abschnitts möchte man nun wieder durch geeignete Zusatzbedingungen (Z_4) auf $G_y(p,s_y(p,t))=G_x(p,s)$ schließen.In (Z_4) wird man fordern,daß die Teilchen p und p' in x und y identisch sind und in x und y gleiche Masse haben (Identitäts-Querverbindung für $\bar{m}$); sowie, daß die Gravitationskonstante γ in beiden Systemen identisch ist (Identitäts-Querverbindung für $\bar{f}_1$).

(Z_4) $P_x=\{p,p',p_1,\ldots,p_n\} \wedge P_y=\{\underline{p},\underline{p}',\underline{p}_1\} \wedge p=\underline{p} \wedge p'=\underline{p}' \wedge \forall x,y \in M_p^n(KPM)$

$$\forall p^*(p^* \in P_x \cap P_y \rightarrow m_x(p^*)=m_y(p^*)) \wedge \gamma_x=\gamma_y$$

Diese Zusatzbedingung reicht aber für den gewünschten Schluß auf $G_x(p,s)$ nicht aus.

<u>T50</u> Ist $x \in DG(p;p',\gamma_x)$, $y \in MG(\underline{p};\underline{p}',t',k,\gamma_y)$, gilt (Z_4) und sind $t,t^* \in T$ so, daß $s_x(p,t)=s$, $s_y(p,t^*)=s'$, $t^*(y) < t^*$ und $s \neq s_x(p',t)$, $s' \neq s_y(p',t^*)$, so gilt

$G_y(p,s')=G_x(p,s)$ gdw $|s'-s_y(p',t^*)|=|s-s_x(p',t)|$

Beweis: "$\Rightarrow$". Nach D87-a-1, D86-a-1 und Voraussetzung gilt für $t^*(y) < t^*$: $\gamma_y m_y(p)m_y(p')\cdot(1/|s'-s_y(p',t^*)|^2)=|f_1^y(p,t^*)|=G_y(p,s')=$ $G_x(p,s)=|f_1^x(p,t)|=\gamma_x m_x(p)m_x(p')\cdot(1/|s-s_x(p',t^*)|^2)$. Mit (Z_4) folgt $|s'-s_y(p',t^*)|=|s-s_x(p',t)|$. "$\Leftarrow$" Ergibt sich durch Lesen der obigen Gleichungen in umgekehrter Richtung #

Die Bedingung in T50, daß $s \neq s_x(p',t)$ und $s' \neq s_y(p',t^*)$, hat bloß technischen Charakter und stellt inhaltlich keine Einschränkung dar. T50 besagt, wie aus der Physik bekannt, daß das Gewicht von p an den Orten s in x und s' in y genau dann gleich ist, wenn unter Berücksichtigung von (Z_4) die Abstände beider Orte zu p' (der "Erde") in x und y gleich sind. Gewicht ist eben ortsabhängig.

Falls p in x am Ort s ruht, kann man natürlich auch die Federwaage zu p hinbringen, p anhängen und die Federwaage so lange "nach oben" bewegen, bis die Gleichgewichtsauslenkung erreicht ist. Bei diesem Vorgehen sind die Orte s,s' identisch und man kann nach T50 mittels (Z_4) auf $G_y(p,s')=G_x(p,s)$ schließen. Im allgemeinen ist dieses Verfahren aber nicht anwendbar, man muß p aus dem System, in dem es sich ursprünglich befindet, herausnehmen und es an die Feder hängen, ohne daß man weiß, daß der Gleichgewichtspunkt den gleichen Abstand zur Erde haben wird, wie der Ort, von dem man p weggenommen hat. Sind die beiden Abstände verschieden, so liegt ein systematischer Meßfehler vor. Denn nach T50 ist $G_y(p,s') \neq G_x(p,s)$. Mittels einer einfachen Korrekturformel (T51 unten) kann man aber $G_x(p,s)$ aus den Ortsverhältnissen und $G_y(p,s')$ berechnen.

<u>T51</u> Unter den Voraussetzungen von T50 gilt $G_x(p,s)=\alpha\cdot G_y(p,s')$ mit $\alpha=|s'-s_y(p',t^*)|^2/|s-s_x(p',t)|^2$

Beweis: Mit $A:=|s-s_x(p',t)|^2$ und $B:=|s'-s_y(p',t^*)|^2$ ergibt sich aus (Z_4): $\alpha\cdot G_y(p,s')=\alpha\cdot|f_1^y(p,t)|=\gamma_y m_y(p)m_y(p')\alpha(1/B)=\gamma_x m_x(p)m_x(p')B/(B\cdot A)=$

$\gamma m(p)m(p')(1/A)=|f_1^x(p,t)|=G_x(p,s)$ #

Die in D85 geforderte Funktion $f_{x,y}$ ist hier gegeben durch

$$f(p,p',t,t',s_x,s_y,\beta)=\frac{|s_y(p,t')-s_y(p',t')|^2}{|s_x(p,t)-s_x(p',t)|^2}\cdot\beta \quad .$$

Sie hängt explizit nur ab von den Komponenten s_x,s_y und den "Objekten" p,p´,t,t´.Physikalisch besteht die Pointe dieses Verfahrens darin,die Gravitationskraft auf p ohne Kenntnis der Massen zu messen.

Ein weiteres schönes Beispiel für Messung mit systematischem Meßfehler bildet die Temperaturmessung mittels Thermometer in der Thermodynamik.Beim Eintauchen des Thermometers in die zu messende Substanz erfolgt in der Regel ein Wärmeaustausch (falls nicht zufällig Thermometer und Substanz gleiche Temperatur haben),sodaß die abgelesene Temperatur die des Gesamtsystems "Substanz plus Thermometer" ist.Man kann auch hier den Fehler mit Hilfe der Theorie systematisch eliminieren.

19) Konditionalsätze

Zum Abschluß dieses Kapitels wollen wir zeigen,daß die oben beschriebenen Meßvorgänge sich zwanglos in die Analyse von Konditionalsätzen, wie sie in den letzten Jahren im Bereich der Modallogik vorgeschlagen wurde,einfügen.Der Hauptzweck der Untersuchung besteht im Nachweis,daß die von Modallogikern entwickelten Vorstellungen über die Semantik von Konditionalsätzen sich auch und gerade im Bereich der Messung anwenden lassen.Dies dürfte neben den in der Literatur vorgebrachten philosophischen Argumenten ein weiteres Argument für die Adäquatheit der modallogischen Interpretation von Konditionalsätzen sein.Daneben wird die Untersuchung auch zeigen,daß der von Kripke und Putnam geprägte Begriff des "starren Designators" in der Tat die wichtige Rolle spielt, die beide Autoren ihm zuweisen.Schließlich liefert der semantische Apparat für Konditionalsätze auch eine Lösung des Meßproblems,die allerdings praktisch kaum von Relevanz sein dürfte.

19.1) Die Lewis´sche Semantik möglicher Welten

Wir relativieren die ganzen Betrachtungen auf eine gegebene empirische Theorie $T=\langle M_p,M,Q,I\rangle$. Ausgangspunkt bildet eine Menge "möglicher Welten",die wir in naheliegender Weise mit M_p identifizieren. M_p stellt in der Tat die für T möglichen Welten dar,d.h.alle möglichen

Situationen, die sich mit der Begrifflichkeit von T erfassen lassen. Für jede mögliche Welt $x \in M_p$ führen wir nach [Lewis,1973] ein Umgebungssystem für x ("system of spheres") ein.

<u>D88</u> Für $x \in M_p$ ist U_x ein <u>Umgebungssystem für</u> x gdw 1) $U_x \subseteq Pot(M_p)$;
2) $\forall S \in U_x(x \in S)$; 3) $\forall S,S' \in U_x(S \subseteq S' \vee S' \subseteq S)$;
4) $\forall V \subseteq U_x$(wenn V endlich ist, dann $\bigcap V \in U_x$); 5) $\forall V \subseteq U_x(\bigcup V \in U_x)$

Die Elemente von U_x heißen Sphären oder Umgebungen von x. Wir werden sie auch als "Ähnlichkeitsgrade" bezeichnen. Eine Sphäre $S \in U_x$ ist einfach eine Menge möglicher Welten, die sich von x nur bis zu einem bestimmten Grad (der durch S "implizit" festgelegt ist) unterscheiden. Anders gesagt: S ist eine Umgebung von x im Raum der möglichen Welten. Ein Umgebungssystem U_x für x besteht nun aus einer ganzen Menge solcher Sphären, die sich um x herum ineinandergeschachtelt ausbreiten. Die Interpretation der einzelnen Forderungen ist klar. D88-3 fordert, daß die Sphären (Ähnlichkeitsgrade) vergleichbar sind. Für je zwei Ähnlichkeitsgrade S,S' ist entweder S "kleiner-gleich" S' ($S \subseteq S'$) oder S' "kleiner-gleich" S ($S' \subseteq S$). Endliche Durchschnitte und beliebige Vereinigungen mehrerer Ähnlichkeitsgrade sollen wieder Ähnlichkeitsgrade ergeben, wobei $\bigcap V$ "kleiner oder gleich" als jeder Grad in V und $\bigcup V$ "größer oder gleich" als jeder Grad in V ist. Diese Bedingung ist etwas schwächer als die entsprechende bei Lewis ([Lewis,1973],S.14), aber im Hinblick auf die topologischen Verhältnisse in $\mathbb{R}$ besser zu handhaben. Sicher wird sich ein Logiker finden, der auch für diese Bedingungen einen Vollständigkeitssatz beweist. Bedingung 2 ist bei Lewis nicht generell gefordert, vereinfacht aber das System. Da mit einer Verletzung in Anwendungen nicht zu rechnen ist, betrachten wir nur dies etwas eingeschränkte System. Mögliche Welten aus $\bigcup U_x$ heißen <u>erreichbar</u> ("accessible"). Im allgemeinen und auch in konkreten Beispielen ist $\bigcup U_x \neq M_p$, also nicht jede mögliche Welt von x aus erreichbar.

Um auf Konditionalsätze, also jedenfalls auf Sätze zu kommen, nehmen wir an, daß eine Sprache L gegeben sei, mit der Bedingung, daß die "Strukturen für L" im Sinne der Modelltheorie (vergl. etwa [Shoenfield, 1967],S.18) gerade mit den Elementen von M_p übereinstimmen.

Diese Annahme kann in konkreten Fällen zu Schwierigkeiten führen, weil den Komponenten der potentiellen Modelle schon über bloße Typisierungen hinausgehende Bedingungen auferlegt sein können. Man kann dann entweder diese Bedingungen in die Definition der Modelle verlegen oder einen eingeschränkten Begriff von "Struktur für L" verwenden, der allerdings beim Beweis von Vollständigkeitssätzen große Mühe bereitet. Aufgrund dieser Möglichkeiten ist unsere Annahme jedenfalls haltbar.

D89 a) L ist eine Sprache für T gdw gilt $M_p=\{x/x$ ist eine Struktur für L$\}$

b) Ist L eine Sprache für T und sind A,B Sätze von L,so heißt $A \,\Box\!\!\rightarrow B$ ein Konditionalsatz von L

"$A \,\Box\!\!\rightarrow B$" ist zu lesen als "Wäre A der Fall,so auch B".Über Iteration modaler Operatoren ($\Box\!\!\rightarrow$ ist ein solcher) zerbrechen wir uns nicht den Kopf; L selbst soll keine solchen enthalten.

In den Strukturen für L kann man in üblicher Weise Gültigkeit und Erfüllbarkeit für Sätze von L definieren.Wir nehmen an,dies sei geschehen und haben dann eine Bewertungsfunktion J,die jedem Satz A von L in jeder Struktur $x \in M_p$ einen Wahrheitswert $J_x(A) \in \{w,f\}$ zuordnet. Identifizieren wir die Menge der Sätze von L mit L selbst,so ist also $J:M_p \times L \rightarrow \{w,f\}$,oder für festgehaltenes x $J_x:L \rightarrow \{w,f\}$. J wird nun nach Lewis wie folgt auf Konditionalsätze von L ausgedehnt;die Relativierung auf U_x deuten wir mit einem "*" an.

D90 Ist L eine Sprache für T, $A \,\Box\!\!\rightarrow B$ ein Konditionalsatz von L, $x \in M_p$ und U_x ein Umgebungssystem für x,so gelte

$J^*_x(A \,\Box\!\!\rightarrow B)=w$ gdw entweder 1) $\forall y \in \bigcup U_x(J_y(A)=f)$ oder

2) $\exists S \in U_x(\exists y \in S(J_y(A)=w) \wedge \forall z \in S(J_z(A \rightarrow B)=w))$

Zur besseren Interpretation führen wir nach Lewis einige intuitive Abkürzungen ein.Eine mögliche Welt y heiße von x aus erreichbar (relativ zum Umgebungssystem U_x für x),wenn y in einer Umgebung $S \in U_x$ von x liegt.Nach D88-5 heißt dies $y \in \bigcup U_x$. Eine mögliche Welt y heiße eine A-Welt (bzw. B-Welt),wenn $J_y(A)=w$ (bzw. $J_y(B)=w$),d.h.wenn der Satz A (bzw.B) in y gültig oder wahr ist.D90 liest sich dann wie folgt. "$A \,\Box\!\!\rightarrow B$" ist wahr in x relativ zu U_x,wenn es entweder (1) keine von x aus erreichbare A-Welt gibt oder (2) wenn es eine von x aus erreichbare A-Welt gibt ($\exists S \in U_x \exists y \in S(J_y(A)=w)$),sodaß "$A \rightarrow B$" in allen vom Grad S zu x ähnlichen Welten wahr ist ($\forall z \in S(J_z(A \rightarrow B)=w)$).Anders gesagt: "$A \,\Box\!\!\rightarrow B$" ist wahr in x,wenn entweder A in jeder von x aus erreichbaren Welt falsch ist oder wenn in einer Umgebung S von x,die eine erreichbare A-Welt enthält,jede A-Welt auch eine B-Welt ist.

Am besten kann man sich den Inhalt dieser Bedingung klar machen, wenn man annimmt,daß jede Teilmenge V von U_x ein "kleinstes" Element hat (d.h. $\exists S \in V \forall S' \in V(S \subseteq S')$). Dann betrachtet man die Menge V aller Umgebungen von x,die A-Welten enthalten.Nach Annahme hat V ein kleinstes Element S* mit $\exists y \in S^*(J_y(A)=w)$.D90 fordert nun,daß in dieser "nächsten" Umgebung von x,in der A erfüllt werden kann,auch B gilt. Genauer: in jeder Welt aus S* muß $A \rightarrow B$ wahr sein.Um $A \,\Box\!\!\rightarrow B$ als wahr zu erweisen,sucht man also die oder eine nächstgelegene Welt y,in der A wahr ist. In dieser oder allen diesen muß dann auch B wahr sein.

Der springende Punkt bei der Analyse ist natürlich die Relativierung der Wahrheit von "A □→ B" auf ein Umgebungssystem von x.Nur wenn man über dieses und über die Ähnlichkeitsgrade klare Vorstellungen hat,ist man in der Lage,den Wahrheitswert herauszufinden.Es zeigt sich bei Betrachtung von Beispielen,daß man oft ein klar definiertes Umgebungssystem angeben kann.Die Veränderungen,die sich beim Übergang zu einer möglichen Welt ergeben,sind dann in "gesetzesartiger" Weise gegeben, sodaß man auch die entsprechenden Veränderungen der Wahrheitsbedingungen "berechnen" kann.

19.2) Starre Designatoren

Nach Kripke und Putnam werden mögliche Welten "an starren Designatoren festgemacht" (vergleiche [Putnam,1979],S.43ff.).Die dabei zugrundeliegende Idee ist einfach.Der Begriff einer möglichen Welt ist zunächst vollkommen "undefiniert" und vage.Um zu einem brauchbaren Begriff zu kommen,muß man die möglichen Welten irgendwo "anbinden",damit sie nicht völlig "frei herumschweben".Man bindet sie an die wirkliche Welt an und zwar,indem man davon ausgeht,daß bestimmte,ausgewählte Züge,Objekte oder Eigenschaften in allen möglichen Welten mit denen in der realen Welt identisch sind.Zum Beispiel soll Wasser in allen möglichen Welten mit Wasser auf unserer Erde identisch sein,genauer: "Wasser" soll in allen möglichen Welten das gleiche bedeuten,wie in der wirklichen Welt. Diese Züge,Objekte oder Eigenschaften,die ihre Identität mit einem Ausdruck von Stegmüller "querweltein" bewahren (bzw.genauer deren sprachliche Bezeichnungen) heißen starre Designatoren.Es ist im Moment nicht klar,ob es "absolute" starre Designatoren gibt,bei deren "Aufweichung" das Reden über mögliche Welten unsinnig wird,oder ob alle Terme in verschiedenen Kontexten einmal starr,ein andermal nicht-starr gebraucht werden.Die Entscheidung hier hängt auch eng damit zusammen,ob man Kategorien im Kantschen Sinn als existent annimmt.In den folgenden Beispielen ist ziemlich klar,daß die dort benutzten starren Designatoren in anderen Kontexten diese Rolle nicht zu spielen brauchen.

<u>D91</u> Sei T eine empirische Theorie mit potentiellen <k,l,m>-Modellen, $x \in M_p$ und U_x ein Umgebungssystem für x.

a) Sei $\bar{t} \in \{\bar{D}_1,\ldots,\bar{D}_k,\bar{R}_1,\ldots,\bar{R}_m\}$. $\bar{t}$ ist ein <u>starrer Designator bezüglich</u> U_x gdw $\forall S \in U_x \forall y \in S(\ t_x=t_y)$

b) Für $1 \leq i \leq k$ und $a \in D_i^x$ heißt a <u>starr bezüglich</u> U_x gdw $\forall S \in U_x \forall\ y \in S(a \in D_i^y)$

c) Für $1 \leq i \leq m$ heißt $\bar{R}_i$ <u>quasistarr bezüglich</u> U_x gdw $\forall S \in U_x \forall y \in S \forall a(a \in Dom(R_i^x) \cap Dom(R_i^y) \rightarrow R_i^x(a)=R_i^y(a))$

$\underline{t}$ ist also starr,wenn in allen von x aus erreichbaren möglichen Welten y $\underline{t}$ die gleiche Realisierung hat wie in x.Man muß sich x als "die wirkliche Welt" oder besser: als ein reales potentielles Modell von T vorstellen.Die Relativierung auf ein Umgebungssystem für x ist wesentlich,weil meist nicht alle Welten von x aus bezüglich U_x erreichbar sind.Der Effekt dieser Relativierung liegt darin,daß man die starren Designatoren für T nicht ein für alle Mal festlegt.Man kann,je nach Bedarf,Ziel und Kontext,verschiedene U_x betrachten und zu diesen gehören eventuell verschiedene starre Designatoren.Die Hilfsbasismengen,bzw.die zugehörigen Terme,sind per Definition einer empirischen Theorie keine geeigneten Kandidaten für Starrheit.

Da wir für Objekte aus den Basismengen keine zugehörigen Terme haben, nennen wir in D91-b einfach a selbst starr.a soll in allen Basismengen D_i^y aus den von x erreichbaren Welten vorkommen und damit in diesen allen identisch sein.Diese Identitätsforderung verliert ihren trivialen Anstrich,wenn wir uns a in einer Sprache durch eine Konstante $\underline{a}$ repräsentiert denken.$\underline{a}$ wäre "starr" zu nennen,wenn die Interpretation (Realisierung) von $\underline{a}$ in allen von x aus erreichbaren Welten identisch ist. In Teil c) der Definition schließlich wird der Begriff des starren Designators etwas abgeschwächt.Die Abschwächung liegt darin,daß R_i^x und R_i^y nicht mehr im ganzen Funktionsverlauf identisch sein müssen,sondern nur für Argumente,die in beider Definitionsbereich liegen.Es wird also zugelassen,daß sich der Definitionsbereich von R_i^x beim Übergang zu einer anderen Welt y ändert.Die Forderung hinter dem Präfix "$\forall S \in U_x$ $\forall y \in S$" in c) ist dieselbe wie bei der Identitäts-Querverbindung für $\overline{R}_i$.Bei der Identitäts-Querverbindung steht davor lediglich ein anderes Präfix,nämlich "$\forall x,y \in X$" mit $X \in Q$.Quasistarrheit bezüglich U_x ist also nichts anderes als die auf $\bigcup U_x$ eingeschränkte Identitäts-Querverbindung für $\overline{R}_i$.

19.3) Meßbarkeit und Konditionalsätze

Gegeben sei nun ein reales System $x \in M_p$ und ein "passendes Argument" a für R_i^x (d.h.$a \in Dom(R_i^x)$).Wir betrachten den Satz

(S) "Würde man R_i^x für Argument a gemäß Methode B messen,so erhielte man u als Ergebnis"

Wir möchten diesen Satz der Analyse seiner Wahrheitsbedingungen mit Hilfe von D90 zugänglich machen.Dazu skizzieren wir zunächst in abstrakter Weise einschränkende hinreichende Bedingungen an die Sprache L und die Erfüllbarkeitsrelation J,unter denen die Analyse unseres Satzes (nach Formalisierung in L) in einem für den Kontext von Messung inhaltlich adäquaten Rahmen bleibt.Dann formalisieren wir unseren Satz in L und "übersetzen" dessen nicht-modale Bestandteile,sowie die Aussagen über deren Gültigkeit in möglichen Welten in unsere realistische Metasprache.Danach läßt sich die Analyse des Wahrheitswertes des Satzes gemäß D90 gänzlich in unserer realistischen,von komplizierenden syntaktischen Elementen befreiten Sprache mittels Meßmodellen durchführen.

In unserem Satz kommen R_i^x,a,B und u wesentlich vor.Diese Bestandteile müssen also in L syntaktisch präsent sein.Wir beschränken die weitere Untersuchung auf den Spezialfall,daß a in einer Basismenge D_j^x liegt und R_i^x eine reellwertige Funktion ist,also $u \in \mathbb{R}$.Weiter nehmen wir an,daß B eine globale Meßmethode für $\overline{R}_i$ im Sinne von D28 und durch eine endliche Konjunktion von Sätzen aus L charakterisierbar ist.Die Aufhebung dieser Einschränkung wirft keine prinzipiellen Probleme auf und braucht hier nicht durchgeführt zu werden.An L und J werden nun relativ zu einer fest gewählten Welt $x \in M_p$ und einem Umgebungssystem U_x für x folgende Bedingungen gestellt.

1) L soll für jeden Basismengenterm $\overline{D}_i$ $(1 \leq i \leq k)$ Variablen der Sorte i enthalten
2) L soll für jeden Term $\overline{R}_j$ $(1 \leq j \leq m)$ eine Funktions- oder Prädikatkonstante des Typs von $\overline{R}_j$ enthalten,die wir mit r_j bezeichnen
3) L soll eine Konstante $\underline{a}$ der Sorte von a enthalten
4) L soll Variable und Konstante für reelle Zahlen,sowie geeignete "mathematische" Prädikat- und Funktionskonstante enthalten,diese sollen <u>stets</u> in den Strukturen für L ihre Standard-Interpretation erhalten und J soll so definiert sein,daß "mathematisch wahre" Sätze auch unter J gültig sind
5) Die Konstante $\underline{a}$ soll in allen Umgebungen von x (d.h.in allen $y \in \bigcup U_x$) die gleiche Interpretation erhalten.

Bedingungen 1) bis 3) sind trivial.Nach 2) ist R_i^x eine Realisierung (Interpretation) des sprachlichen Zeichens r_i und genauso nach 3) a eine Realisierung von $\underline{a}$. Bedingung 4) bewirkt,daß wir uns über die Interpretation der reellen Zahlen keine Gedanken zu machen brauchen. L enthält Konstante für reelle Zahlen und diese werden immer gemäß der Standard-Interpretation interpretiert.Es macht dann keinen großen Unterschied,ob wir u als reelle Zahl oder als Konstante von L betrachten. Im letzteren Fall erhält die Konstante stets ihre Standard-Interpretation,eben u.Auf technische Details eines solchen Aufbaus,insbesondere die Frage der Vollständigkeit,kann hier nicht eingegangen werden.Bedingung 5) schließlich,die als einzige Bedingung die Relativierung auf x und U_x enthält,drückt aus,daß $\underline{a}$ ein starrer Designator ist.a soll ja starr im Sinne von D91-b sein,denn wir wollen durch Übergang von x zu einem Meßmodell y auch in y den Wert für Argument a bestimmen und nicht für ein anderes,eventuell von a verschiedenes Argument.Da diese Identität verlorengeht,wenn man die Interpretation von $\underline{a}$ nicht einschränkt,ist Bedingung 5) erforderlich.Wir bemerken jedoch,daß bei Meßverfahren,in denen systematische Fehler auftreten,Bedingung 5) aufgehoben werden muß,da in solchen Meßverfahren oft gerade das Argument im Meßmodell vom Argument im ursprünglichen Modell verschieden ist.Ein Beispiel hierfür bildet die Gewichtsmessung mittels Federwaage,bei der das Argument "Ort" (der Wert von s) gerade nicht "starr" bleibt.Auf eine Modifikation,die solchen Fällen Rechnung trägt,werden wir jedoch hier nicht eingehen.Wir vermuten,daß sich der modallogische Analysemechanismus auch -und gerade- in solchen Beispielen bewähren wird, weil man dabei die Ähnlichkeitsgrade stärker berücksichtigen muß.

Sehen wir nun unseren Satz (S) an.Er wird für die mögliche Welt x und in ihr ausgesprochen.Wir eliminieren die modalen Bestandteile und erhalten:

A_1 "R_i^x wird für Argument a mittels Methode B gemessen"

C_1 "$R_i^x(a)=u$"

Auch A_1 und C_1 werden in x ausgesprochen.Wir erhalten Sätze von L,die diese Bezugnahme nicht mehr enthalten,indem wir einfach R_i^x,a,B und u durch ihre entsprechenden syntaktischen Gegenstücke in L ersetzen. "R_i^x" wird zu "r_i","a" zu "$\underline{a}$", "B" zu "$\underline{B}$" und u bleibt unverändert.A_1 besagt nichts anderes,als daß die Sätze von L,die B charakterisieren, erfüllt sind,d.h.daß $J_x(\underline{B})=w$.Denn daß a ein passendes Argument für R_i^x sei,wurde in obiger Bedingung 3) für L durch die syntaktische Forderung,daß $\underline{a}$ die für r_i passende Sorte hat,fest in die Syntax eingebaut. Das syntaktische Gegenstück zu A_1 ist also (wenn wir $\underline{B}(r_i)$ statt $\underline{B}$ schreiben,um anzudeuten,daß r_i in $\underline{B}$ auftritt): $\underline{B}(r_i)$. Das syntaktische Gegenstück zu C_1 ist: $r_i(\underline{a})=u$.

Aus unseren Forderungen an L und J ergibt sich

$$J_x(\underline{B}(r_i))=w \quad \text{gdw } A_1 \quad \text{und}$$

$$J_x(r_i(\underline{a})=u)=w \quad \text{gdw } C_1,$$

oder noch anders:

$$J_x(\underline{B}(r_i))=w \quad \text{gdw } (x \in B \wedge a \in Dom(R_i^x))$$

$$J_x(r_i(\underline{a})=u)=w \quad \text{gdw } R_i^x(a)=u.$$

Damit ist es gelungen,unsere realistische Sprechweise an eine strenge syntaktische Behandlung anzuschließen.Man hätte auch einfach fordern können,daß L und J so beschaffen sein sollen,daß die beiden letzten Äquivalenzen gelten.Der ausführlichere -aber umständlichere- Weg mußte beschritten werden,weil wir nach D90 zur Analyse von "A □→ C" auch noch entsprechende Übersetzungen von $J_y(A)=w$ und $J_y(C)=w$ für beliebige $y \in M_p$ brauchen.Sei "A" der Satz "$\underline{B}(r_i)$",also die Konjunktion aller Sätze,die die Methode B charakterisieren und "C" der Satz "$r_i(\underline{a})=u$".Interpretiert man A in $y \in M_p$ und gilt $J_y(A)=w$,so müssen also diese Sätze in y alle gelten,d.h.$y \in B$.Der umgekehrte Schluß funktioniert genauso und wir erhalten

$$J_y(A)=w \quad \text{gdw} \quad (y \in B \wedge a \in Dom(R_i^y))$$

$$J_y(C)=w \quad \text{gdw} \quad R_i^y(a)=u.$$

Damit sind auf dem Umweg über Syntax und Erfüllbarkeitsfunktion J alle in D90 vorkommenden Bestandteile in die realistische,strukturalistische Sprechweise der Meßmodelle "übersetzt".Wir können daher D90 ganz inhaltlich anwenden.D90 läßt sich dann -nur für den vorliegenden Fall- wie folgt umschreiben.

$$J_x^*(A \mathrel{\Box\!\!\rightarrow} C)=w \text{ gdw entweder 1) } \forall y \in \bigcup U_x(\, y \notin B \vee a \notin Dom(R_i^y))$$
$$\text{oder}$$
$$\text{2) } \exists S \in U_x(\exists y \in S(\, y \in B \wedge a \in Dom(R_i^y)) \wedge \forall z \in S(z \in B \wedge a \in Dom(R_i^z) \rightarrow R_i^z(a)=u))$$

Informell: Der Satz "Würde man R_i^x für Argument a mittels Methode B messen,so erhielte man u" ist wahr (in x und relativ zu U_x) gdw entweder 1) es keine von x aus erreichbare Welt y gibt,in der a im Definitionsbereich von R_i^y liegt und die Meßmethode B durchführbar ist oder wenn es 2) eine Umgebung S von x gibt,die ein Meßmodell $y \in B$ mit $a \in Dom(R_i^y)$ enthält und wenn für alle Welten z in dieser Umgebung,die Meßmodelle sind und bei denen a im Definitionsbereich von R_i^z liegt, $R_i^z(a)=u$ gilt. Kürzen wir "y ist ein Meßmodell $\in B$ und a liegt im Definitionsbereich von R_i^y" ab durch "$R_i^y(a)$ ist in y meßbar",so lauten die Bedingungen wie folgt.Entweder 1) in keiner von x aus erreichbaren Welt y ist $R_i^y(a)$ meßbar oder 2) es gibt in einer Umgebung von x eine Welt y,in der $R_i^y(a)$ meßbar ist und in allen Welten z dieser Umgebung,in denen $R_i^z(a)$ meßbar ist,gilt $R_i^z(a)=u$.

Die erste Möglichkeit kann man in der Regel vernachlässigen.Man interessiert sich nur für Meßmethoden,die auch in irgendwelchen Systemen real durchführbar sind.Die Bedingungen lassen sich noch weiter vereinfachen,wenn man annimmt,daß U_x eine kleinste Umgebung enthält,in der "gerade noch" ein Meßmodell liegt.Dann reduziert sich die Bedingung 2) auf "es gibt ein nächstgelegenes Meßmodell y und in diesem gilt $R_i^y(a)=u$".In diesem einfachen Fall,der meist vorliegt,ist also der Satz "Würde man R_i^x für Argument a mittels Methode B messen,so erhielte man als Ergebnis u" wahr in x relativ zu U_x,wenn es ein x am nächsten liegendes (relativ zu U_x) Meßmodell y gibt, in dem $R_i^y(a)=u$. Dabei wurde wieder vorausgesetzt, daß Fall 1) nicht vorliegt.

Betrachten wir nun noch einmal die Beispiele von Abschnitt 17) dieses Kapitels aus der Perspektive der Konditionalsätze.

19.4) Beispiel 1: Abstandsmessung durch Triangulation

Als Menge der möglichen Welten diene $M_p(GEO)$, wie in D83 definiert. Für $x \in M_p(GEO)$ definieren wir ein Umgebungssystem U_x wie folgt.

D92 Für $x \in M_p(GEO)$ gelte $S \in U_x$ gdw es eine Kardinalzahl $\varkappa$ gibt, sodaß 1) $|P_x| < \varkappa$ und 2) $S=\{y \in M_p(GEO)/\ x \sqsubset y \wedge |P_y| < \varkappa\}$, wobei $|P_y|$ die Kardinalität von P_y bezeichnet

Eine Umgebung S von x enthält also alle Erweiterungen von x, die "weniger als" $\varkappa$ Raumpunkte enthalten, wobei man für verschiedene $\varkappa$ verschiedene Umgebungen erhält. Die Ähnlichkeitsgrade sind an der "Zahl" der Raumpunkte festgemacht. Je mehr Raumpunkte man zu x hinzunimmt, desto schwächer wird die Ähnlichkeit.

T52 a) U_x ist ein Umgebungssystem für x
b) $\bar{d}$ ist quasistarr bezüglich U_x

Beweis: a) Sei $S \in U_x$, dann ist $x \sqsubset x \wedge |P_x| < \varkappa$, also $x \in S$. 2) Seien S, S' U_x. Es gibt zugehörige $\varkappa, \varkappa'$ und es gilt $\varkappa \leqq \varkappa' \vee \varkappa' \leqq \varkappa$. Aus $\varkappa \leqq \varkappa'$ folgt $S \subseteq S'$; aus $\varkappa' \leqq \varkappa$ folgt $S' \subseteq S$, also $S \subseteq S' \vee S' \subseteq S$. 3) Sei $V \subseteq U_x$. Zu jedem $S \in V$ gehört ein $\varkappa(S)$ mit $|P_x| < \varkappa(S)$. Dann ist $\bigcap V=\{y \in M_p(GEO)/x \sqsubset y \wedge |P_y| < \min\{\varkappa(S)/S \in V\}\} \in U_x$, falls V endlich ist und $\bigcup V=\{y \in M_p(GEO)/ x \sqsubset y \wedge |P_y| < \sup\{\varkappa(S)/S \in V\}\} \in U_x$. b) Sei $y \in S \in U_x$ und $a,b \in P_y \cap P_x$. Aus $x \sqsubset y$ folgt $d_x \subseteq d_y$, also $<a,b,d_x(a,b)> \in d_y$. Weil auch $<a,b,d_y(a,b)> \in d_y$ und d_y eine Funktion ist, folgt $d_x(a,b)=d_y(a,b)$ #

Die hier benutzte Version der Geometrie weicht von der üblichen Formulierung ab, indem wir auch endliche potentielle Modelle und Modelle zulassen. Natürlich konnen dann in den Modellen nicht alle Axiome der euklidischen Geometrie gültig sein. Man kann aber die "problematischen" Axiome als Querverbindungen formulieren und erhält damit zulässige Modellkombinationen, die in dem Sinn "volle" Modelle der Geometrie darstellen, als sie sich in genau definierbarer Weise in echte Modelle einbetten lassen. Für Details verweisen wir auf [Balzer, 1978]. Wir beziehen uns im folgenden auf diesen Aufbau insofern, als wir die Voraussetzung benutzen, ein potentielles Modell x gehore zu einer zulässigen Kombination. Dies bedeutet, daß x zu einer Menge von potentiellen Modellen gehört, die sich in ein "volles" Modell der Geometrie einbetten läßt. Man kann sich dann x einfach als Teilstruktur des vollen

Modells vorstellen.

Betrachten wir den Satz

$A_1 \square\!\!\rightarrow C_1$ "Würde man d_x für Argument <a,b> mittels Triangulation messen, so erhielte man u"

von einem System x mit zu messendem Abstand zwischen a und b (D83-b) aus. Wenn GEO alle in [Balzer,1978],S.57,D18a) genannten Constraints (Querverbindungen) erfüllt, so gibt es ein c und ein von x aus erreichbares Meßmodell y durch Triangulation bezüglich a,b,c ,d.h. $y \in S \in U_x$. Nach Abschnitt 19.3) ist der obige Satz wahr in x relativ zu U_x gdw für alle $z \in S$ gilt: ist $z \in B_1(a,b,c_1)$, so ist $d_z(a,b)=u$. Diese Bedingung ist nicht sehr durchsichtig. Wir können aber beweisen:

T53 Erfüllt GEO den in [Balzer,1978],D18-a) angegebenen Constraint, so gilt: $J^*_x(A_1 \square\!\!\rightarrow C_1)=w$ gdw $d_x(a,b)=u$

Beweis: "$\Longrightarrow$". Da GEO den Constraint erfüllt, gibt es in U_x erreichbare Meßmodelle durch Triangulation. Nach Voraussetzung existiert dann $S \in U_x$ und $y \in S$, sodaß $y \in B_1(a,b,c)$ und in allen solchen Meßmodellen z (für verschiedene c) von S gilt $d_z(a,b)=u$. Insbesondere gilt dann $d_y(a,b)=u$ und aus T52-b folgt $d_x(a,b)=u$. "$\Longleftarrow$". Da GEO den Constraint erfüllt, gibt es ein Meßmodell y durch Triangulation bezüglich a,b,c für geeignet gewähltes c, sodaß $x \sqsubset y$. Sei $S:=\{z \in M_p(GEO)/x \sqsubset z \wedge |P_z| < 4\}$. Dann ist $S \in U_x$ und $y \in S$. Sei $z \in S$ und $z \in B_1(a,b,c_1)$. Aus $x \sqsubset z$ folgt nach T52-b: $d_x(a,b)=d_z(a,b)$. Da nach Voraussetzung $d_x(a,b)=u$, folgt $d_z(a,b)=u$#

T53 zeigt, daß die Konstruktion der Umgebungssysteme adäquat ist. Würde man messen, so erhielte man genau den tatsächlich vorliegenden Abstand. Mit anderen Worten: die Wahrheitsbedingungen für den Konditionalsatz sind identisch mit den faktischen Verhältnissen in x.

19.5) Beispiel 2: Massenmessung mittels Probekörper

Als Menge der möglichen Welten wählen wir $M_p^n(KPM)$. Für $x \in M_p^n(KPM)$ wird ein Umgebungssystem U_x definiert.

D93 Sei $x \in M_p^n(KPM)$. $S \in U_x$ gdw es $\delta \in \mathbb{R}^+ \cup \{\infty\}$ gibt, sodaß für alle y:
$y \in S \leftrightarrow x \sqsubset y \wedge \forall p \in P_x \cap P_y \, \forall t \in T(\| s_x(p,t)-s_y(p,t) \| < \delta \cdot (|P_y \setminus P_x|+1))$,
wobei $P_y \setminus P_x$ die Differenzmenge und $\|v\|$ den üblichen Betrag von $v \in \mathbb{R}^3$ bezeichnet

y liegt also in einer "δ-Umgebung" S_δ von x, wenn y eine Erweiterung von x ist und die in x und y vorkommenden Teilchen p die Ungleichung $\| s_x(p,t)-s_y(p,t) \| < \delta \cdot (|P_y \setminus P_x|+1)$ erfüllen. Es muß der Abstand der Bahnen von p in x und $y < \delta \cdot (|P_y \setminus P_x|+1)$ sein. Der Faktor $(|P_y \setminus P_x|+1)$ berücksichtigt, wie viele Teilchen in y zu denen von x hinzugekommen sind.Man könnte den Faktor auch weglassen,ohne daß sich an den folgenden Ergebnissen etwas ändert.Wir haben ihn eingefügt,um zu zeigen,daß sich mögliche Welten auch in den darin vorkommenden Objekten unterscheiden können und daß trotzdem die Definition von Umgebungssystemen keine Probleme bereitet.

T54 a) Für $x \in M_p^n(KPM)$ ist U_x ein Umgebungssystem für x

b) $\bar{m}$ ist quasistarr bezüglich U_x

Beweis: a) Wir benutzen $E(z,\delta)$ als Abkürzung für "$x \sqsubset z \wedge \forall p \in P_x \cap P_z \forall t \in T(\| s_x(p,t)-s_z(p,t)\| < \delta \cdot (|P_z \setminus P_x|+1))$".Sei $S \in U_x$. Zu S gibt es ein zugehöriges $\delta > 0$. Wegen $|P_x \setminus P_x|=0$ und $\| s_x(p,t)-s_x(p,t)\| = 0$ gilt $E(x,\delta)$,also $x \in S$. 2) Seien $S,S' \in U_x$ und $\delta,\delta' > 0$ die zugehörigen Zahlen. In $\mathbb{R}^+ \cup \{\infty\}$ gilt $\delta \leq \delta' \vee \delta' \leq \delta$.Aus $\delta \leq \delta'$ folgt $S \subseteq S'$;aus $\delta' \leq \delta$ folgt $S' \subseteq S$,also $S \subseteq S' \vee S' \subseteq S$. 3) Sei $V \subseteq U_x$ endlich und $\delta(S)$ mit $S \in V$ seien die zugehörigen Zahlen.Wir setzen $\delta^* := \min\{\delta(S)/S \in V\} > 0$. Dann ist $\{y \in M_p^n(KPM)/ E(y,\delta^*)\} \in U_x$. 4) Sei $V \subseteq U_x$.Zu $S \in V$ gibt es $\delta(S) > 0$.Sei $\delta^* := \sup\{\delta(S)/S \in V\} > 0$.Dann gilt $\bigcup V = \{y \in M_p^n(KPM)/ E(y,\delta^*)\} \in U_x$. b) Sei $S \in U_x$ und $y \in S$. Es folgt $x \sqsubset y$,also $m_x \subseteq m_y$ und da m_y eine Funktion ist,$m_x(p)=m_y(p)$ für alle $p \in P_x \cap P_y$ #

Betrachten wir den Satz

$A_2 \square\!\!\rightarrow C_2$ "Würde man m_x für Argument p mittels Probekörper messen,so erhielte man u"

Dabei sei x ein System mit zu messender Masse von p,d.h.ein System,das nur ein Teilchen,eben p,enthält. Die Gravitationskonstante γ sei fest. Nach Abschnitt 19.3) entspricht dann A_2 der Aussage "$\exists p' \ (x \in B_2(p;p',\gamma))$" und C_2 der Aussage "$m_x(p)=u$".

Unter der Voraussetzung,daß es in einer Umgebung von x ein Meßmodell gibt,können wir einen analogen Satz wie in 19.4) beweisen.Diese Voraussetzung läßt sich hier nicht -wie im Fall der Geometrie- durch allgemeine Querverbindungen ausdrücken,weil die Mechanik keine "abgeschlossene" Theorie in dem Sinn ist,daß man durch Vereinigung aller ihrer Modelle ein einziges "wahres" Modell erhält.

T55 Sei x ein System mit zu messender Masse von p und $\gamma > 0$ gegeben. Unter der Voraussetzung $\exists y \exists p'(x \sqsubset y \wedge y \in B_2(p;p',\gamma))$ gilt:

$J_x^*(A_2 \square\!\!\rightarrow C_2)=w$ gdw $m_x(p)=u$

Beweis: "$\Longrightarrow$".Sei y nach Voraussetzung gegeben.Dann ist $|P_y \setminus P_x|=1$. Sei $\delta := \sup\{\| s_x(p,t)-s_y(p,t)\| / t \in T\}$.Dann ist $S := \{z/x \sqsubset z \wedge \| s_x(p,t)-s_y(p,t)\| < 1/2 \cdot \delta \cdot (|P_z \setminus P_x|+1)\} \in U_x$ und $y \in S \cap B_2(p;p',\gamma)$.Bedingung 1) aus D90 ist also nicht erfüllt und Bedingung 2) von D90 tritt in Kraft. Nach Voraussetzung gilt $\exists S \in U_x(\exists z \in S \exists p'(z \in B_2(p;p',\gamma)) \wedge \forall z \in S \forall p_2 (z \in B_2(p;p',\gamma) \rightarrow m_z(p)=u)$. Es folgt $m_z(p)=u$ und da $z \in S \in U_x$,nach

T54-b: $m_x(p)=m_z(p)=u$. "$\Leftarrow$".Seien y und S wie oben.Wir zeigen: $\forall z \in S \forall p_2(z \in B_2(p;p_2,\gamma) \rightarrow m_z(p)=u)$. Sei $z \in S \in B_2(p;p_2,\gamma)$.Dann ist $z \in S$,also $x \sqsubset z$ und nach T54-b und Voraussetzung folgt $m_z(p)=m_x(p)$ #

19.6) Meßproblem und Konditionalsätze

Abschließend sei noch auf eine Möglichkeit hingewiesen,das Meßproblem mit Hilfe von Konditionalsätzen zu lösen,die bisher noch nicht beachtet wurde und die auch weniger von praktischer denn von theoretischer Relevanz ist.In den behandelten Beispielen konnten wir in T53 und T55 jeweils die Äquivalenz des Konditionalsatzes über Messung mit dem Satz beweisen,daß im Ausgangssystem x der zu messende Wert gleich u ist. Genauer ging es um Konditionalsätze der Form

$A \,\square\!\!\rightarrow C$ "Würde man R_i^x für Argument a mittels B messen,so erhielte man den Wert u"

Die Theoreme T53 und T55 besagen dann (eventuell unter plausiblen Zusatzvoraussetzungen im jeweiligen Fall),daß

(1) $J_x^*(A \,\square\!\!\rightarrow C)$ gdw $R_i^x(a)=u$.

Wir nehmen an,daß

(2) es gibt ein von x aus erreichbares Meßmodell y (erreichbar relativ zu U_x),in dem die Meßmethode B anwendbar ist ($y \in B$).

Falls (2) gilt,ist (1) nach D90 äquivalent mit

(3) $\exists S \in U_x(\exists y \in S(y \in B \wedge a \in Dom(R_i^y)) \wedge \forall z \in S(z \in B \wedge a \in Dom(R_i^z) \rightarrow R_i^z(a)=u))$ gdw $R_i^x(a)=u$

Wir können also von der Wahrheit des Konditionalsatzes,d.h.der Richtigkeit der linken Seite in (3),auf den zu messenden Wert schließen. Das Problem ist dabei natürlich der konkrete Wert von u.Solange wir diesen nicht haben,bleibt (3) eine theoretische Feststellung,die nicht weiterhilft.Die Prozedur,u tatsächlich zu finden,liefert auch gleichzeitig die Bestätigung,daß $A \,\square\!\!\rightarrow C$ wahr ist.Um $A \,\square\!\!\rightarrow C$ als wahr nachzuweisen,muß man ein S* und ein y* angeben,sodaß $S^* \in U_x \wedge y^* \in S^* \wedge y^* \in B \wedge a \in Dom(R_i^{y^*})$ und

(4) $\forall z \in S^*(z \in B \wedge a \in Dom(R_i^z) \rightarrow R_i^z(a)=u)$.

Als S* wird man eine möglichst "kleine" Umgebung von x wählen,in der es ein Meßmodell $y^* \in B$ gibt ($y^* \in S^*$),in dem a vorkommt.Dann wird man in y* $R_i^{y^*}(a)$ messen.Wenn S* klein genug gewählt wurde,sodaß es außer y* kein weiteres Meßmodell mehr in S* gibt,dann ist (4) mit $u:=R_i^{y^*}(a)$ erfüllt und damit $A \,\square\!\!\rightarrow C$ wahr.Man hat dann einen Wert für u,nämlich $u=R_i^{y^*}(a)$ und zugleich die linke Seite von (3) als gültig nachgewiesen, sodaß man mit (3) wirklich den zu messenden Wert $R_i^x(a)=u=R_i^{y*}(a)$ erhält.

Das geschilderte Verfahren gestattet eine Lösung des Meßproblems unter Voraussetzung,daß (2) und (3) gilt und daß man ein "minimales" S* finden kann

(5) $S^* \varepsilon U_x \wedge \exists y^*(S^* \cap B=\{y^*\} \wedge a \varepsilon Dom(R_i^{y*}))$.

Während die Gültigkeit von (2) und (3) davon abhängt,wie die Theorie und das benutzte Umgebungssystem beschaffen sind,enthält (5) eine pragmatische Komponente.Es mag zwar formal ein S*,das (5) erfüllt,geben, aber das garantiert noch nicht,daß es ein <u>reales</u> y* gibt,in dem man die Messung auch wirklich durchführen kann.Solange dies nicht gewährleistet ist,kommt man mit dem Verfahren nicht zum Ziel.Bei der praktischen Lösung des Meßproblems mittels des geschilderten Verfahrens kommen aber verstärkt pragmatische Aspekte bei der Wahl von S* und y* ins Spiel.Die Annahme,daß solch pragmatische Voraussetzungen immer erfüllt sind,mag der tiefere Grund dafür sein,weshalb Wissenschaftler oft darauf bestehen,die Größen ihrer Theorien seien "definiert".Sie meinen damit,daß man in jedem konkreten Fall,wo man messen <u>will</u>,auch wirklich und mit minimaler Abänderung des Systems,messen <u>kann</u>.Wenn man dies voraussetzt,kann man,wie gerade ausgeführt,tatsächlich den zu messenden Wert finden und damit ist die gesuchte Größe <u>in diesem Sinn</u> (d.h.operational) definiert.Dies zeigt einmal mehr,wie tief das kontrafaktische Denken in der Wissenschaft verwurzelt ist.

VI THEORIEGELEITETE MESSUNG

Wir kommen nun zum zweiten Teil der Lösung des Meßproblems,nämlich zur "Definition" des "zu messenden Wertes".Das Meßproblem besteht,wie am Anfang von Kap.V gesagt,darin,daß der in einem System x zu messende Wert $R_i^x(a)$ nicht mit dem tatsächlich im Meßmodell y gemessenen Wert $R_i^y(a)$ übereinzustimmen braucht.Das Problem,die gewünschte Identität, also $R_i^x(a)=R_i^y(a)$,herzustellen,besteht aus zwei Teilen.Erstens muß man sagen,was $R_i^x(a)$ sein soll,damit die linke Seite der Gleichung überhaupt sinnvoll ist.Zweitens muß man Zusatzbedingungen angeben,die dann die Gleichung implizieren.Im letzten Kapitel wurden verschiedene solche Zusatzbedingungen untersucht und es zeigte sich,daß diese in der Regel unproblematisch sind,weil sie allgemein akzeptierter Bestandteil der einschlägigen Theorie sind,z.B.Querverbindungen.Insofern kann man sagen, daß der zweite Teil der Lösung unproblematisch ist: die Zusatzbedingungen,die die Identität sicherstellen,sind in der Regel als Bestandteile von Theorien gegeben.

Der erste Teil der Lösung,nämlich zu sagen,was man unter dem zu messenden Wert versteht,ist dagegen schwierig.Er hängt stark davon ab, was man unter einer Theorie versteht und wie man sich den Aufbau und die Einteilung der Wissenschaften vorstellt.Es zeigt sich,daß zwei verschiedene Lösungsmöglichkeiten existieren,die mit bekannten philosophischen Positionen eng verknüpft sind und die wir deshalb als "operationalistische" und als "kohärentistische" Lösung bezeichnen werden.Wir haben in Kapitel I versucht darzustellen,daß es in der Entwicklung der Wissenschaften Platz für beide Lösungen gibt.Genauer: wir meinen,daß jede Lösung <u>auf ein bestimmtes Entwicklungsstadium der Theorie zu relativieren ist</u> und daß bei solcher Relativierung beide Lösungen im jeweils <u>richtigen Stadium</u> sinnvoll sind.Dagegen scheint es uns überspitzt,auf einer operationalistischen Sichtweise auch da zu bestehen,wo eine voll entwickelte und mit anderen Theorien in lebendiger Verbindung stehende Theorie vorliegt.Umgekehrt scheint es uns ebenso überspitzt,im Anfangsstadium,wenn sich die Theorie gerade erst bildet,schon auf dem kohärentistischen Bild zu bestehen.

Unser Ziel in diesem Kapitel ist es,den kohärentistischen Lösungsansatz zum Meßproblem und den damit verbundenen Begriff der theoriegeleiteten Messung klar herauszuarbeiten,was zugleich auch,da das

Meßproblem bis jetzt von Kohärentisten nicht diskutiert wurde,zu einer Präzisierung dieses Ansatzes beiträgt.Wenn wir im Rahmen der kohärentistischen Lösung des Meßproblems von theoriegeleiteter Messung reden, dann ist dies nicht als Definition von "theoriegeleiteter Messung" durch "Kohärentismus" zu verstehen.Vielmehr werden beide Begriffe hier miteinander verknüpft,sodaß beide in ihrer Bedeutung klarer werden.Eine unabhängige,intuitive Vorstellung von theoriegeleiteter Messung wurde ja bereits in Kap.I entwickelt.

Um die von uns vertretene und hier explizierte Auffassung über Messung deutlicher zu machen,stellen wir der theoriegeleiteten Messung die operationalistische Auffassung gegenüber.Dadurch werden zum einen die wesentlichen -sonst vielleicht trivial erscheinenden- Punkte des kohärentistischen Ansatzes hervorgehoben,zum anderen ergibt sich Gelegenheit für klärende Bemerkungen zur operationalistischen Auffassung und zum Verhältnis beider Auffassungen.Soweit vom Operationalismus die Rede sein wird,muß betont werden,daß wir diesen nur unter einem einzigen,engen Aspekt betrachten.Die Diskussion um den Operationalismus betrifft ja viele Dimensionen: normative,didaktische,deskriptive und bei letzteren wiederum historische und systematische.Wir werden uns hier nur mit dem deskriptiv-systematischen Aspekt beschäftigen,also dem Aspekt,der mittels logischer Analyse diskutiert und geklärt werden kann.

Wir setzen in diesem Kapitel stets voraus,daß $T=\langle M_p,M,Q,I\rangle$ mit $K=\langle M_p,M,Q\rangle$ eine empirische Theorie mit potentiellen $\langle k,l,\tau_1,\ldots,\tau_m\rangle$-Modellen ist.Ferner sei stets $i\in\{1,\ldots,m\}$ und für $R_i \in \overline{R}_i$ gelte: R_i ist eine Funktion.Die letztere Voraussetzung stellt eine Beschränkung auf den problematischeren Fall dar,weil bei "echten" Relationen keine Eindeutigkeitsprobleme der im folgenden auftretenden Art entstehen.

Das Problem besteht darin,zu sagen,was wir unter dem im gegebenen System x zu messenden Wert $R_i^x(a)$ verstehen wollen.Wir erweitern die Problemstellung geringfügig,indem wir nicht nur nach einem einzelnen (Funktions-) Wert fragen,sondern gleich nach der ganzen Funktion R_i^x: Was wollen wir unter R_i^x verstehen? Die Antwort: "Die in x vorkommende i-te Funktion,d.h.die Funktion von x,die vom Typ τ_i ist" kann nur partiell befriedigen.Dies sieht man klar im Zusammenhang mit dem Meßproblem. Die Antwort enthält (fast) keine Information über den oder die gesuchten Werte $R_i^x(a)$. Wenn wir fragen,was unter R_i^x zu verstehen sei,so erwarten wir eine Antwort,die zumindest einen konkreten Hinweis darauf enthält,wie man die Werte von R_i^x herausfinden kann -wenn nicht gar direkte Information über diese Werte.

Die Erweiterung der Problemstellung auf ganze Funktionen ist in Bezug auf die kohärentistische Lösung neutral,für den operationalistischen Ansatz hat sei einen ent-trivialisierenden Effekt,sodaß von keiner Seite prinzipielle Einwände dagegen bestehen dürften.

20) Die operationalistische Lösung des Meßproblems

Die operationalistische Lösung läßt sich kurz wie folgt zusammenfassen: "Die Identität von gemessenem und zu messendem Wert ergibt sich daraus, daß die im ursprünglichen System x vorkommende Funktion R_i^x unter die durch eine Meßmethode B operational definierte Funktion R(B) subsumierbar ist." Wir betrachten diese Lösung genauer.Zunächst gibt man eine Meßmethode B für $\overline{R}_i$ an.Die Meßmethode B soll durchführbar,d.h.einige ihrer Meßmodelle sollen real sein (vergl.D24-c).Aber die Forderung, daß <u>alle</u> $x \in B$ real sind,wäre zu stark.Es gibt <u>immer</u> abstrakte Elemente von B.Ein Ansatz zur Auszeichnung "realer" Meßmethoden wäre folgender. Es gibt einige $y \in B$,die real sind und diese führen zu "gleichen" Ergebnissen,d.h.wenn in $y,y' \in B$ die kontrollierbaren Parameter (Komponenten) gleich oder ähnlich sind,dann sind es auch die in y und y′ resultierenden Meßwerte.Diese Gleichheit muß empirisch beobachtet werden, als Regelmäßigkeit. Mit anderen Worten: B muß reproduzierbar sein. "Ähnlichkeit" besteht dabei oft in zeitlichen oder raum-zeitlichen Translationen.Dieser Ansatz würde am Beispiel einer globalen Meßmethode zu folgender Definition führen.

<u>D94</u> Sei $B \subseteq M_p$ eine globale Meßmethode für $\overline{R}_i$. B ist <u>real</u> gdw es X, $\equiv$ und $\approx$ gibt,sodaß gilt: 1) $X \subseteq B$; 2) $X \in e(I)$ und $\forall x \in B \setminus X$ $(\{x\} \notin e(I))$ (vergl.D24); 3) $\approx \subseteq X \times X$; 4) $\equiv \subseteq \overline{R}_i \times \overline{R}_i$; 5) $\forall x,x' \in X \forall t,t'(x \approx x' \wedge x_{-i}[t] \in X \wedge x'_{-i}[t'] \in X \rightarrow t \equiv t')$

X ist der "reale Teil" von B.Bedingung 5) drückt aus,daß in "ähnlichen" Meßmodellen ($x \approx x'$) auch "gleichartige" Meßwerte erzielt werden ($t \equiv t'$). Aber diese Definition ist vollig leer,solange an $\approx$ und $\equiv$ keine weiteren inhaltlichen Bedingungen gestellt werden.$\approx$ und $\equiv$ müssen erstens in geregelter "gesetzesartiger" Beziehung zueinander stehen und zweitens pragmatisch "klein" gehalten werden.Im konkreten Fall lassen sich vielleicht solche Bedingungen finden,aber im allgemeinen gibt es zur Zeit keine Ansätze für derartige Bedingungen.Wir verbleiben daher bei folgender Definition mit informeller Komponente.

D95 Sei $B \subseteq M_p$ eine globale Meßmethode für $\overline{R}_i$. B ist real gdw es X gibt, sodaß 1) $X \subseteq B$; 2) $X \in e(I) \wedge \forall x \in B \setminus X(\{x\} \notin e(I))$; 3) X ist hinreichend kohärent

Eine reale Meßmethode gibt in folgender Weise Anlaß zu einer operationalen Definition.

D96 Sei B eine reale Meßmethode für $\overline{R}_i$. $R(B) := \bigcup\{R_i^y / y \in B\}$. Wir sagen, R sei durch B operational definiert gdw $R = R(B)$

Man beachte, daß die in den Definitionen von Meßmethoden in Kap. III auftretenden Relativierungen auf eine Klasse M_p potentieller Modelle im gegenwärtigen Kontext keine Relativierung auf eine vorgegebene Theorie implizieren muß. M_p stellt hier einfach einen formalen, begrifflichen Rahmen für B dar.

Wir sagen, die im betrachteten System x vorkommende, zu messende Funktion R_i^x sei unter R(B) subsumierbar, wenn sie für alle in x vorkommenden Argumente den gleichen Wert annimmt wie R(B). Operational formuliert heißt dies, daß die Meßmethode B auf alle in x vorkommenden Argumente von R_i^x "anwendbar" ist, d.h. zu jedem Argument $a \in Dom(R_i^x)$ gibt es ein reales Meßmodell $y \in B$, sodaß a auch in y als Argument der Funktion R_i^y vorkommt.

D97 Ist B eine reale Meßmethode für $\overline{R}_i$, $x \in M_p$ und gilt real(x), so heißt R_i^x unter R(B) subsumierbar gdw $R_i^x \subseteq R(B)$

Die operationalistische Lösung des Meßproblems, die oben schon informell formuliert wurde, läßt sich nun präzisieren. Der Operationalist geht in drei Schritten vor. Erstens führt er eine durch die Meßmethode B operational definierte Funktion R(B) ein, sodaß das benutzte Meßmodell y zu dieser Methode gehört: $y \in B$. Zweitens nimmt er an, daß die zu messende Funktion R_i^x unter R(B) subsumierbar ist. Aus der Definition von R(B) und von Subsumierbarkeit folgt dann die erwünschte Identität von $R_i^x(a)$ und $R_i^y(a)$, falls, drittens, R(B) eine Funktion ist.

T56 Sei $x \in M_p$, real(x), B eine reale Meßmethode für $\overline{R}_i$. Es gelte
(1) R_i^x ist unter R(B) subsumierbar
(2) R(B) ist eine Funktion.
Dann folgt für $y \in B$ mit $a \in Dom(R_i^x) \cap Dom(R_i^y)$: $R_i^x(a) = R_i^y(a)$

Beweis: Nach D97 und (1) gilt $R_i^x \subseteq R(B)$ und nach (2) ist R(B) eine Funktion. Für $a \in Dom(R_i^x)$ gilt also $a \in Dom(R(B))$ und (3): $R_i^x(a) = R(B)(a)$. Ist $y \in B$ und $a \in Dom(R_i^x) \cap Dom(R_i^y)$, so folgt aus D96 und (2) $R(B)(a) = R_i^y(a)$, also zusammen mit (3): $R_i^x(a) = R(B)(a) = R_i^y(a)$ #

Man beachte, daß in T56 die operationale Definition von R(B) nicht eigens vorausgesetzt zu werden braucht, weil sie nach D96 schon durch Verwendung der Bezeichnung R(B) vorausgesetzt ist.Man beachte ferner,daß wir hier (und bis zum Ende dieses Kapitels) stets eine <u>globale</u> Meßmethode B verwenden.Dies geschieht nur aus Einfachheitsgründen. Wir könnten -mit Komplikationen- genausogut eine Meßmethode für den definierten Term $\bar{t}$ mittels der definierten Terme $\bar{t}_1,\dots,\bar{t}_n$ verwenden.

Im Anschluß an diese Explikation ergeben sich die bekannten Einwände gegen den Operationalismus (vergleiche z.B. [Stegmüller,1970],Kap.IV), denen wir hier kurz nachgehen wollen,weil sie sich in dem entwickelten Rahmen klar herausarbeiten lassen.

<u>T57</u> a) $R(B) \subseteq \tau_i(\bigcup_{x \in B} D_1^x,\dots,\bigcup_{x \in B} A_l^x)$

b) R(B) ist im allgemeinen keine Funktion

Beweis: a) Für $x \in B$ ist $R_i^x \subseteq \tau_i(D_1^x,\dots,A_l^x)$.Es folgt $\bigcup\{R_i^x / x \in B\} \subseteq \bigcup_{x \in B} \tau_i(D_1^x,\dots,A_l^x) \subseteq \tau_i(\bigcup_{x \in B} D_i^x,\dots,\bigcup_{x \in B} A_l^x)$ nach Lemma 2 aus dem Beweis von T6. b) Gegenbeispiel: Sei k=0,l=1,m=2 und in allen $x \in M_p$ sei $A_1 = \mathbb{R}$ und $R_i: \mathbb{R} \to \mathbb{R}$ für i=1,2.Eine globale Meßmethode B für $\bar{R}_2$ ist gegeben durch $\{x \in M_p / \forall \alpha \in \mathbb{R}(R_2^x(\alpha)=R_1^x(\alpha)+1)\}$.Es seien $x,y \in B$ mit $R_1^x(\alpha)=\alpha$ und $R_1^y(\alpha)=2\alpha$. Dann ist $R_2^x(\alpha)=\alpha+1$ und $R_2^y(\alpha)=2\alpha+1$. $R_2^x \cup R_2^y=\{<\alpha,\beta>/\alpha \in \mathbb{R} \wedge (\beta=R_2^x(\alpha) \vee \beta=R_2^y(\alpha))\}=\{<\alpha,\beta>/\alpha \in \mathbb{R} \wedge (\beta=\alpha+1 \vee \beta=2\alpha+1)\}$.Diese Menge enthält z.B. die Paare <2,3> und <2,5> und ist daher keine Funktion #

Nach T57-b ergibt sich aus der Tatsache,daß B eine Meßmethode und alle R_i mit $y \in B$ Funktionen sind,noch nicht,daß R(B) auch eine Funktion ist. Wenn R(B) eine Funktion sein soll,muß man D96 verschärfen.Hierbei kann man zwei Wege einschlagen.Erstens kann man auf die Erfahrung hinweisen, die zeigt,daß R(B) für konkretes B in der Tat eine Funktion ist.Zweitens kann man -bei vorliegender Nicht-Eindeutigkeit- "Teile" von R(B) wegnehmen,sodaß der Rest eine Funktion wird.Letzteres ist ein konventionalistisches Vorgehen und im konkreten Fall,wie Beispiele zeigen, ad hoc.Bei Ausschluß des zweiten Weges ist die Eindeutigkeit des Definiendums nur durch Erfahrung sichergestellt.Um die Eindeutigkeitsfrage genauer darzustellen,definieren wir.

<u>D98</u> Sei $\mathfrak{K} := \{X / X \subseteq R(B) \wedge X$ ist Funktion $\wedge Dom(X) = \bigcup\{Dom(R_i^x) / x \in B\}\}$

Offenbar ist $\mathfrak{K}$ einelementig genau dann,wenn R(B) eine Funktion ist. In diesem Fall ist $\mathfrak{K} = \{R(B)\}$.Jedes Element von $\mathfrak{K}$ ist als Kandidat (d.h. Definiendum) für eine operationale Definition geeignet,da es eine Funktion ist.R(B) selbst ist,wenn keine Funktion,kein geeigneter Kandidat.Nur wenn $\mathfrak{K}$ eindeutig,d.h.einelementig ist,kann man in D96 ohne weiteres von einer "Definition" sprechen.

Ein anderer Ausweg bestünde darin,in D96 statt der Vereinigung einfach die Menge aller R_i^x mit $x \in B$ zu wählen: $R(B)=\{R_i^x / x \in B\}$.Das ist zwar formal möglich,aber inhaltlich unbefriedigend.B könnte hier ganz beliebig gewählt werden und bräuchte insbesondere keine Meßmethode zu sein.Immer wäre R(B) eindeutig bestimmt.Durch einen solchen "Trick" wird eine Eindeutigkeit hergestellt,die nicht in der Sache liegt.

Eine zweite Schwierigkeit besteht darin,daß man durch operationale Definitionen vom Standpunkt der Theorie her (extensional) "zu wenig" vom Definiendum erfaßt,wodurch die Annahme (1) in T56,daß R_i^x unter R(B) subsumierbar sei,im allgemeinen fragwürdig wird.Als Beispiel betrachten wir die KPM (vergleiche D16).

D99 a) x ist ein Stoß-Meßmodell für $\bar{m}$ bezüglich p gdw

1) $x=\langle P;T,\mathbb{R}^3,\mathbb{R};s,m,f_1,\ldots,f_n\rangle \in M_p^n(KPM)$;

2) P ist eine zweielementige Menge und $p \in P$ (wir schreiben $P=\{p,q\}$)

3) $Bild(s) \subseteq \mathbb{R}$; 4) für alle $t,t' \in T$ mit $t<0$ und $1<t'$ gilt:

4.1) $\dot{s}(q,t) \neq \dot{s}(q,t')$ und $\dot{s}(p,t) \neq \dot{s}(p,t')$;

4.2) $\sum_{p' \in P} m(p')\dot{s}(p',t) = \sum_{p' \in P} m(p')\dot{s}(p',t')$

5) $m(p)=1$

b) Für festes p sei $B_m(p)=\{x/x$ ist ein Stoß-Meßmodell für $\bar{m}$ bezüglich $p\}$

Ein solches Meßmodell enthält also zwei Teilchen p und q,deren Bahnen (gegeben durch s) im Zeitintervall T betrachtet werden.Beide Teilchen werden vor,während und nach einem Zusammenstoß erfaßt,wobei alle Bewegungen auf einer Geraden erfolgen (D98-3,genau genommen müßte man hier noch eine Projektionsfunktion einschieben).Die Zeitpunkte 0 und 1 markieren den Zeitraum,in dem sich der Stoß abspielt,nämlich $\{t/0<t<1\} \subseteq T$.Was in diesem Zeitraum passiert,ist für die Messung nicht relevant und wird bei den die Messung beherrschenden Gesetzen (in Bedingung a-4) außer Acht gelassen.Die "starre" Wahl der beiden Zeitpunkte in der Hilfsbasis durch 0 und 1 erfolgt nur aus Gründen der Einfachheit.In Bedingung a-4 wird gefordert,daß die Geschwindigkeiten $\dot{s}$ der Teilchen vor und nach dem Stoß verschieden sind.Man könnte auch noch verlangen,daß die Geschwindigkeiten jeweils vor und nach dem Stoß konstant sind,was aber für die rechnerische Bestimmung der Massen nicht nötig ist.Bedingung a-4.2 ist der Impulserhaltungssatz,eingeschränkt auf die Zeiträume vor und nach dem Stoß,also auf die Menge $T \setminus [0,1]$. Der Gesamtimpuls zu jedem Zeitraum vor dem Stoß soll gleich dem Gesamtimpuls zu jedem Zeitpunkt t´ nach dem Stoß sein.Schließlich wird die Masse von p in Bedingung 5 definitorisch zu 1 gesetzt.

T58 Für gegebenes p ist $B_m(p)$ eine partielle Meßmethode für $\bar{m}$

Beweis: $B_m(p)$ ist eine Teilmenge von $M_p^n(KPM)$ und eine Strukturart.Die

Eindeutigkeit von m ergibt sich aus D99-a-4 und 5.Wegen 4 ist nämlich für (existente) $t < 0,1 < t'$: $m(p)/m(q)=(s(q,t')-s(q,t))/(s(p,t)-s(p,t'))$ und nach 5 daher m eindeutig bestimmt #

T59 a) Es gibt $x,y \in B_m(p)$ und $q \in P_x \cap P_y$ mit $m_x(q) \neq m_y(q)$

b) Falls $P^* := \bigcup\{P_x / x \in M_p^n(KPM) \wedge \underline{real}(x)\}$ abzählbar ist und $p \in P^*$, so gibt es $B' \subseteq B_m(p)$,sodaß 1) $m(B') : \bigcup\{P_x / x \in B'\} \to \mathbb{R}^+$ und 2) $\bigcup\{P_x / x \in B'\} = P^*$

Beweis: a) Man wählt x,y so,daß der Quotient der Geschwindigkeitsverhältnisse in x und y verschieden ist,aber die Teilchen die gleichen sind. b) Sei $P^* = \{p_1, p_2, \ldots\}$ nach Voraussetzung abzählbar und $\underline{B} := \{B \subseteq B_m(p) / \forall x,y \in B \, \forall q \in P_x \cap P_y (m_x(q) = m_y(q))\}$.Dann ist $\underline{B} \neq \emptyset$ und jedes $B \in \underline{B}$ erfüllt Bedingung 1) des Theorems.Ein B',welches auch Bedingung 2) erfüllt,kann man induktiv konstruieren.Wir beginnen mit beliebigem $x_1 \in B_m(p)$ und setzen $x_1 \in B'$.Nun seien $x_1, \ldots, x_n \in B'$ schon konstruiert. Wir wählen $q \in P^*$ so,daß $q \notin \bigcup\{P_{x_i} / i \leq n\}$.Sei x_{n+1} so definiert,daß $x_{n+1} \in B_m(p)$ und $P_{x_{n+1}} = \{p,q\}$. Dann soll $x_{n+1} \in B'$ sein.Das so induktiv definierte B' hat also die Form $B' = \{x_1, x_2, \ldots\}$ und nach Konstruktion ist $B' \in \underline{B}$.Da P* abzählbar ist,erhält man $P^* = \bigcup\{P_x / x \in B'\}$ #

T59-a besagt,daß $m(B_m(p))$ keine Funktion ist. b) besagt,daß man eine geeignete Teilmenge B' von $B_m(p)$ wählen kann (die keine Meßmethode mehr ist,weil nicht invariant unter kanonischen Transformationen),sodaß m(B') eine Funktion ist und alle Partikel aus realen potentiellen Modellen von KPM auch in Meßmodellen von B' auftreten.

Man möchte meinen,daß ein solches B' als "operationale Basis" für eine operationale Definition völlig ausreicht,d.h.daß man "die Masse der Mechanik" als m(B') operational definieren kann (wie es auch wiederholt von Hermes,Lorenzen und Mittelstaedt,siehe z.B. [Mittelstaedt,1970],S.51 ff,vorgeschlagen wurde). Dagegen spricht folgende inhaltliche und in diesem Rahmen auch nicht formalisierbare Überlegung. Eine Definition ist in einer bestimmten Sprache formuliert und man erwartet,daß die Definition in allen Situationen anwendbar ist,in denen dies für die bestreffende Sprache gilt.Inhaltlich wird dabei das Definiendum auf das Definiens zurückgeführt und man muß diese Zurückführung in jedem "konkreten" Fall (d.h. wenn eine verbale Formulierung des Definiens sinnvoll ist) vornehmen können.Diese allgemeine Adäquatheitsbedingung,die man an Definitionen stellt,gilt auch für operationale Definitionen.Bei diesen wird das Definiendum mittels R(B) auf eine Meßmethode B zurückgeführt.Im konkreten Fall bedeutet eine solche Zurückführung,daß die Größe nach der "definierenden" Meßmethode gemessen wird.Und daß die Zurückführung in jedem Fall möglich ist, heißt,daß eine Durchführung der Meßmethode für alle in Frage kommenden (intendierten) Argumente möglich ist.

Im obigen Beispiel hat man als intendierte Argumente für "die Massenfunktion der Mechanik" genau alle Elemente von P*.Die Argumente,für die eine Massenmessung durch Zentralstoß möglich ist,sind Elemente von $\bigcup\{P_x / x \in B \wedge \underline{real}(x)\}$.Daß die operationale Definition in jedem Fall anwendbar sein muß,bedeutet dann formal $P^* \subseteq \{P_x / x \in B \wedge \underline{real}(x)\}$,d.h. jede in einem realen System x vorkommende Funktion m_x muß unter m(B) subsumierbar sein.Aber diese Bedingung ist in der Realität nicht erfüllt.Sei p ein Planet des Sonnensystems.Dann ist $p \in P^*$,aber $p \notin \bigcup\{P_x / x \in B \wedge \underline{real}(x)\}$,weil es keine intendierte Anwendung der Mechanik gibt,in der ein Planet p als Stoßpartner für einen Zentralstoß zum Zweck einer durchzuführenden Massenbestimmung auftritt,d.h. formaler: kein Planet kommt als Partikel in einem realen Meßmodell von B vor.Eine operationale Definition hat den Nachteil,daß sie nicht in allen Fällen,wo man sie anwenden <u>möchte</u>,auch anwendbar <u>ist</u>.

Als Ausweg gegen einen hieraus entwickelten Einwand kann man versuchen,auf "disjunktive operationale Definitionen" zurückzugreifen. Man versucht,<u>mehrere</u> Meßmethoden als Basis für eine operationale Definition zu wählen.Objekte,deren Messung mit der einen Methode in einer Situation nicht möglich ist,können in dieser Situation unter Umständen mit einer anderen Methode gemessen werden (z.B.die oben angesprochene Planetenmasse mit Hilfe der als Meßmethode aufgefaßten Gravitationstheorie). Nimmt man diese Methode mit in die Definition auf,so hat man den Bereich der Anwendbarkeit der "Definition" echt erweitert.Formal bietet sich folgende Formulierung an (vergleiche auch [Tuomela,1973] für eine ähnliche,obzwar logisch-syntaktisch ausgeführte Begriffsbildung).

<u>D100</u> Es seinen $B_1,\ldots,B_n$ reale Meßmethoden für $\bar{R}_i$.

a) $R(B_1,\ldots,B_n) := \bigcup\{R_i^x / x \in \bigcup_{i \leq n} B_i\}$

b) R ist <u>durch</u> $B_1,\ldots,B_n$ <u>operational definiert</u> gdw $R=R(B_1,\ldots,B_n)$

Hier ergeben sich nun aber genau die gleichen Probleme wie im Fall n=1. Erstens ist $R(B_1,\ldots,B_n)$ im allgemeinen keine Funktion,sodaß man,um eine Funktion zu erhalten,eine Auswahl aus mehreren Möglichkeiten treffen muß.Wenn R eine Funktion sein soll,$R(B_1,\ldots,B_n)$ aber keine ist, kann b) nicht angewandt werden.Zweitens ist die operationale Definition nicht in allen Fällen anwendbar,in denen man R messen möchte. Man findet in der Regel und wohl auch im Prinzip bei gegebenen $B_1,\ldots,B_n$ stets ein Objekt,für das keine der Methoden B_j funktioniert,das aber doch zu einer intendierten Anwendung gehört.Zusätzlich zu diesen

Schwierigkeiten ergibt sich aber noch eine weitere.

T60 Aus der Tatsache, daß alle $R(B_j)$ mit $j \leq n$ Funktionen sind, folgt nicht, daß auch $R(B_1,\ldots,B_n)$ eine Funktion ist

Beweis: Sei $M_p := \{\langle D; \mathbb{R}; f_1, f_2\rangle / D \in V \wedge f_1 : D \to \mathbb{R} \wedge f_2 : D \to \mathbb{R} \wedge \forall a (f_1(a) = 0)\}$ Für $i = 1,2$ sei $B_i := \{x \in M_p / \forall a \in D(f_2(a) = f_1(a) + i)\}$. Dann sind B_i $(i=1,2)$ globale Meßmethoden für $\bar{f}_2$ und es gilt $f_2(B_i) : V \to \mathbb{R}$ für $i=1,2$, d.h. $f_2(B_i)$ ist eine Funktion. Aber $f_2(B_1,B_2)$ ist keine Funktion, denn für $a \in V$ ist $\langle a,1\rangle \in f_2(B_1,B_2)$ und $\langle a,2\rangle \in f_2(B_1,B_2)$ #

Die Aussage, daß die mit verschiedenen Methoden operational definierten Größen $R(B_j)$ für gleiche Objekte (Argumente) zu gleichen Ergebnissen führen, wird empirisch festgestellt und ist nicht beweisbar.

Da bei Definitionen das Definiendum durch das Definiens eindeutig bestimmt sein muß, wird man auch hier, wie schon vorher, nicht von "Definition" reden wollen. Anders gesagt: das, was durch eine operationale Definition definiert wird, kann im allgemeinen nur durch Bezugnahme auf Erfahrung eindeutig gemacht werden. Und in einer solchen Situation spricht man nicht von "Definition".

Die angesprochenen Schwierigkeiten sind, wenn sie als Einwände gegen den Operationalismus vorgebracht werden, nicht (nur) als Einwände gegen die bloße Verwendung des Ausdrucks "operationale Definition" gedacht. Sie zielen vielmehr darauf ab, den ganzen operationalistischen Ansatz als zu eingeschränkt aufzuweisen; zu eingeschränkt vom Standpunkt einer voll entwickelten Theorie aus. Wir stimmen dieser Kritik durchaus zu, aber nicht ohne auf die eingangs betonte Relativität der Standpunkte auf das Entwicklungsstadium einer Theorie hinzuweisen. Wenn noch keine gesicherte Theorie zur Verfügung steht, ist eine operationale Definition der zu messenden Funktion im obigen Sinn das Beste, was man haben kann. Daran ändert sich auch nichts, wenn man später, vom Standpunkt der voll entwickelten Theorie aus rückblickend sagen kann, daß die frühere operationale Definition nicht für alle Objekte in den intendierten Anwendungen anwendbar ist, oder daß sie nicht eindeutig war. Vorher, als man die Theorie noch nicht hatte, bot die operationale Definition immerhin einen Weg, um in empirisch gesicherter Weise weiterzukommen. Solch operationalistische Phasen lassen sich historisch in der Entstehungsphase vieler Theorien nachweisen. Schöne Beispiele bilden die Geometrie, die Chronometrie, die Elektrizitätslehre und, zur Zeit, die Astronomie, in der z.B. die Temperatur von Sternen nach ganz verschiedenen Meßverfahren, die auch verschiedene Ergebnisse liefern, "definiert" wird (vergl. [Gähde, 1980]).

21) Die kohärentistische Lösung des Meßproblems

Die kohärentistische Lösung ist noch einfacher als die operationalistische: "Bei der Messung wird eine geeignete Theorie vorausgesetzt,was die erwünschte Identität impliziert".Hier ist zu klären,was eine geeignete Theorie ist und was es heißt,diese bei der Messung vorauszusetzen.

Wir sagen,T sei für die Messung von R_i^x in y geeignet,wenn sowohl x als auch y potentielle Modelle von T sind.Dies ist zugegebenermaßen eine sehr einschränkende Formulierung.Es gibt sicher sehr viele Situationen,in denen das Meßmodell y von anderem Typ ist als das Ausgangssystem x und bei denen folglich keine Theorie für die Messung im obigen Sinn geeignet ist.Trotzdem bleiben wir bei der eingeschränkten Formulierung,weil wir uns hier generell auf die Betrachtung nur einer einzigen Theorie beschränkt haben.Der allgemeinere Fall erfordert die Einbeziehung mehrerer Theorien und die Untersuchung der zwischen diesen bestehenden Beziehungen,also die Einbeziehung eines ganzen Theorien-Netzes.In Bezug auf die kohärentistische Lösung treten dabei aber keine wesentlich neuen Gesichtspunkte auf.

Der wesentliche und kohärentistische Aspekt der Lösung besteht in der Voraussetzung der Theorie bei der Messung.Die Theorie wird vorausgesetzt,wenn beide Systeme x und y zu einem (oder "dem") durch die Theorie erfolgreich "erklärten" Phänomenbereich gehören.Mit dem allgemeinen Theoriebegriff aus Kap.II läßt sich dies einfach präzisieren. Ein erfolgreich durch T "erklärter" Bereich von Phänomenen ist einfach eine Modellmenge,die die Querverbindungen erfüllt und die eine "theoretische" Ergänzung der Menge I der intendierten Anwendungen bildet, d.h. zu jedem Modell x des Bereichs gibt es eine intendierte Anwendung, die Teilstruktur von x ist (vergl.D24).Für späteren Gebrauch definieren wir auch die Menge aller solcher erfolgreicher theoretischer Bereiche von T.

D101 X ist ein <u>erfolgreicher theoretischer Bereich von</u> T ($X \in EB(T)$) gdw $X \in Pot(M) \cap Q \cap e(I)$

D102 Sei B eine globale Meßmethode für $\bar{R}_i$, $y \in B$, $x \in M_p$ und <u>real</u>(x).Wir sagen,daß T <u>bei der Messung von</u> R_i^x <u>durch</u> y <u>vorausgesetzt</u> wird gdw gilt $\exists X(X \in EB(T) \wedge x \in X \wedge y \in X)$

Hier werden alle Komponenten von T,also "ganz" T,vorausgesetzt,denn wenn $x,y \in X \in EB(T)$ gilt,so sind x und y Modelle,die über Q untereinander und mit anderen Systemen in Verbindung stehen und über I mit der "Realität".

Die Lösung des Meßproblems erfolgt auch hier in drei Schritten. Erstens wird eine geeignete Theorie T gewählt,zweitens wird T bei der Messung von R_i^x durch y vorausgesetzt und drittens nimmt der Kohärentist an,daß T die Identitäts-Querverbindung für $\overline{R}_i$ enthält (vergl.D82).Es folgt dann $R_i^x(a)=R_i^y(a)$.

<u>T61</u> Sei B eine globale Meßmethode für $\overline{R}_i$, $y \in B$, $x \in M_p$ und $a \in Dom(R_i^x) \cap Dom(R_i^y)$. Wird T bei der Messung von R_i^x durch y vorausgesetzt und ist in T die Identitäts-Querverbindung erfüllt,so gilt $R_i^x(a)=R_i^y(a)$

Beweis: Aus D102 erhält man ein $X \in EB(T)$,sodaß $x \in X$ und $y \in X$.Da in T die Identitäts-Querverbindung gilt,folgt nach D82 für $a \in Dom(R_i^x) \cap Dom(R_i^y)$: $R_i^x(a)=R_i^y(a)$ #

Die Wahl einer geeigneten Theorie T ist in T61 dadurch enthalten,daß B eine globale Meßmethode für $\overline{R}_i$,also $B \subseteq M_p$ ist.

<u>22) Theoriegeleitete Messung</u>

Theoriegeleitete Messung liegt nach dem,was im letzten Abschnitt gesagt wurde,immer vor,wenn das Meßproblem in kohärentistischer Weise gesehen und gelöst wird.Umgekehrt ist bei jeder theoriegeleiteten Messung das Meßproblem automatisch gelöst,und zwar in kohärentistischer Weise.

Ob bei einer Messung die einschlägige Theorie tatsächlich im Sinne von D102 vorausgesetzt wurde,läßt sich im konkreten Fall schwer sagen; die Definition ist holistisch,weil "ganz" T eingeht und pragmatisch, weil auf I Bezug genommen wird,und daher kaum effektiv anwendbar.Wir werden also nicht versuchen,den Begriff der theoriegeleiteten Messung genau zu definieren,sondern nur die wichtigsten Charakteristika dieses Begriffs zusammenstellen.

Ein erstes Charakteristikum der theoriegeleiteten Messung wurde schon in Kap.I angegeben und besteht darin,daß die bei solcher Messung vorausgesetzte Theorie allgemein als gesichert gelten muß.In der Entwicklung einer Theorie wird zunächst immer archigon gemessen,nämlich wenn es darum geht,ob die Theorie überhaupt für eine Behandlung des fraglichen Phänomenbereichs brauchbar ist und wenn man sich noch nicht viele Daten für die Brauchbarkeit beschaffen konnte.Im Laufe der Entwicklung ändert sich dies."Irgendwann" wird die Theorie allgemein anerkannt,wozu eine große Zahl zueinander passender Daten beiträgt (der Verweis auf die Relativitätstheorie bedeutet keine Einschränkung dieser Feststellung).Ab diesem Zeitpunkt besteht keine Notwendigkeit mehr,die Theorie durch unabhängige,archigon gemessene Daten zu testen: sie hat sich hinreichend bewährt.Und ab diesem Zeitpunkt ist theoriegeleitete Messung möglich und sinnvoll.Sie wird,wie schon gesagt,zur Lösung praktischer Probleme und zum Test neuer,auf der gegebenen Theorie aufbauender Theorien benutzt.Theoriegeleitete Messung wird also historisch immer dann auftreten,wenn bereits ein reiches (gemessenes) Datenmaterial über einen Bereich vorliegt und wenn man diese Daten zur Gewinnung neuer Daten in einem anderen Bereich voraussetzt und benutzt.Aus dieser Perspektive ist es nicht verwunderlich,daß ein großer (vielleicht der größte) Teil der heutigen Messungen theoriegeleitet ist.Es wurde eben im Lauf der Geschichte zumindestens in den Naturwissenschaften eine große Masse verläßlicher Daten angehäuft und man wäre dumm,diese nicht zu benutzen.Um Mißverständnissen vorzubeugen,bemerken wir,daß das Auftreten theoriegeleiteter Messung kein Garant für die unbegrenzte Gültigkeit der vorausgesetzten Theorie ist.Es können sich bei jeder Theorie anfangs nicht sichtbare Probleme bilden,die zu einer Revision führen.Aber selbst bei Inkommensurabilität der alten mit der neuen,sie ersetzenden Theorie werden die mit der alten Theorie theoriegeleitet gewonnenen Daten nicht wertlos.In der Regel behält ja die "alte" Theorie in gewissen Grenzen ihre Gültigkeit und Daten,die aus diesem abgegrenzten Gültigkeitsbereich stammen,kann man weiterhin benutzen.

Das zweite Charakteristikum besteht darin,daß "die" einschlägige Theorie bei der Messung vorausgesetzt wird.Wie schon angedeutet,dürfte der Nachweis,daß bei einer Messung tatsächlich die Theorie T vorausgesetzt wird,im Einzelfall schwierig sein,da "Voraussetzen" eine innere Einstellung der Wissenschaftler beinhaltet.Aber es gibt auch äußerliche Kriterien dafür,daß die Theorie vorausgesetzt wird,nämlich wenn sie bei der Messung in irgendeiner Weise benutzt wird.Die effektive Benutzung einer Theorie bei der Messung äußert sich wie folgt.Zur Bestimmung des Meßwerts im Meßmodell wird eine Formel oder Gleichung benutzt,die ein Axiom oder Teil eines Axioms von T ist.Mit Hilfe dieser Formel oder Gleichung wird der Meßwert aus anderen,als bekannt vorausgesetzten Werten effektiv berechnet.Die Benutzung einer derartigen Formel ist ein klarer Hinweis,vielleicht sogar eine hinreichende Bedingung für das Vorliegen theoriegeleiteter Messung.

Diese Situation läßt sich auch formal im Verhältnis von Meßmodellen und Modellen der einschlägigen Theorie festmachen.Allerdings scheint die Bedingung in D103 unten,wie die Beispiele zeigen,nur hinreichend für theoriegeleitete Messung.Das Verhältnis zwischen Meßmodellen und Modellen der geeigneten oder einschlägigen Theorie ist dies.Die Meßmodelle entstehen aus den Modellen durch zweifache "Spezialisierung". Erstens werden die Modelle durch "Spezialgesetze" der Theorie weiter eingeschränkt.Das heißt,daß zu den Gesetzen (Axiomen),die die Modelle der Theorie charakterisieren,weitere Gesetze hinzugefügt werden.Diese Spezialgesetze unterscheiden sich von den "Grundgesetzen" der Theorie dadurch,daß sie jeweils nur für einen kleinen Teilbereich der intendierten Anwendungen von T gültig sind,während die Grundgesetze in allen Anwendungen gelten.Zum Beispiel ist das Hookesche Gesetz,das die Bewegung elastischer Federn oder allgemeiner "harmonischer Oszillatoren" beschreibt,ein Spezialgesetz der Mechanik,da es nicht in allen Anwendungen der Mechanik gilt (z.B.nicht in Anwendungen des Gravitationsgesetzes auf das Sonnensystem).Ein Spezialgesetz der Tauschwirtschaft ist das Gesetz vom abnehmenden Grenznutzen,welches ebenfalls nicht in allen Anwendungen der Tauschwirtschaft Gültigkeit hat.

Zweitens kommen zu den Axiomen der Theorie (und den im ersten Schritt eventuell hinzugefügten Spezialgesetzen) weitere Annahmen hinzu,die wir "ad hoc Annahmen" nennen.Diese haben im allgemeinen keinen gesetzesartigen Charakter.Es sind meist Annahmen,die die Anzahl der im Modell vorkommenden Objekte betreffen oder die besagen,daß gewisse Funktionen oder Relationen im Modell trivial vorkommen,d.h.in einer für die betreffende Messung irrelevanten Weise.Eine solche ad hoc Annahme ist z.B.bei der Massenmessung mittels Zentralsstoß die Annahme, daß das Meßmodell genau drei Partikel enthält (D30-2),oder bei der Gewichtsmessung mittels Federwaage die Annahme,daß nur zwei von Null verschiedene Kräfte auftreten (D87-a-4.3).Die Verschärfung von Modellen zu Meßmodellen kann beide Spezialisierungsschritte enthalten,muß aber nicht.Es kann durchaus vorkommen,daß nur eine Art von Spezialisierung nötig ist,z.B.in D30 nur ad hoc Annahmen.Man kann sogar den Fall zulassen,daß überhaupt keine Spezialisierung auftritt,d.h.daß die Modelle der Theorie selbst schon Meßmodelle sind.Dies ist z.B. in der Mechanik der Fall,wo das zweite Newtonsche Axiom ein Meßmodell für die Beschleunigung $\ddot{s}$ liefert.

Wir fassen diese Überlegungen in einer Definition zusammen,wobei wir statt über Axiome,wie bisher auch schon,über die durch sie charakterisierten Strukturklassen reden.

D103 a) M^* ist ein Spezialgesetz für T gdw 1) $M^* \subseteq M$; 2) M^* wird ausschließlich durch gesetzesartige Sätze charakterisiert

b) M^* ist eine ad hoc Annahme für T gdw 1) $M^* \subseteq M$; 2) ist $M^* \subsetneq M$,so ist M^* durch eine Konjunktion der M charakterisierenden Sätzen mit nicht-gesetzesartigen Sätzen festgelegt

Natürlich sind diese Definitionen ziemlich pragmatisch,weil es kein präzises Kriterium für Gesetzesartigkeit gibt.Die Unterscheidung zwischen Grundgesetzen,Spezialgesetzen und ad hoc Annahmen einer Theorie muß etwas vage bleiben,obwohl man klare Beispiele für alle drei Begriffe angeben kann und obwohl im konkreten Fall in der Regel eine eindeutige Klassifikation moglich ist.Mit Hilfe dieser Unterscheidung können wir ein anwendbares Kriterium dafür formulieren,daß theoriegeleitete Messung vorliegt.

Kriterium für theoriegeleitete Messung:

Sind $x,y \in M_p$,ist y ein globales Meßmodell für $\bar{R}_i$ und gibt es M_1,M_2 sodaß gilt: 1) M_1 ist ein Spezialgesetz für T; 2) M_2 ist eine ad hoc Annahme für T; 3) $y \in M_1 \cap M_2$, so ist die Messung von R_i^x durch y theoriegeleitet.

Wenn man noch schärfer von "durch T geleiteter Messung" spricht,dann kann man das Kriterium so formulieren,daß unter den angegebenen Bedingungen eine durch T geleitete Messung vorliegt.

Betrachten wir kurz einige Beispiele.Bei Massenmessung durch Zentralstoß (D30) treten keine Spezialgesetze hinzu,alle angegebenen Bedingungen,außer D30-1,sind ad hoc Annahmen.Im Meßmodell für Orte mittels der Keplerschen Theorie (D35) treten ebenfalls keine Spezialgesetze,sondern nur die Grundgesetze der Keplerschen Theorie (D35-5 und 6) auf.Bedingungen 2,4,7 und 8 in D35 sind ad hoc.Bei der Massenmessung mittels Probekörper ist das Gravitationsgesetz ein Spezialgesetz (D84-b-3.1),während die restlichen Bedingungen D84-b-2, 3.2 und 4 ad hoc Annahmen darstellen.Die Gewichtsmessung mittels Federwaage (D87) beruht auf zwei Spezialgesetzen,dem Gesetz für den gedämpften harmonischen Oszillator (D87-a-4.1) und dem Gravitationsgesetz (D87-a-1 und D86-a-4) und weiteren ad hoc Annahmen (D87-2, 4.2, 4.2, 5,6 und 7). Die Messung des inneren Widerstandes einer Batterie (D61) setzt das Ohmsche Gesetz voraus,sowie die ad hoc Annahme von D61-2.Und so weiter.

Das hier explizierte Verhältnis von vorausgesetzter Theorie und Meßmodell rechtfertigt unsere Bezeichnung "theoriegeleitet".Denn die Theorie "leitet" in Form der Grundgesetze die beiden Spezialisierungsschritte.

Ein drittes Charakteristikum der theoriegeleiteten Messung, welches im zweiten schon enthalten ist, aber eigene Hervorhebung verdient, besteht in der Existenz "der" oder einer zur Messung von R_i^x in y geeigneten oder einschlägigen Theorie T. Nach den Festlegungen in Abschnitt 21) bedeutet dies, daß das ursprünglich betrachtete System x und auch das Meßmodell y potentielle Modelle von T sind. Wesentlich ist hier die Annahme, das Meßmodell y sei ein potentielles Modell von T. Sie beinhaltet, daß erstens die Bezeichnungen und Namen für "Objekte" des Meßmodells so wie in der Theorie verwandt werden und daß zweitens die im Meßmodell realisierten Größen den von der Theorie vorgeschriebenen Typ haben, d.h. daß sie technisch gesprochen genau wie in der Theorie typisiert sind. Mit anderen Worten: man betrachtet das System, in dem man messen will, durch die Brille der Theorie. Wir sehen hier von der Schwierigkeit ab, die entsteht, wenn x und y potentielle Modelle verschiedener Theorien sind. Selbst dann könnte man noch einwenden, daß die Annahme, der Meßvorgang sei im Vokabular der Theorie erfaßbar, ziemlich einschränkend ist und wohl nur bei einem kleinen Teil aller Meßvorgänge erfüllt sein wird. Man könnte darauf hinweisen, daß bei der Messung -und gerade bei der Messung- viele Faktoren zu berücksichtigen sind, die sich nicht im Vokabular der Theorie beschreiben lassen. Dazu braucht man nur kurz in die experimentelle Literatur zu schauen. Fast jede Beschreibung der experimentellen Anordnung enthält Passagen, die in wissenschaftlicher Alltagssprache abgefaßt sind und jedenfalls nicht die zentralen Grundbegriffe der einschlägigen Theorie enthalten. Wir meinen, daß dieser Einwand nicht schwerwiegend ist.

Erstens geben wir natürlich zu, daß es Experimente und Messungen gibt, die nicht im Vokabular einer Theorie erfaßbar sind, einfach weil es noch keine anerkannte Theorie über die betrachteten Phänomene gibt. Dann handelt es sich um archigone Messung, die hier nicht zur Diskussion steht.

Zweitens impliziert der Hinweis auf "nicht-theoretische" Experimentbeschreibungen keineswegs, daß der betreffende Meßvorgang nicht im Vokabular der einschlägigen Theorie erfaßt werden könne. Solche Experimentbeschreibungen haben eine mehrfache Funktion, die wir hier nicht vollständig analysieren können. Sie gewährleisten erstens eine "apparative Reproduzierbarkeit": der Leser der Beschreibung kann das Experiment an Hand der Beschreibung selbst wiederholen. Bei Angabe einer nur theoretischen Beschreibung wäre die apparative Realisierung noch völlig offen und variabel. Zweitens dienen solche Beschreibungen dazu, den Experimentator glaubhaft(er) zu machen. Drittens und für uns wichtig enthalten die Beschreibungen oft Hinweise darauf,wie störende Einflüsse eliminiert worden sind."Störende Einflüsse" sind aber solche, die die Annahme der Geltung der einschlägigen Theorie stören würden (was sonst?). Die systematische Ausschaltung solcher Einflüsse ist bisher wissenschaftstheoretisch kaum untersucht worden.Es ist aber klar, daß in einem experimentellen Bericht das Eingehen auf eventuelle Störfaktoren darauf hinweist,daß man die Messung im Lichte der oder einer Theorie sieht.

Drittens deutet gemäß unserem gerade formulierten Kriterium die Benutzung von anerkannten Formeln oder grundlegenden theoretischen Axiomen in der experimentellen Literatur darauf hin,daß die oder eine Theorie benutzt wird.Daß er eine bestimmte Messung im Lichte der einschlägigen Theorie betrachtet,ist für den experimentierenden Wissenschaftler so selbstverständlich,daß er keine Veranlassung hat,dies immer wieder zu betonen.

Viertens schließlich zeigt die Analyse vieler Beispiele von Messungen (auch in diesem Buch),daß sich die Meßvorgänge mühelos durch Meßmodelle im Vokabular einer Theorie erfassen lassen,falls es eine solche gibt.Bei einigermaßen umfassenden Theorien muß das auch so sein.Denn wenn die Theorie Anspruch auf eine vollständige Beschreibung ihrer Anwendungen (unter bestimmten Aspekten) erhebt,so gilt dies natürlich auch für Anwendungen,in denen mit Hilfe der Theorie eine Messung gemacht wird,d.h.für Meßvorgänge.Insgesamt meinen wir also -und sehen dies durch Betrachtung von Beispielen bestätigt- ,daß sich praktisch alle interessanten Meßvorgänge im Vokabular irgendeiner Theorie erfassen und als potentielle Modelle dieser Theorie (bzw.als Teilstrukturen oder Erweiterungen mittels definierter Terme) darstellen lassen.

Schließlich müssen wir noch auf den Fall eingehen,daß bei einer Messung nicht eine einzelne Theorie geeignet ist,sondern daß eine genaue Analyse das Zusammenspiel mehrerer Theorien beim Meßvorgang aufdeckt, sodaß der Meßvorgang sich nicht als <u>ein</u> potentielles Modell <u>einer</u> Theorie,sondern nur als Konglomerat mehrerer potentieller Modelle aus mehreren verschiedenen Theorien darstellen läßt (vergleiche etwa [Forge,1984] für ein Beispiel).In diesem Fall würden wir den Meßvorgang in verschiedene "Teilmeßvorgänge" zerlegen,sodaß sich die ganze Messung durch eine (theorieübergreifende) Meßkette erfassen läßt.Wir sehen jedenfalls im Hinweis auf die Existenz derart komplexer Meßverfahren keinen Einwand gegen unseren Begriffsapparat.Die Behandlung von Beispielen erfolgt ohne Mühe,wurde aber den Rahmen dieses Buches sprengen.

23) Bemerkungen zur Bedeutungstheorie

Die Bedeutungstheorie beschäftigt sich auf allgemeiner,sprachphilosophischer Ebene damit,was Wörter,Terme,Begriffe einer Sprache bedeuten.Man fragt,worauf,auf welche Entitäten sich die Ausdrücke der Sprache beziehen,was sie bezeichnen.Unsere Untersuchungen über theoriegeleitete Messung und die kohärentistische Lösung des Meßproblems führen zwanglos zu einer Explikation der Bedeutung eines Begriffs in einer Theorie T.Damit haben wir natürlich noch keine Bedeutungstheorie, weil erstens die Relativierung auf Begriffe in Theorien sehr einschränkend ist und weil zweitens unsere Beschränkung auf eine einzelne Theorie zu einem selbst in der Wissenschaft zu eingeschränkten Bedeutungsbegriff führt.Die in diesem Abschnitt entwickelten Ideen sind daher auf jeden Fall auf ganze Theorien-Netze auszuweiten,was aber keine prinzipiellen Probleme aufwirft.Wir kontrastieren unsere Ergebnisse wieder mit einer fiktiven operationalistischen Bedeutungstheorie.Der Zusatz "fiktiv" ist hier nötig,weil Operationalisten manchmal gar keine oder oft eine kohärentistische Bedeutungstheorie haben.Ein besonders krasser Fall liegt in [Campbell,1920] vor.

Was also bedeuten die Wörter,die in einer Theorie vorkommen,wie etwa "Masse","Kraft" in der Mechanik,"Abstand","zwischen" in der Geometrie,"Umlaufzeit","Temperatur" in der Astronomie,"Widerstand", "Spannung" in der Elektrizitätslehre,"Druck","Energie","Entropie" in der Thermodynamik? Betrachten wir zum Beispiel das Wort "Masse" genauer.Es bezeichnet eine Funktion,die Partikeln reelle Zahlen zuordnet,aber welchen Partikeln welche Zahlen? Sicher allen realen Partikeln; im Gegensatz etwa zu der reellen Zahl "1",die in unseren potentiellen Modellen der Mechanik sehr wohl als "abstraktes" Teilchen fungieren kann.Aber was sind "reale" Partikel? Solche,die wir kennen, oder solche,die wir möglicherweise untersuchen könnten? Ein Stein im Gebirge ist real,aber er wird kaum je Gegenstand einer Massenuntersuchung werden.Und wie steht es mit Partikeln im Andromeda Nebel,oder mit "sehr kleinen" oder "theoretischen" Partikeln,z.B.im Sonneninnern? Noch viel schwieriger ist die Frage,welche reelle Zahl man einem gegebenen Teilchen als dessen Masse anzeigend zuordnen soll.Abgesehen von der Wahl einer Masseneinheit,die hier nicht diskutiert werden soll,führt diese Frage sofort zur Bestimmung und Messung der Masse.

Wie soll man die Masse des Teilchens messen? Mit einem der zahlreichen verschiedenen Meßverfahren? Was ist,wenn diese unterschiedliche Ergebnisse liefern?

Die fiktive Bedeutungstheorie des Operationalisten beantwortet diese Fragen durch Hinweis auf eine ausgezeichnete Meßmethode B. "Masse" bezeichnet genau diejenigen Paare $<p,m(p)>$,für die p ein reales Teilchen und m(p) eine positive reelle Zahl ist und für die man m(p) als Ergebnis einer Messung mit Hilfe eines Meßmodells aus B erhält oder erhalten könnte (vergl.Abschnitt 19)).Auf die Einschränkungen,die hierbei dem Gebrauch des Wortes "Masse" auferlegt werden,wurde bereits in Abschnitt 20) hingewiesen.Die kohärentistische Bedeutungstheorie dagegen legt das Wort "Masse" durch die einschlägige Theorie,in diesem Fall durch die Mechanik fest."Masse" bezeichnet diejenigen Paare $<p,m(p)>$,die in einem erfolgreichen theoretischen Bereich der Mechanik "vorkommen" (vergl.D101).Wir wollen diese Ansätze präzise und in allgemeiner Form darstellen.

Dazu gehen wir aus von einem Term R,einem Begriff der Sprache,der in potentiellen Modellen x der Theorie (falls eine solche vorhanden ist) durch die i-te Funktion R_i^x realisiert werden möge.R ist also eine Variable,die im konkreten Fall Ausdrücke wie "Masse","Kraft","Widerstand" usw. bezeichnet. Man kann,muß aber nicht, R mit unserem mengentheoretischen Term $\bar{R}_i$ identifizieren.Die hieraus resultierende,eventuelle Doppeldeutigkeit des Ausdrucks "Term" wird dem Leser keine Schwierigkeiten bereiten.Naturlich sind die möglichen Antworten: "R bedeutet $\bigcup\{R_i/R_i \in \bar{R}_i\}$" oder "R bedeutet $\bar{R}_i$" nicht sehr interessant,sodaß wir sie gar nicht genauer ins Auge fassen.Der Operationalist legt die Bedeutung von R durch operationale Definition fest.

D104 Die operationalistische Bedeutung des durch die Meßmethode B operational definierten Terms R ist R(B) (vergl.D96)

Zur Explikation des kohärentistischen Bedeutungsbegriffs führen wir zwei Hilfsdefinitionen ein.

D105 a) Fur $X \in EB(T)$ sei $R(X) := \bigcup\{R_i^x / x \in X\}$
b) $R(T) := \bigcup\{R(X)/X \in EB(T)\}$

R(X) konnte man als die durch einen erfolgreichen theoretischen Bereich X gegebene Funktion bezeichnen.Natürlich ist R(T) gemäß b) nichts anderes als $\bigcup\{R_1^x / x \in \bigcup EB(T)\}$,d.h.die Vereinigung aller Funktionen R_i^x,die in irgendeinem Modell eines erfolgreichen theoretischen Bereichs von T vorkommen.Die Benutzung von a) ist bei b) eigentlich nicht nötig.Sie erfolgt einmal,weil man so die Eindeutigkeitsfrage besser diskutieren kann und zum anderen,weil wir R(X) später noch brauchen. Zunächst stellt man fest

<u>T62</u> a) $R(T) \subseteq \tau_i(\bigcup_{x \in \bigcup EB(T)} D_1^x, \ldots, \bigcup_{x \in \bigcup EB(T)} A_l^x)$

b) R(T) ist im allgemeinen keine Funktion

Beweis: a) Wie T56. b) Sei T so gewählt, daß $x \in M_p = M$ gdw $x = \langle \mathbb{R}; f \rangle$ mit $f: \mathbb{R} \to \mathbb{R}$, $Q := Pot(M) \setminus \{\emptyset\}$, $I = \{x,y\} \subseteq M$ und $f_x = Id$, $f_y = Id+1$ (d.h. $\forall a(f_y(a) = a+1)$. Dann ist $X := I \in EB(T)$. Aber $\langle 1,1 \rangle$ und $\langle 1,2 \rangle$ sind beide in $\bigcup\{f_z / z \in \bigcup EB(T)\}$ und daher ist f(T) keine Funktion #

Ähnlich wie beim operationalistischen Ansatz gibt es also auch hier Probleme mit der Eindeutigkeit von R(T). Aber die Bedingungen, unter denen R(T) eindeutig wird, sind anders geartet als die entsprechenden Bedingungen im operationalistischen Ansatz. Bei letzterem sind die Bedingungen ausschließlich an die Meßmethode B (bzw. die verschiedenen $B_1, \ldots, B_n$) zu stellen. Im kohärentistischen Fall dagegen betreffen sie die ganze Theorie T. Um dies genauer zu sehen, fragen wir, unter welchen Bedingungen D105 eine Funktion liefert. Denn solange dies nicht der Fall ist, hat man in Analogie zu D97 eine mehrelementige Menge $\mathfrak{B}'$ und jedes Element von $\mathfrak{B}'$ ist als Kandidat für R(T) gleich gut geeignet.

<u>D106</u> a) $\mathfrak{B}' := \{f / f \subseteq R(T) \wedge f$ ist Funktion $\wedge Dom(f) = \bigcup\{Dom(R_i^x) / x \in EB(T)\}\}$

b) T <u>legt</u> R(T) <u>eindeutig fest</u> gdw R(T) eine Funktion ist

<u>T63</u> $\mathfrak{B}'$ ist einelementig gdw R(T) eine Funktion ist. In jedem dieser Fälle ist $\mathfrak{B}' = \{R(T)\}$

Beweis: Es gilt (1) $Dom(R(T)) = \bigcup\{Dom(R_i^x) / x \in \bigcup EB(T)\}$ nach Definition von R(T). "$\Longrightarrow$". Sei f das einzige Element von $\mathfrak{B}'$. Annahme: R(T) ist keine Funktion, d.h. es gibt $a \in Dom(R(T))$ und b,c mit $b \neq c$ und $\langle a,b \rangle \in R(T) \wedge \langle a,c \rangle \in R(T)$. Nach (1) und D102-a ist $Dom(R(T)) = Dom(f)$, also $a \in Dom(f)$. Sei o.B.d.A. $f(a) = b$. Wir betrachten $f' := (f \setminus \{\langle a,f(a) \rangle\}) \cup \{\langle a,c \rangle\}$. Dann ist $f' \neq f$ und $f' \in \mathfrak{B}'$ im Widerspruch zur Annahme. "$\Longleftarrow$". Sind $f,g \in \mathfrak{B}'$, so gilt $f \in R(T)$, $g \in R(T)$ und $Dom(f) = Dom(g) = Dom(R(T))$ nach (1) und D102-a. Sei $a \in Dom(f)$. Dann ist $f(a) = R(T)(a) = g(a)$, weil R(T) nach Voraussetzung eine Funktion ist. Also f=g. Wegen $R(T) \in \mathfrak{B}'$ folgt in diesem Fall $\mathfrak{B}' = \{R(T)\}$ #

Der eindeutigen Festlegung von R(T) durch T entspricht also der Sachverhalt, daß $\mathfrak{B}'$ genau ein Element hat.

Die Eindeutigkeitsfrage für R(T) läßt sich in (mindestens) zwei Teilfragen aufspalten, nämlich erstens, ob für $X \in EB(T)$ R(X) eindeutig, d.h. eine Funktion, ist und zweitens, ob die Vereinigung der R(X) wieder eine Funktion ergibt. Bei der ersten Teilfrage ist klar, unter welchen Bedingungen sie positiv zu beantworten ist, nämlich wenn T die

Identitäts-Querverbindung für $\overline{R}_i$ enthält (T64 unten). Falls T die Identitäts-Querverbindung für $\overline{R}_i$ enthält,hat man eine einfache hinreichende Bedingung für die Eindeutigkeit von R(T).R(T) ist eindeutig, wenn EB(T) nur ein Element enthält (T64-b).

<u>T64</u> a) Für $X \in EB(T)$ ist R(X) eine Funktion,wenn T die Identitäts-Querverbindung für $\overline{R}_i$ enthält

b) Enthält T die Identitäts-Querverbindung für $\overline{R}_i$ und gibt es genau ein $X \in EB(T)$,so ist R(T) eine Funktion

Beweis: a) Sei $X \in EB(T), x \in X$ und $a \in Dom(R_i^x)$.Dann ist $<a,R_i^x(a)> \in R(X)$. Sei $<a,b> \in R(X)$.Dann gibt es $y \in Y$ mit $a \in Dom(R_i^y)$ und $b=R_i^y(a)$.Aus $X \in EB(T)$ folgt $X \in Q$ und hieraus nach Voraussetzung,daß $R_i^x(a)=R_i^y(a)=b$, also $<a,b>=<a,R_i^x(a)>$. b) Seien $x,y \in \bigcup EB(T)$ und $a \in Dom(R_i^x) \cap Dom(R_i^y)$. Nach Voraussetzung ist $EB(T)=\{X\}$,also $\bigcup EB(T)=X$ mit $X \in Pot(M) \cap Q \cap e(I)$.Aus $X \in Q$ folgt nach D82 $R_i^x(a)=R_i^y(a)$ #

Unter den beiden in T64-b gemachten Voraussetzungen ist man also berechtigt,R(T) als <u>die</u> durch T festgelegte Funktion zu bezeichnen.

Daß R(T) im allgemeinen keine Funktion ist,stört beim kohärentistischen Ansatz,wenn es um die Explikation der Bedeutung von R geht,zunächst nicht,da es ja apriori keine Einwände gegen eine "Mehrdeutigkeit" von R gibt.Es stört hier nur rein äußerlich die Verwendung des bestimmten Artikels,den wir in Anlehnung an den üblichen,realistischen Sprachgebrauch in den Wissenschaften benutzen.Beim operationalistischen Ansatz dagegen stellt sich die Nicht-Eindeutigkeit als ernstes Problem dar,insofern dort eine (operationale) <u>Definition</u> verlangt wird.

Im Hinblick auf Beispiele erweist es sich als nützlich,bei der Eindeutigkeit von R(T) auch den Fall zu betrachten,in dem Eindeutigkeit "bis auf Skalentransformation" vorliegt.Es ist oft so,daß für verschiedene $X,Y \in EB(T)$ R(X) und R(Y) zwar verschieden sind,aber durch Skalentransformation ineinander übergehen.Man denke an verschiedene Systeme von Einheiten.Man kann dann skalenäquivalente R(X) und R(Y) identifizieren und im günstigen Fall sind alle R(X) mit $X \in EB(T)$ miteinander äquivalent.In diesem Idealfall wird man eine andere Definition von R(T) ins Auge fassen,man wird nämlich R(T) als die Äquivalenzklasse aller R(X) mit $X \in EB(T)$ definieren.

<u>D107</u> T enthalte die Identitäts-Querverbindung für $\overline{R}_i$ und alle $R_i \in \overline{R}_i$ seien Funktionen in einen Vektorraum über einem geordneten Körper K (vergl.D45).

a) Sind $X,Y \in EB(T)$,so gelte $R(X) \approx R(Y)$ gdw $\bigcup\{Dom(R_i^x)/x \in X\}= \bigcup\{Dom(R_i^y)/y \in Y\} \wedge \exists \alpha \in K^+ \forall a \in \bigcup\{Dom(R_i^x)/x \in X\}(R(X)(a)=\alpha \cdot R(Y)(a))$

b) Gilt für alle $X,Y \in EB(T)$: $R(X) \approx R(Y)$, so wird $\tilde{R}(T)$ definiert durch $\tilde{R}(T) := \{R(X)/X \in EB(T)\}$

c) Wir sagen, daß R(T) <u>in</u> T <u>bis auf Skalentransformation eindeutig bestimmt</u> ist gdw gilt $\forall X,Y \in EB(T)$: $R(X) \approx R(Y)$

Man könnte diese Definitionen auch unter allgemeineren Voraussetzungen hinschreiben, allerdings werden sie dann komplizierter. Man zeigt leicht, daß $\approx$ eine Äquivalenzrelation ist. $\tilde{R}(T)$ in b) stellt einfach die Äquivalenzklasse <u>eines</u> Repräsentanten R(X) mit $X \in EB(T)$ dar. Das heißt, man kann $\tilde{R}(T)$ mit einem der R(X) "bis auf Skalentransformation" identifizieren. Wir sagen dann, daß R(T) bis auf Skaleninvarianz eindeutig bestimmt ist (D103-c).

<u>T63</u> a) $\approx$ ist eine Äquivalenzrelation auf $\{R(X)/X \in EB(T)\}$

b) Ist R(T) in T bis auf Skaleninvarianz eindeutig bestimmt, so gilt für alle $X \in EB(T)$: $\tilde{R}(T) = \widetilde{R(X)}$ und ferner $R(T) = \{\widetilde{R(X)}/X \in EB(T)\}$

Beweis: a) Reflexivität und Symmetrie sind trivial. Zum Nachweis der Transitivität wählt man (bei nach Voraussetzung gegebenen α_1, α_2) $\alpha = \alpha_1 \cdot \alpha_2$. b) $\widetilde{R(X)}$ bezeichnet die Äquivalenzklasse von R(X) unter $\approx$. $\tilde{R}(T) = \widetilde{R(X)}$ folgt also direkt aus D107-c. Nach D101-b und D107-b ist $R(T) = \cup \tilde{R}(T)$, also folgt der zweite Teil von b) aus dem ersten #

Die kohärentistische Bedeutung von R explizieren wir nun als R(T).

<u>D108</u> Die <u>kohärentistische Bedeutung von</u> R <u>in</u> T ist R(T)

Die Frage, ob die Bedeutung von R in T durch T eindeutig festgelegt ist, läßt sich nicht rein formal untersuchen. Man kann lediglich Beispiele betrachten und sehen, ob die Voraussetzung der Eindeutigkeit ähnlich fiktiv ist wie die operationalistische Voraussetzung, daß man alle Objekte, die man messen möchte, auch messen kann. Die Untersuchung der Eindeutigkeitsfrage an Beispielen erweist sich als kompliziert und macht es erforderlich, über den hier gewählten, relativ engen Rahmen <u>einer</u> empirischen Theorie hinauszugehen. Man muß dabei mindestens noch die zu einer Theorie gehörigen Spezialgesetze berücksichtigen und daher ganze Theorien-Netze betrachten, die sich aus den in Kap. II definierten empirischen Theorien bilden lassen. Wir verzichten daher auf die Untersuchung von Beispielen und belassen es bei den folgenden allgemeinen Bemerkungen.

Die Annahme einer Identitäts-Querverbindung für $\overline{R}_i$ ist meist unproblematisch, sodaß das Hauptproblem bei der Eindeutigkeit von R(T) in der Frage liegt, ob EB(T) genau einen oder aber mehrere erfolgreiche theoretische Bereiche enthält. Im ersten Fall wird nach T64-

R(T) eine Funktion und die Bedeutung von R damit eindeutig gegeben sein. Dieser Fall liegt vor, wenn es genau ein X gibt mit $X \in Pot(M) \cap Q \cap e(I)$. Da M und Q formal charakterisiert sind, gibt es aufgrund von Isomorphie immer mehrere Elemente von $Pot(M) \cap Q$. Die entscheidende Frage ist also, ob die intendierten Anwendungen (zusammen mit M und Q) ein solches X eindeutig auszeichnen können. Nun sind die intendierten Anwendungen nicht formal präzise gekennzeichnet. Sie werden vielmehr, wie in Kapitel II ausgeführt, durch die paradigmatische Methode bestimmt. Somit scheint eine logische Untersuchung der Eindeutigkeit von X nicht möglich, denn dazu muß der Satz

$$X \in Pot(M) \cap Q \cap e(I) \wedge X' \in Pot(M) \cap Q \cap e(I) \rightarrow X = X'$$

untersucht werden, der in Form von I eine nur pragmatisch bestimmte Komponente enthält. Diese Schwierigkeit läßt sich aber umgehen, indem man für I eine beliebige, formal charakterisierbare Teilmenge $Y \subseteq M_{pp}^{K}$ einsetzt. Man kann dann formal präzise untersuchen, unter welchen Bedingungen der Satz

$$X \in Pot(M) \cap Q \cap e(Y) \wedge X' \in Pot(M) \cap Q \cap e(Y) \rightarrow X = X'$$

gilt, d.h. beweisbar ist. Derartige Bedingungen lassen sich stets, notfalls "mit Gewalt" angeben. Hat man solche Bedingungen gefunden, so kann man überlegen, ob sie auch für I anstelle von Y plausibel sind.

Es zeigt sich, daß die Bedingungen an Y, die zu einer eindeutigen Bestimmung von X durch Formel $X \in Pot(M) \cap Q \cap e(Y)$ führen, im Lichte der "Realität" (d.h. im Lichte unserer realen Möglichkeiten, Kenntnisse und schon durchgeführten Untersuchungen) betrachtet, sehr stark und idealisierend sind. Sie beinhalten zum Beispiel Voraussetzungen über die Anzahl der intendierten Anwendungen (meist unendlich viele) und über deren "Komplexität". Solche Bedingungen stellen, wenn man sie explizit angeben kann, in gewissem Sinn eine Präzisierung der Aussage dar, daß R durch T eindeutig festgelegt wird. Hierzu einige allgemeine Bemerkungen.

Erstens zeigen -wie ausgeführt- formale Untersuchungen, daß die hinreichenden Bedingungen an I, unter denen R(T) eine Funktion ist, sehr starke Annahmen über die Realität ausdrücken. Diese Annahmen haben aber in der Regel nicht den Charakter empirischer Sätze, die sich auf ihre Richtigkeit hin überprüfen lassen. Sie haben vielmehr den Charakter von Idealisierungen, ähnlich dem Induktionsaxiom in der Arithmetik. Ob man solche Bedingungen (und damit die Eindeutigkeit von R(T)) unplausibel findet, hängt weitgehend davon ab, in welchem Ausmaß man operationalistisch oder positivistisch eingestellt ist. Der Positivist wird sagen, daß er nicht sehen könne, wieso die Bedingungen erfüllt sind und daß er deshalb auf die Voraussetzung,R(T) sei eindeutig bestimmt,lieber verzichte.

Zweitens muß auf den allgemein üblichen Sprachgebrauch hingewiesen werden.Wissenschaftler verwenden stets den bestimmten Artikel: "die Masse","das Unbewußte","die Nutzenfunktion" usw. Sie reden stets so,als ob R(T) durch T eindeutig festgelegt sei.Inwieweit damit auch ein Glaube an metatheoretische Sachverhalte,wie wir sie hier untersuchen, verbunden ist,vermögen wir nicht zu beurteilen.Aus den wissenschaftlichen Publikationen wird man wohl kaum einen Schluß hinsichtlich der vorliegenden Frage ziehen können.Auch der Schluß,daß diese Redeweise auf die philosophische Haltung des Realismus hinweise,scheint uns sehr gewagt.Viele Fachwissenschaftler vertreten bei Gelegenheit operationalistische oder positivistische Ansichten,die sich auch bei größter Anstrengung nicht als Realismus deklarieren lassen.

Drittens ist zu berücksichtigen,daß Wissenschaftler nicht dogmatisch ihre Theorien als richtig ansehen.Sie sind immer bereit,theoretische Annahmen wieder zurückzunehmen und zuzugeben,daß es bessere Lösungen oder Theorien gibt.Auch bei der Aussage,daß R(T) eine Funktion sei, sollte der Wissenschaftler zur Zurücknahme bereit sein.

Viertens könnte man untersuchen,ob sich aus der Annahme der Eindeutigkeit von R(T) irgendwelche praktischen Konsequenzen ergeben. Der einzig mögliche Fall,den wir hier sehen,ist der folgende.Man hat zunächst einen einzigen erfolgreichen theoretischen Bereich X. Bei weiteren Untersuchungen -etwa durch Benutzung einer neuen Klasse von Meßapparaten- stellt man aber fest,daß R(T)(a) bei gleichem a aber verschiedenen Meßmethoden verschiedene Werte annimmt.Derjenige,der hier an der Eindeutigkeit von R(T) festhält,muß eine neue Größe einführen und erklären,daß die abweichenden Werte in Wirklichkeit Werte der neuen Größe seien und nichts mit R(T) zu tun hätten.Diese Situation ist nicht fiktiv.Man wird sie in der Entwicklungsgeschichte der Wissenschaften oft antreffen.Da eine wissenschaftstheoretische Untersuchung einschlägiger Beispiele unter dem angesprochenen Aspekt noch aussteht,können wir auch mittels dieses vierten Punktes zu keiner Klärung kommen.

24) Operationalismus als Spezialfall des Kohärentismus

Diese Überschrift muß dem Operationalisten ziemlich provokativ vorkommen.Da wir aber,wie am Anfang dieses Kapitels betont,nicht beanspruchen,alle Dimensionen des Operationalismus darzustellen,muß auch diese Überschrift entsprechend eingeschränkt verstanden werden.Es geht uns hier nur um einen Vergleich beider Ansätze unter dem Aspekt der Messung.Und obwohl der Operationalist wahrscheinlich sagen wird, daß selbst bei solcher Einschränkung unsere Darstellung noch nicht vollständig ist,scheint uns ein Vergleich unter diesem Aspekt naheliegend.Der Ansatzpunkt zum Vergleich liegt auf der Hand: er ist gegeben durch die Explikation der Bedeutung eines in beiden Ansätzen verwandten Begriffs R.Im operationalistischen Ansatz ist R operational definiert,im kohärentistischen durch ganz T.Wenn wir annehmen,daß auch der Operationalist nach Einführung seiner Größen zu empirischen Gesetzen gekommen ist,so hat auch er es mit einer Theorie zu tun.Und da die Bedingungen,die wir in Kap.II an empirische Theorien stellten, nicht sehr einschränkend sind,dürfte es keine allzu gewaltsame Annahme darstellen,daß der Operationalist eine Theorie T in Form einer empirischen Theorie vor sich hat -genauso wie der Kohärentist.Der entscheidende Unterschied zwischen beiden Ansätzen liegt dann in der Bedeutung von R. Im operationalistischen Ansatz war R=R(B) operational definiert durch eine reale Meßmethode B (vergl.D95),im kohärentistischen Ansatz R=R(T) durch ganz T (vergl.D105-b).Aus dieser unterschiedlichen Auffassung der Bedeutung von R leitet sich auch ein Unterschied im Status der Axiome,der grundlegenden Sätze der Theorie,in beiden Ansätzen ab.Für den Operationalisten sind die Axiome der Theorie rein empirische Sätze,die ausdrücken,wie sich die verschiedenen operational definierten Größen tatsächlich zueinander verhalten.Im kohärentistischen Ansatz dagegen können die Axiome auch definitorische (analytische) Elemente enthalten.

Bei Betrachtung der unterschiedlichen Bedeutungen von R sieht man sofort,in welchem Sinn der operationalistische Ansatz einen Spezialfall des kohärentistischen darstellt.Wenn man nämlich die kohärentistische Funktion R(T) durch eine Meßmethode operational definieren kann, erhält man eine Situation,die beiden Ansätzen gerecht wird.Anders gesagt: man kommt vom kohärentistischen Ansatz durch eine Verschärfung -nämlich die eben angedeutete- zum operationalistischen.Das Verfahren in umgekehrter Richtung funktioniert nicht.Wenn bei einer Theorie T die Funktion R(T) nicht operational definierbar ist,so kommt man auf keine Weise durch Verschärfung des operationalistischen Begriffs von R(B) zu R(T).Der kohärentistische Ansatz ist in diesem Sinn echt allgemeiner als der operationalistische.Wir halten das Spezialisierungsverfahren in Form einer Definition fest.

D109 a) R(T) ist operational definiert gdw es eine reale Meßmethode B für $\overline{R}_i$ gibt,sodaß R(B)=R(T)

b) T ist operational begründet,wenn alle Funktionen R(T) operational definiert sind

Dieses Verhältnis zweier Sichtweisen von Theorien trifft man auch in der Mathematik an und zwar dort zwischen Intuitionismus bzw.Konstruktivismus auf der einen Seite und platonischem Idealismus auf der anderen. Das Verhältnis zwischen Vertretern beider Lager ist in der Mathematik ziemlich entspannt.Man kennt die gegenseitigen Standpunkte und weiß um ihre Vor- und Nachteile.Viele der Argumente,die in der Mathematik ausgetauscht wurden,dürften sich auch auf den Gegensatz zwischen Operationalismus und Kohärentismus in den empirischen Wissenschaften übertragen lassen.Da der Operationalismus in diesem Buch nur als "Kontrastmittel" diente,haben wir uns bei seiner Darstellung ziemlich kurz gefaßt.Weitere Information muß sich der Leser aus der Literatur beschaffen,z.B. [Bridgman,1927],[Dummett,1977] oder [Lorenzen,1968].

Wir möchten abschließend bemerken,daß die Forderung,R(T) solle operational definiert sein (D109-a),außerordentlich stark ist.Sie leuchtet intuitiv nur dann ein,wenn R(T) eine Funktion ist.In diesem Fall besagt sie intuitiv,daß sich für alle Anwendungen x und alle in diesen vorkommenden Argumente a der Wert $R_i^x(a)$ durch ein und dieselbe Meßmethode bestimmen läßt.Es scheint ziemlich klar,daß diese Bedingung in der Regel nicht erfüllt sein wird.

VII THEORETISCHE TERME

Abschließend wollen wir den entwickelten Begriffsapparat auf ein spezielles metatheoretisches Problem anwenden,nämlich auf die Definition "theoretischer Terme".Wir können in Weiterführung des Ansatzes von [Gähde,1983] eine formale Definition von Theoretizität angeben und damit für konkrete Theorien beweisen,welche ihrer Terme theoretisch sind.Diese Untersuchung ist von zentraler Bedeutung,wenn es darum geht, den durch eine einzelne Theorie abgesteckten Rahmen zu erweitern und ganze Theorien-Netze zu betrachten.Ein Kriterium dafur,welche Terme einer Theorie in dieser Theorie theoretisch sind,gibt nämlich dem Theorien-Netz die innere Struktur,an der man sieht,wie die verschiedenen Theorien im Netz miteinander zusammenhängen und aufeinander aufbauen.Diese innere Struktur läßt sich definieren,wenn man weiß,wann ein Term in einer Theorie T theoretisch ist.Man definiert dann: Theorie T setzt die Theorie T´ voraus,wenn es einen in T´ theoretischen Term gibt,der in T nicht-theoretisch ist.Daß diese Definition sinnvoll ist, wird natürlich erst klar,wenn man die nun einzufuhrende Theoretizitätsdefinition verstanden hat.Letztere ist so abgefaßt,daß ein Term t in einer Theorie T theoretisch ist genau dann,wenn er in einer genau festgelegten Weise in T meßbar oder bestimmbar ist.Die obige Definition von "Voraussetzen" bedeutet dann grob folgendes: T setzt T´ voraus, wenn es in T einen Term t gibt,der in T nicht meßbar ist (T-nicht-theoretisch),wohl aber in T´ (der "vorausgesetzten" Theorie).

Das Beispiel der theoretischen Terme zeigt in eindrucksvoller Weise,daß es auch in der Wissenschaftstheorie Fortschritte gibt.Bevor wir uns den neuesten systematischen Begriffsbildungen zuwenden,sei daher kurz und ohne Anspruch auf Vollständigkeit die Vorgeschichte skizziert.

Im Logischen Empirismus ging man aus von einer "nicht-theoretischen Beobachtungssprache",deren Terme und Sätze durch "unmittelbare" Erfahrung überprüft werden konnten.Alle anderen Terme der Wissenschaftssprache waren "theoretisch".Man hatte also eine Unterscheidung zwischen theoretischen und nicht-theoretischen Termen relativ zu einer "Gesamtsprache",die den ganzen Bereich der normalen und wissenschaftlichen Sprache umfaßt.Man erkannte schnell,daß die Anwendung dieser Unterscheidung ziemlich willkürlich und vage bleiben mußte und ersetzte die Zweiteilung der Gesamtsprache durch einen geschichteten Aufbau,in dem,wieder ausgehend von einer neutralen Beobachtungssprache,sukzessive "theoretische Terme" immer höherer Stufen eingeführt werden ([Hempel,1974]).Aber die Probleme verschwanden dadurch nicht.Die Abgrenzung der nicht-theoretischen Sprache blieb vage und willkürlich. Darüberhinaus mehrten sich Stimmen und Argumente,daß es neutrale,nicht-theoretische Beobachtungsterme überhaupt nicht gebe: jeder Term sei "theorienbeladen",d.h.seine Bedeutung sei durch theoretische Annahmen wesentlich mitbestimmt.

Folgerichtig begann man,die Unterscheidung von der "anderen Seite", nämlich von der Seite der Theorien her,zu betrachten.[Putnam,1962] wies darauf hin,daß die früheren Überlegungen nichts zum Verständnis der Rolle theoretischer Terme in den Theorien,aus denen sie stammen, beitragen,daß diese Rolle aber für den Status theoretischer Terme entscheidend sei. [Sneed,1971] schlug erstmals eine Unterscheidung zwischen theoretischen und nicht-theoretischen Termen "von der Theorie her" vor.Er formulierte ein Kriterium für "Theoretizität in einer gegebenen Theorie".Nach Sneeds Kriterium ist ein Term t einer Theorie T grob gesprochen "theoretisch in T",wenn jede Messung (einer Realisierung) dieses Terms voraussetzt,daß T bereits auf irgendein System erfolgreich angewandt wurde.[Stegmüller,1973] präzisierte "voraussetzen" durch "logisch folgen" und "x ist eine erfolgreiche Anwendung von T" durch "es gibt ein Modell,dessen Restriktion x ist und x ist eine intendierte Anwendung". Das Kriterium lautete nun wie folgt.t ist T-theoretisch,wenn für jede Messung (einer Realisierung) von t aus den Sätzen,die die Messung in irgendeiner existierenden Darstellung von T beschreiben,logisch die Existenz einer erfolgreichen Anwendung von T folgt.Damit war die Frage nach theoretischen Termen auf eine bestimmte Theorie relativiert und die Willkür und Vagheit der ursprünglichen Unterscheidung weitgehend eliminiert.Das zuletzt formulierte Kriterium enthält noch zwei pragmatische Komponenten durch die Bezugnahme auf alle Messungen und Meßmethoden für einen Term t,sowie die "existierenden" Darstellungen einer Theorie.

Der nächste Schritt in der Entwicklung bestand darin,das Reden über Messung und Meßmethoden zu präzisieren.In [Balzer & Moulines,1980] wurde vorgeschlagen,den Begriff der Messung und Meßmethode mittels Meßmodellen zu explizieren.Das obige Kriterium enthielt nun nur noch eine einzige pragmatische Komponente,nämlich in Form der existierenden Darstellungen einer Theorie.

[Kamlah,1976] und [Tuomela,1973] präzisierten Theoretizitätskriterien,die auch von einer gegebenen Theorie ausgehen,jedoch die inhaltliche Bestimmung anders vornehmen.Nach Kamlah und Tuomela ist ein Term t T-theoretisch,wenn es,grob gesprochen,ein Meßmodell für t in T gibt,welches zugleich ein Modell von T ist.Bringen wir die Formulierungen von Sneed,Stegmüller und Balzer & Moulines auf der einen Seite auf die etwas vergröberte Form "Für alle x: wenn x ein Meßmodell für t ist,dann ist x ein Modell",so läßt sich die Version von Kamlah und Tuomela auf der anderen Seite,ebenfalls vergröbert,analog schreiben als "Es gibt x,sodaß x ein Meßmodell für t in T und ein Modell von T ist".Beide Versionen sind offenbar nicht äquivalent.Sie enthalten aber einen gemeinsamen "Kern" in folgendem Sinn.Wenn nach der ersten Version t nicht aus trivialen Gründen theoretisch ist,nämlich wenn der "Wenn-Satz" nicht immer falsch ist,dann gibt es ein Modell von T,welches auch ein Meßmodell für t ist (genau wie in der zweiten Version gefordert).

U.Gähde hat nun in einem entscheidenden Schritt ([Gähde,1983],auch [Gähde,1981/82]) ein neues Theoretizitätskriterium formuliert,welches auch die Bezugnahme auf existierende Darstellungen der Theorie vermeidet und somit rein formal anwendbar ist.Damit scheint die Entwicklung der Theoretizitätsfrage zu einem ersten dauerhaften Resultat geführt zu haben.Ausgehend von einer philosophisch motivierten,sehr vagen Unterscheidung hat sich in einer Folge von Diskussionen und Verbesserungsvorschlägen ein präzises Theoretizitätskriterium herausgeschält,welches in der Wissenschaftstheorie einigen Bestand haben dürfte dürfte.

25) Eine neue Definition von Theoretizität

Wir geben nun eine formale Definition dafür,daß ein Term $\bar{t}$ in einer Theorie T theoretisch ist.Dabei gehen wir von Gähdes Ansatz aus,den wir in einigen Punkten modifizieren,vereinfachen und verbessern.

Die intuitive Idee ist ziemlich einfach.Term $\bar{t}$ ist T-theoretisch, wenn er in T in genau angebbarer Weise bestimmt werden kann: nämlich durch eine "invariante" Meßmethode.Diese Intuition ist eng verwandt mit der der Logischen Empiristen,die ja anfangs glaubten,sie könnten theoretische Terme durch Definition auf Beobachtungsterme zurückführen. Nur wird bei uns ein viel schwächerer Begriff von "Definition",nämlich Definition als Bestimmung mittels einer invarianten Meßmethode, verwandt,sodaß wir zögern,hier uberhaupt von "Definition" zu reden.

Zur Erklärung des Begriffs einer invarianten Meßmethode betrachten wir zunächst ein Beispiel, nämlich das der Stoßmechanik. Die Meßmodelle für $\bar{m}$ durch Zentralstoß (D30) sind Modelle von KSM (D30-1), die noch weitere Bedingungen erfüllen. Die resultierende Meßmethode wird also durch Konjunktion des Fundamentalgesetzes der KSM (Impulserhaltungssatz) mit weiteren Annahmen (D30-2 bis 5) charakterisiert. Wenn wir von Bedingung D30-5 absehen, die nur der Festlegung der Einheit dient, dann sehen wir, daß in den zusätzlichen Annahmen D30-2 bis 4 nicht von m die Rede ist. Es handelt sich um Annahmen über die Anzahl der Partikel und über die Form der Geschwindigkeitsfunktion v. Ein Meßmodell für m entsteht also dadurch, daß zusätzlich zum Fundamentalgesetz noch weitere Bedingungen an die von m verschiedenen Komponenten gestellt werden. Das heißt, die Eindeutigkeit von m im Meßmodell wird dadurch erreicht, daß man die von m verschiedenen Komponenten des Modells weiter einschränkt. Wir sagen in solchen Fällen, die Meßmethode sei invariant bezüglich des Fundamentalgesetzes und $\bar{m}$ definiert.

Das Beispiel enthält alle Züge des allgemeinen Falls. Im allgemeinen betrachten wir eine Theorie $T=\langle M_p,M,Q,I\rangle$ mit potentiellen $\langle k,l,\tau_1,\ldots,\tau_m\rangle$-Modellen und einen Term $\bar{t}:=\bar{R}_i$ $(i \leqq m)$ von T. Eine Meßmethode B $(B \subseteq M_p)$ für $\bar{t}$ nennen wir invariant bezüglich M und $\bar{t}$ (M-$\bar{t}$-invariant), wenn B durch eine Konjunktion der Axiome für M (Fundamentalgesetz) mit anderen Axiomen charakterisiert wird, in denen nicht von $\bar{t}$ die Rede ist.

Diese Definition läßt sich auch modelltheoretisch fassen. Wir führen dazu den Begriff des Spielraums von $\bar{t}$ bezüglich M in einem Modell x ein:

$$SP(M,\bar{t},x):=\{y/y=x_{-i}[R_i^y] \wedge y \in M\}$$

$SP(M,\bar{t},x)$ ist also die Menge aller Strukturen y, die aus x durch Abänderung von R_i^x entsteht $(y=x_{-i}[R_i^y])$, sodaß die abgeänderte Struktur y immer noch ein Modell ist. Man beachte, daß die letztere Erhaltung der Modelleigenschaft nicht-trivial ist. Es gibt im allgemeinen Abänderungen von x in der i-ten Komponente, die keine Modelle mehr sind. In der Prädikatenlogik erster Stufe läßt sich zeigen, daß die obige syntaktische Bedingung (nämlich daß die zusätzlichen Axiome für B nur über die von $\bar{t}$ verschiedenen Terme reden) mit einer Erhaltung des Spielraums im folgenden Sinn äquivalent ist: für alle $x \in B$ ist $SP(M,\bar{t},x)=SP(B,\bar{t},x)$. Das heißt, der Spielraum von $\bar{t}$ in x bezüglich M ändert sich nicht, wenn man von M zur schärfer charakterisierten Menge $B \subseteq M$ übergeht (daher auch die Bezeichnung "invariante Meßmethode"). Für den Rest dieses Kapitels sei wieder $T=\langle M_p,M,Q,I\rangle$ eine empirische Theorie mit potentiellen $\langle k,l,m\rangle$ Modellen und $i \leqq m$.

D110 Für $x \in M$ und $B \subseteq M_p$ wird der Spielraum $SP(B,\overline{R}_i,x)$ von $\overline{R}_i$ in x bezüglich B definiert durch
$SP(B,\overline{R}_i,x)=\{y/y \in B \wedge y=x_{-i}[R_i^y]\}$

D111 Sei $B \subseteq M_p$. B heißt M-i-invariant gdw $\emptyset \neq B \subseteq M$ und für alle $x \in B$:
$SP(M,\overline{R}_i,x)=SP(B,\overline{R}_i,x)$

Wir wollen,weil diese Definitionen von zentraler Bedeutung sind,noch eine äquivalente Version angeben.

D112 Für $x,y \in M_p$ gelte $x \simeq_i y$ gdw $x,y \in M$ und $x=y_{-i}[R_i^x]$
$(x)_i:=\{z/z \in M \wedge x \simeq_i z\}$

T64 a) $\simeq_i$ ist eine Äquivalenzrelation auf M
b) Für alle B gilt: $\emptyset \neq B \subseteq M$ ist M-i-invariant gdw gilt
$\forall x,y(x \in B \wedge x \simeq_i y \wedge y \in M \rightarrow y \in B)$ bzw. $\forall x,y(x \in B \rightarrow (x)_i \subseteq B)$
c) M ist M-i-invariant

Beweis: a) und c) sind trivial. b) Seien $x \in B, y \in M$ gegeben mit $x \simeq_i y$. Nach D110 und D112 ist $y \in SP(M,\overline{R}_i,x)$.Nach D111 folgt $y \in SP(B,\overline{R}_i,x)$ und hieraus mit D110: $y \in B$.Umgekehrt sei $x \in B$.Aus D110 erhält man direkt $SP(B,\overline{R}_i,x) \subseteq SP(M,\overline{R}_i,x)$. Zum Nachweis der umgekehrten Inklusion sei $y \in SP(M,\overline{R}_i,x)$,d.h.nach D110 $y \in M \wedge y=x_{-i}[R_i^y]$.Hieraus folgt zusammen mit $x \in B$,D112 und der Voraussetzung: $y \in B$ und somit nach D110: $y \in SP(B,\overline{R}_i,x)$.Die zweite Formel ist offenbar mit der ersten äquivalent#

Zur adäquaten Formulierung müssen wir schließlich noch bei den betrachteten Meßmethoden unterscheiden,ob dort Skaleninvarianzen im Sinne von D46 eine Rolle spielen.Es zeigt sich nämlich bei Behandlung konkreter Beispiele,daß viele Theorien die Bestimmung ihrer "theoretischen" Terme nur bis auf Skaleninvarianz gestatten (wie man auch an den Beispielen im nächsten Abschnitt sieht).Würden wir in solchen Fällen bei der Theoretizitätsdefinition nur globale Meßmethoden im Sinne von D28 berücksichtigen,so wären all jene Terme,bei denen Bestimmung nur bis auf Skaleninvarianz erfolgt,T-nicht-theoretisch und es gäbe fast keine theoretischen Terme mehr.Andererseits soll unsere Definition aber auch Fälle ohne Skaleninvarianz abdecken.Wir müssen daher zwei Fälle unterscheiden,die wir in der folgenden Definition einer zulässigen Meßmethode für $\overline{R}_i$ zusammenfassen.

D113 B M_p ist eine zulässige Meßmethode für $\overline{R}_i$ gdw entweder
1) jedes Element von $\overline{R}_i$ eine Funktion in einen Vektorraum über einem geordneten Körper K und B eine Meßmethode mit Skaleninvarianz für $\overline{R}_i$ ist oder
2) $\overline{R}_i$ Elemente enthält,die keine Funktionen in einen Vektorraum über einem geordneten Körper sind und B eine globale Meßmethode

für $\overline{R}_i$ ist

Man beachte,daß im Fall 1) auch globale Meßmethoden,d.h.solche ohne Skaleninvarianz,zulässig sind,falls es solche gibt.Denn jede globale Meßmethode ist,wie man aus T15-c leicht folgert,auch eine Meßmethode mit Skaleninvarianz.Die Definition theoretischer Terme lautet nun wie folgt.

D114 $\overline{R}_i$ ist T-theoretisch gdw es eine zulässige Meßmethode B für $\overline{R}_i$ gibt,die M-i-invariant ist. $\overline{R}_i$ ist T-nicht-theoretisch gdw $\overline{R}_i$ nicht T-theoretisch ist

26) Beispiele

Die allgemeine Definition soll nun an drei Beispielen illustriert werden.

Beispiel 1 Klassische Partikelmechanik (KPM)

Bis zum Schluß dieses Beispiels stehe "M_p" bzw. "M" für "M_p^n(KPM)" bzw. "M^n(KPM)".Wir untersuchen zunächst die Spielräume der Terme $\bar{s}$, $\bar{m}$ und $\bar{f}_i$ $(i \leq n)$,wobei stets die äquivalente Formulierung von D112 und T64 verwandt wird.

Lemma 1 Sei $x \in M$ und $y \in M_p$.Dann gilt

$$x \simeq_1 y \text{ gdw } (y = x_{-1}[s_y] \wedge \exists v,a \in \mathbb{R}^3 \forall p \in P_x \forall t \in T(s_y(p,t) = s_x(p,t) + vt + a))$$

Beweis: Aus $x \simeq_1 y$ folgt $y \in M \wedge y = x_{-1}[s_y]$ und hieraus $P_x = P_y$, $f_i^x = f_i^y$ für $i \leq n$ und damit $\forall p \in P_x \forall t \in T(\ m_x(p) \cdot \ddot{s}_x(p,t) = \sum_{i \leq n} f_i^x(p,t) = \sum_{i \leq n} f_i^y(p,t) = m_y(p) \cdot \ddot{s}_y(p,t))$.Hieraus erhält man $\forall p,t(\ddot{s}_x(p,t) = \ddot{s}_y(p,t))$ und durch zweifache Integration die Behauptung.Umgekehrt folgt aus der rechten Seite $P_x = P_y \wedge m_x = m_y \wedge f_i^x = f_i^y$ für $i \leq n$ und durch zweifaches Differenzieren $\forall p \in P_x \forall t \in T(\ \ddot{s}_y(p,t) = \ddot{s}_x(p,t))$.Es folgt $\forall p \in P_y \forall t \in T(\ m_y(p) \cdot \ddot{s}_y(p,t) = m_x(p) \cdot \ddot{s}_x(p,t) = \sum_{i \leq n} f_i^x(p,t) = \sum_{i \leq n} f_i^y(p,t))$,also $m_y \cdot \ddot{s}_y = \sum_{i \leq n} f_1^y$,d.h. $y \in M$ #

Lemma 2 Sei $x \in M$ und $y \in M_p$.Dann gilt $x \simeq_2 y$ gdw

$$y = x_{-2}[m_y] \wedge \forall p \in P_x(\exists t \in T(\ddot{s}_x(p,t) \neq 0 \wedge m_x(p) = m_y(p)) \vee \forall t \in T(s_x(\ddot{p},t) = 0))$$

Beweis: Aus $x \simeq_2 y$ folgt $y \in M \wedge y = x_{-2}[m_y]$ und hieraus $P_x = P_y, s_x = s_y$, $f_i^x = f_i^y$ für $i \leq n$ und,für $u \in \{x,y\}$: $\forall p \in P \forall t \in T(m_u(p) \cdot \ddot{s}_u(p,t) = \sum_{i \leq n} f_i^u(p,t))$.

Sei $p \in P_x = P_y$. Ist $\forall t \in T(\ddot{s}_x(p,t)=0)$, so gilt die rechte Seite der Behauptung. Gibt es $t \in T$ mit $\ddot{s}_x(p,t) \neq 0$, so folgt $\ddot{s}_y(p,t) \neq 0$ und aus obigen Identitäten (1) $m_x(p) = (1/|\ddot{s}_x(p,t)|) \cdot |\sum_{i \leq n} f_i^x(p,t)| = (1/|\ddot{s}_y(p,t)|) \cdot |\sum_{i \leq n} f_i^y(p,t)| = m_y(p)$. Nun gelte zur Umkehrung die rechte Seite der Äquivalenz. Dann ist $P_x = P_y, s_x = s_y$ und $f_i^x = f_i^y$ für $i \leq n$. Sei $p \in P_x$. 1.Fall: $\forall t \in T(\ddot{s}_x(p,t)=0)$. Es folgt $\forall t \in T(\ddot{s}_y(p,t)=0)$ und $\forall t \in T(\sum_{i \leq n} f_i^y(p,t) = \sum_{i \leq n} f_i^x(p,t) = m_x(p) \cdot \ddot{s}_x(p,t) = 0)$ und damit $\forall t \in T(m_y(p) \cdot \ddot{s}_y(p,t) = 0 = \sum_{i \leq n} f_i^y(p,t))$, d.h. $y \in M$ und $x \approx_2 y$. Im 2.Fall erhält man wie in (1) $m_x(p) = m_y(p)$ und damit $x \approx_2 y$ #

<u>Lemma 3</u> Sei $x \in M$ und $y \in M_p$ und $2 < i \leq n+2$. Dann gilt

$x \approx_i y$ gdw $x = y$

Beweis: Aus $x \approx_i y$ folgt $(y \in M \wedge y = x_{-i}[f_{i-2}^y])$. (Man beachte, daß wegen der Numerierung der f_i gilt: $f_{i-2}^x = R_i^x$, sodaß an der i-ten Stelle in x die Funktion f_{i-2}^x steht.) Man erhält $P_x = P_y \wedge s_x = s_y \wedge m_x = m_y \wedge \forall j(2 < j \leq n+2 \wedge j \neq i \rightarrow f_{j-2}^x = f_{j-2}^y)$. Mit $x, y \in M$ folgt hieraus $f_{i-2}^x(p,t) = m_x(p) \cdot \ddot{s}_x(p,t) - \sum_{j \neq i} f_{j-2}^x(p,t) = m_y(p) \cdot \ddot{s}_y(p,t) - \sum_{j \neq i} f_{j-2}^y(p,t) = f_{i-2}^y(p,t)$, also $f_{i-2}^x = f_{i-2}^y$. Das heißt aber, daß $x = y$. Die Umkehrung ist trivial #

Die Anwendung von D114 auf KPM liefert nun folgendes Ergebnis.

<u>T65</u> In KPM ist $\bar{s}$ nicht-theoretisch, während $\bar{m}$ und alle $\bar{f}_i$ $(i \leq n)$ theoretisch sind

Beweis: a) $\bar{s}$ ist KPM-nicht-theoretisch. Sei $B \subseteq M$ M-1-invariant. Dann gilt (1) $\forall x(x \in B \rightarrow (x)_1 \subseteq B)$. Annahme: B ist eine zulässige Meßmethode für $\bar{s}$. Da s eine Funktion in $\mathbb{R}^3$ ist, müssen wir Skaleninvarianzen berücksichtigen. Betrachten wir zuerst den Fall der $\equiv_1$-Invarianz. Aus D113 folgt (2) $\forall x \forall s, s'(x_{-1}[s] \in B \wedge x_{-1}[s'] \in B \rightarrow \exists \alpha \in \mathbb{R}^+ \forall p \in P \forall t \in T (s(p,t) = \alpha \cdot s'(p,t)))$. Nach D111 ist $B \neq \emptyset$. Mit $v \in \mathbb{R}^3$ ist dann nach (1) und Lemma 1 auch $x_{-1}[s^*] \in B$, wobei s^* definiert ist durch $s^*(p,t) = s_x(p,t) + vt$. Aus $x \in B$ und $x_{-1}[s^*] \in B$ folgt nach (2) $\exists \alpha \in \mathbb{R}^+ \forall p \in P \forall t \in T$ $(s_x(p,t) = \alpha \cdot s_x(p,t) + vt))$, was bei geeigneter Wahl von v unmöglich ist. Die Annahme ist also falsch und B keine zulässige Meßmethode für $\bar{s}$. Den Fall der $\equiv_2$-Invarianz behandelt man genauso.#

b) $\bar{m}$ ist KPM-theoretisch. Sei $B := \{x / x \in M \wedge \forall p \in P_x \exists t \in T(\ddot{s}_x(p,t) \neq 0)\}$. Für $x \in B$ und $y \in (x)_2$ folgt aus Lemma 2 und nach Voraussetzung $m_x = m_y \wedge y = x_{-2}[m_y]$, d.h. $y = x$. Also ist $(x)_2 = \{x\} \subseteq B$ und damit wegen $B \subseteq M$ B M-2-invariant. Seien nun x, m, m' gegeben, sodaß $x_{-2}[m] \in B$ und $x_{-2}[m'] \in B$. Sei $p \in P_x$. Nach Definition von B gibt es $t \in T$ mit $\ddot{s}_x(p,t) \neq 0$. Es folgt

$m(p)=(1/|\ddot{s}_x(p,t)|)\cdot|\sum_{i\leq n} f_i^x(p,t)|=m'(p)$, also $m=m'$. Daher ist B eine zulässige Meßmethode für $\bar{m}$.

c) für $2<i\leq n+2$ ist $\bar{f}_{i-2}$ KPM-theoretisch. Sei B:=M. Nach T64-c ist B M-i-invariant und nach Lemma 3 ist B eine zulässige Meßmethode für $\bar{f}_{i-2}$ #

Die in D114 formulierte Definition von Theoretizität führt also im Fall von KPM genau zu der erwarteten Unterscheidung von theoretischen und nicht-theoretischen Termen.

Beispiel 2: Tauschwirtschaft (ÖKO)

Wir untersuchen zunächst wieder die Spielräume der verschiedenen Terme in Modellen. Bis zum Ende dieses Beispiels stehe stets "M_p" bzw. "M" für "M_p(ÖKO)" bzw. "M(ÖKO)". Wir schreiben U(i,q) für U(i,q(i,1),..., q(i,n)).

Lemma 4 Für $x\in M$ und $y\in M_p$ gilt $x\approx_2 y$ gdw $y=x_{-2}[q_y^a]\wedge\forall i\in J(\sum_{j\leq n} p_x(j)q_x^a(i,j)=\sum_{j\leq n} p_y(j)q_y^a(i,j))\wedge TW_y\subseteq Z_y)$

Beweis: Aus $x\approx_2 y$ folgt $y\in M\wedge y=x_{-2}[q_y^a]$, d.h. $Z_x=Z_y, p_x=p_y, q_x^e=q_y^e$ und hieraus $\forall i\in J(\sum_{j\leq n} p_y(j)q_y^a(i,j)=\sum_{j\leq n} p_y(j)q_y^e(i,j)=\sum_{j\leq n} p_x(j)q_x^e(i,j)=\sum_{j\leq n} p_x(j)q_x^a(i,j)$. Umgekehrt folgt aus der rechten Seite, weil $x\in M$:

$\sum_{j\leq n} p_y(j)q_y^a(i,j)=\sum_{j\leq n} p_x(j)q_y^a(i,j)=\sum_{j\leq n} p_x(j)q_x^e(i,j)=\sum_{j\leq n} p_y(j)q_y^e(i,j)$,

d.h. wegen $q_y^e=q_x^e\in Z_x=Z_y$: $q_y^e\in TW_y$. Weiter ist $TW_y\subseteq Z_y$. Nun sei $q\in TW_y$. Wegen $x\in M$ folgt $\sum_{j\leq n} p_x(j)q(i,j)=\sum_{j\leq n} p_y(j)q(i,j)=\sum_{j\leq n} p_y(j)q_y^a(i,j)=\sum_{j\leq n} p_x(j)q_x^a(i,j)$, d.h. $q\in TW_x$. In $x\in M$ gilt dann $U_x(i,q)\leq U_x(i,q_x^e)$, d.h. nach Voraussetzung $U_y(i,q)\leq U_y(i,q_y^e)$, also insgesamt $y\in M$ #

Lemma 5 Für $x\in M$ und $y\in M_p$ gilt $x\approx_3 y$ gdw $y=x_{-3}[U_y]\wedge\forall q(q\in TW_y\rightarrow\forall i\in J(U_y(i,q)\leq U_y(i,q_y^e))))$

Beweis: Aus $x\approx_3 y$ folgt $y\in M\wedge y=x_{-3}[U_y]$. Aus $y\in M$ erhält man $\forall q(q\in TW_y\rightarrow\forall i\in J(U_y(i,q)\leq U_y(i,q_y^e)))$. Zur Umkehrung gelte die rechte Seite. Man hat (nach Voraussetzung und weil $x\in M$):

$\sum_{j\leq n} p_y(j)q_y^e(i,j)=\sum_{j\leq n} p_x(j)q_x^e(i,j)=\sum_{j\leq n} p_x(j)q_x^a(i,j)=\sum_{j\leq n} p_y(j)q_y^a(i,j)$,

d.h. wegen $q_y^e=q_x^e\in Z_x=Z_y$: $q_y^e\in TW_y$. Weiter ist $TW_y=TW_x\subseteq Z_x=Z_y$. Die Nutzenmaximierung wird gerade durch die rechte Seite ausgedrückt. Also insgesamt $y\in M$ #

Lemma 6 Für $x \in M$ gibt es $U: J_x \times \mathbb{R}^n \to \mathbb{R}$, sodaß

1) $x_{-3}[U] \in M$ und 2) es gibt keine $\alpha \in \mathbb{R}^+$, $\beta \in \mathbb{R}_0^+$, sodaß für alle $i \in J_x$ und alle q: $U_x(i,q) = \alpha \cdot U(i,q) + \beta$

Beweis: Man wählt U so, daß U auf TW_x mit U_x übereinstimmt, aber außerhalb von TW_x Bedingung 2 des Lemmas erfüllt #

Lemma 6 besagt intuitiv, daß der Spielraum $(x)_3$ von U in x nicht durch Skalentransformation von U_x ausgeschöpft wird.

T66 In ÖKO sind $\bar{Z}$, $\bar{q}^a$, $\bar{U}$ nicht-theoretisch und $\bar{p}$, $\bar{q}^e$ theoretisch

Beweis: a) $\bar{Z}$ ist ÖKO-nicht-theoretisch. Da die Elemente von $\bar{Z}$ keine vektorwertigen Funktionen sind, ist der zweite Teil von D113 einschlägig. Sei B M-1-invariant und $x \in B$. Nach D17a ist $Z_x \subsetneq \{q/q: J_x \times \mathbb{N}_n \to \mathbb{R}_0^+\}$. Sei $q^*: J_x \times \mathbb{N}_n \to \mathbb{R}_0^+$ so, daß $q^* \notin Z_x$. Wir setzen $Z^* := Z_x \cup \{q^*\}$ und $x^* := x_{-1}[Z^*]$. Dann ist $Z_x \subseteq Z^*$. Offenbar ist $TW_x = TW_{x^*}$ und man zeigt leicht, daß $x^* \in M$. Da B M-1-invariant ist, folgt $x^* \in B$. Aber $Z_{x^*} = Z^* \neq Z_x$, also ist B keine globale Meßmethode für $\bar{Z}$.

b) $\bar{q}^a$ ist ÖKO-nicht-theoretisch. Sei B M-2-invariant. Da $\bar{q}^a$ reellwertige Funktionen enthält, müssen wir Skaleninvarianzen berücksichtigen. Wir betrachten dabei den -ökonomisch sinnvolleren- Fall der $\equiv_2$-Invarianz für die Funktion $q_+^a: J \to \mathbb{R}^n$, $q_+^a(i) := \langle q^a(i,1), \ldots, q^a(i,n) \rangle$. Falls es keine M-2-invariante zulässige Meßmethode mit $\equiv_2$-Skaleninvarianz für $\bar{q}_+^a$ gibt, dann auch keine für $\bar{q}^a$. Sei $x \in B$. Nach D17-a-3 gibt es $r_1 \neq r_2 \in J_x$ und $j_1, j_2 \leq n$, sodaß $q_x^a(r_1, j_1) > 0$ und $q_x^a(r_2, j_2) > 0$. O.B.d.A. sei $j_1 = 1$, $j_2 = 2$. Wir setzen $p_j := p_x(j)$ für $j \leq n$, $\beta_{ij} := q_x^a(r_i, j)$ für $J_x = \{r_1, \ldots, r_m\}$, $i \leq m$ und $j \leq n$. Seien für $i \leq m$, $j \leq n$ $\gamma_{ij} \in \mathbb{R}_0^+$ so gewählt, daß gilt

(1) $\quad p_1\gamma_{11} + p_2\gamma_{12} = p_1\beta_{11} + p_2\beta_{12}$

(2) $\quad p_1\gamma_{21} + p_2\gamma_{22} = p_1\beta_{21} + p_2\beta_{22}$

(3) $$\frac{\gamma_{11}(1+\beta_{11}-\beta_{21}) - \beta_{11}\gamma_{21}}{\beta_{11}(\beta_{11}-\beta_{21})} \neq \frac{\gamma_{12}(1+\beta_{12}-\beta_{22}) - \beta_{12}\gamma_{22}}{\beta_{12}(\beta_{12}-\beta_{22})}$$

(4) $\quad$ für $i > 2$, $j > 2$: $\gamma_{ij} = \beta_{ij}$.

Wir definieren $q^*(i,j) := \gamma_{ij}$ für $i \leq m$, $j \leq n$ und $x^* := x_{-2}[q^*]$. Wegen (1), (2) und (4) gilt $q^* \in TW_x$ und daher $TW_x = TW_{x^*}$. Es folgt $TW_{x^*} \subseteq Z_x = Z_{x^*}$ und $q_{x^*}^e = q_x^e \in TW_x = TW_{x^*}$. Für $q \in TW_{x^*}$ gilt wegen $U_x = U_{x^*}$ und $q_x^e = q_{x^*}^e$: $U_{x^*}(i,q) \leq U_{x^*}(i, q_{x^*}^e)$. Insgesamt ist also $x^* \in M$. Nach Konstruktion gilt $x \equiv_2 x^*$ und daher, weil $x^* \in M$ und $x \in B$ nach Voraussetzung und T64: $x^* \in B$. Nach Konstruktion von q^* gibt es wegen (3) aber kein $\alpha \in \mathbb{R}^+$ und $b \in \mathbb{R}^n$, sodaß für alle $i \leq m$ und $j \leq n$: $q_+^a(r_i, j) = \alpha \cdot q_+^*(r_i, j) + b$. Also sind

q_+^a und q_+^* nicht $\approx_2$-äquivalent und damit B keine SKI_2-Meßmethode für $\bar{q}_+^a$. Hieraus folgt, daß B auch keine SKI_2-Meßmethode für $\bar{q}^a$ ist.

c) $\bar{U}$ ist ÖKO-nicht-theoretisch. Sei B M-3-invariant. Annahme: B ist eine zulässige Meßmethode für $\bar{U}$ mit $\approx_2$-Skaleninvarianz. Es folgt (5) $\forall x \forall U,U'(x_{-3}[U] \in B \wedge x_{-3}[U'] \in B \rightarrow \exists \alpha \in \mathbb{R}^+ \exists \beta \in \mathbb{R}_0^+ \forall i \in J_x \forall q$ $(U(i,q)=\alpha \cdot U'(i,q)+\beta))$. Aus $B \subseteq M$ folgt $x_{-3}[U] \in M$ und damit nach Lemma 6 die Existenz eines U' mit $x_{-3}[U'] \approx_3 x_{-3}[U]$ und (6) $\neg \exists \alpha \in \mathbb{R}^+ \exists \beta \in \mathbb{R}_0^+$ $(U=\alpha \cdot U'+\beta)$. Aus $x_{-3}[U'] \approx_3 x_{-2}[U]$ und der M-3-Invarianz von B folgt aber $x_{-3}[U'] \in B$ und hieraus ergibt sich nach (5) ein Widerspruch zu (6). Die Annahme ist also falsch.

d) $\bar{q}^e$ ist ÖKO-theoretisch. Sei $B:=\{x \in M/ \forall i \in J_x(U_i$ ist streng konvex$)\}$, wobei $U_i: \mathbb{R}^n \rightarrow \mathbb{R}$ definiert ist durch $U_i(\alpha_1,\ldots,\alpha_n)=U(i,\alpha_1,\ldots,\alpha_n)$. Es gilt B ist M-4-invariant. Denn sei $x \in B \wedge y \approx_4 x$. Es folgt $y \in M, U_x=U_y$ und somit $y \in B$. Wir zeigen: B ist eine zulässige Meßmethode für $\bar{q}^e$. Sei $x \in M_p$ und $x_{-4}[q^e] \in B \wedge x_{-4}[q_1^e] \in B$. Für streng konvexes U_i gilt: U_i hat auf TW_x ein eindeutig bestimmtes echtes Maximum, etwa bei q^o. Aus $B \subseteq M$ folgt damit $q^e=q^o=q_1^e$. B ist also eine globale Meßmethode für $\bar{q}^e$ und damit insbesondere eine SKI_j-Meßmethode für $\bar{q}^e$ $(j=1,2)$.

e) $\bar{p}$ ist ÖKO-theoretisch. Sei $B:=\{x \in M/ \exists i \in J_x \forall j \leqq n(q_x^e(i,j)>0)\}$. Es gilt (7) B ist M-5-invariant. Denn aus $x \in B$ und $y \approx_5 x$ folgt $y \in M$, $q_y^e=q_x^e$ und damit $y \in B$. (8) B ist eine zulässige Meßmethode für $\bar{p}$ mit $\equiv_1$-Skaleninvarianz. Sei $x \in M_p$ und $x_{-5}[p] \in B \wedge x_{-5}[p'] \in B$. Nach Definition von B folgt für ein $i_o \in J_x$: $x_{-5}[p] \in M \wedge x_{-5}[p'] \in M \wedge q_x^e(i_o,j)>0$ für $j \leqq n$. Nach T2) aus [Balzer, 1982a], S.29, gilt für alle $j,k \leqq n$: $p(j)/p(k)$ $=D_jU_x(i_o,q_x^e)/D_kU_x(i_o,q_x^e)=p'(j)/p'(k)$. Hieraus folgt (mit $\alpha:=p(1)/p'(1)$): $p(j)=\alpha \cdot p'(j)$ für $j=1,\ldots,n$, d.h. $p \equiv_1 p'$ #

Damit liegt in ÖKO die Unterscheidung zwischen theoretischen und nicht-theoretischen Termen so vor, wie sie von Ökonomen auch gesehen wird. Die Behandlung von $\bar{U}$ als ÖKO-theoretisch in [Balzer, 1982a] erscheint uns im Lichte des hier benutzten Kriteriums nicht mehr zutreffend. Ein wichtiger Grund, der für die fehlerhafte Behandlung ausschlaggebend gewesen sein dürfte, besteht darin, daß in [Balzer 1982a] noch keine Invarianzen berücksichtigt wurden.

Intuitiv gesprochen erweist sich der Formalismus von ÖKO als Instrument, bei gegebenen Nutzenfunktionen und Anfangsverteilungen wechselseitig Gleichgewichtsverteilung und Gleichgewichtspreise auseinander zu bestimmen. Umgekehrt liefert Information über Gleichgewichtsverteilung und Preise keine Möglichkeit zur Bestimmung von U oder q^a. Dies ist auch genau die von Ökonomen geäußerte Auffassung.

Beispiel 3 Klassische Stoßmechanik (KSM)

Als letztes Beispiel wollen wir die KSM untersuchen, deren potentielle Modelle und Modelle in D29 definiert wurden. In diesem Beispiel stehe wieder stets "M" und "M_p" für "M(KSM)" und "M_p(KSM)".

T67 In KSM ist $\bar{v}$ KSM-nicht-theoretisch und $\bar{m}$ KSM-theoretisch

Beweis: a) $\bar{v}$ ist KSM-nicht-theoretisch. Sei $\mathfrak{a} \in SO_3$, d.h. eine orthogonale, reelle 3 x 3 Matrix mit det $\mathfrak{a}$=1, und $x=\langle P;\{0,1\},|R;v,m\rangle \in M$. Dann gilt $\sum_{p \in P} m(p)(\mathfrak{a}v(p,0)) = \mathfrak{a}\sum_{p \in P} m(p)v(p,0) = \mathfrak{a}\sum_{p \in P} m(p)v(p,1) = \sum_{p \in P} m(p)(\mathfrak{a}v(p,1))$, also $x_{-1}[\mathfrak{a}v] \in M$. Sei B M-1-invariant und $x \in B$. Nach dem gerade Bewiesenen ist $x \approx_1 x_{-1}[\mathfrak{a}v_x]$ für alle $\mathfrak{a} \in SO_3$. Aus der M-1-Invarianz folgt also $x_{-1}[\mathfrak{a}v_x] \in B$. Für geeignetes $\mathfrak{a}$ sind aber x und $x_{-1}[\mathfrak{a}v_x]$ nicht skalenäquivalent, also ist B keine zulässige Meßmethode für $\bar{v}$.

b) $\bar{m}$ ist KSM-theoretisch. Sei B die Klasse aller Meßmodelle für $\bar{m}$ durch Zentralstoß (vergl. D30). Es gilt (1) B ist M-2-invariant. Denn sei $x \in B$ und $x_{-2}[m'] \approx_2 x$. Nach T7 folgt $m'=m_x$, also $x_{-2}[m]=x \in B$. Nach T7 ist B eine globale Meßmethode für $\bar{m}$ und damit insbesondere eine zulässige Meßmethode für $\bar{m}$ #

Wir bemerken abschließend, daß es der Stoßmechanik ähnliche Beispiele gibt, in denen das Kriterium in der vorliegenden Form nicht zum gewünschten Resultat führt. Konkret wäre etwa das ideale Gasgesetz ($P \cdot V = k \cdot T$; wobei P="Druck", V="Volumen", T="Temperatur" und k eine Konstante ist) zu nennen. D114 führt hier zum Ergebnis, daß alle drei Terme $\bar{P},\bar{V},\bar{T}$ theoretisch sind. Fordert man zusatzlich zu D114 die simultane Nicht-Definierbarkeit der theoretischen Terme, so sind $\bar{P}$ und $\bar{V}$ theoretisch und $\bar{T}$ ist nicht-theoretisch. Keine dieser Moglichkeiten reproduziert die intuitive Vorstellung, nach der $\bar{T}$ theoretisch und $\bar{P},\bar{V}$ nicht-theoretisch sein sollten. Man könnte sagen, daß hier keine empirische Theorie vorliegt, weil T durch P und V explizit definiert ist. Selbst wenn das richtig wäre (wogegen die Verschiedenheit der Konstanten k bei verschiedenen Gasen spricht) erscheint ein solch normativer Ausschluß unbefriedigend.

Man sieht bei näherer Betrachtung des Falles, daß die einzige Möglichkeit, zu der intuitiv erwarteten Unterscheidung zu gelangen, darin besteht, den Begriff der Meßmethode stärker einzuschränken. Eine solche Einschränkung würde aber viele der bisher betrachteten Meßmethoden ausschließen, sodaß man die Einschränkung nicht in den allgemeinen Begriff der Meßmethode aufnehmen kann.

Immerhin zeichnet sich die Möglichkeit ab, verschiedene "Versionen" von Theoretizitätskriterien aus einer einzigen "logischen Form", nämlich der von D114 zu gewinnen, wobei jede Version durch einen bestimmten Typ "zulässiger" Meßmethoden definiert ist. Die Unterscheidung zwischen theoretischen und nicht theoretischen Termen wäre dann in <u>einer</u> Hinsicht (der logischen Form des Kriteriums) "absolut" (d.h. auf alle Theorien anwendbar, in <u>anderer</u> Hinsicht (dem Typ der zulässigen Meßmethoden) dagegen in flexibler Weise auf den Einzelfall bezogen. Ob diese Spekulation eine reale Grundlage besitzt, wird sich erst zeigen, wenn man weitere Beispiele analysiert hat.

LITERATUR

E.W.Adams,1959: "The Foundations of Rigid Body Mechanics and the Derivation of its Laws from those of Particle Mechanics",in: L.Henkin, P.Suppes und A.Tarski (Hrsg.),The Axiomatic Method,Amsterdam

W.Balzer und M.Heidelberger (Hrsg.),1983: Zur Logik empirischer Theorien,Berlin

W.Balzer und C.U.Moulines,1980: "On Theoreticity",Synthese 44

W.Balzer und C.U.Moulines,1981: "Die Grundstruktur der klassischen Partikelmechanik und ihre Spezialisierungen",Zeitschrift für Naturforschung 36a

W.Balzer und F.Mühlhölzer,1982: "Klassische Stoßmechanik",Zeitschrift für allgemeine Wissenschaftstheorie 13

W.Balzer und J.D.Sneed,1977/78: "Generalized Net Structures of Empirical Theories",Studia Logica 36 und 37

W.Balzer und F.R.Wollmershäuser,1982: "Chains of Measurement in Roemer´s Determination of the Velocity of Light",Manuskript für DFG-Projekt BA 678/1 (unveröffentlicht)

W.Balzer,1978: Empirische Geometrie und Raum-Zeit-Theorie in mengentheoretischer Darstellung,Kronberg/Ts.

W.Balzer,1981: "Über Quines Beobachtungssätze",Kant-Studien 72

W.Balzer,1982: Empirische Theorien: Modelle,Strukturen,Beispiele,Braunschweig-Wiesbaden

W.Balzer,1982a :"A Logical Reconstruction of Pure Exchange Economics", Erkenntnis 17

W.Balzer,1982b: "Empirical Claims in Exchange Economics",in: W.Stegmüller,W.Balzer und W.Spohn (Hrsg.),Philosophy of Economics, Berlin-Heidelberg-New York

W.Balzer,1983: "The Origin and Role of Invariance in Classical Kinematics",in: D.Mayr und G.Süßmann (Hrsg.),Space,Time,and Mechanics, Dordrecht

K.Berka,1983: Measurement,Dordrecht

K.Borsuk und W.Szmielew,1960: Foundations of Geometry,Amsterdam

N.Bourbaki,1968: Theory of Sets,Paris

P.W.Bridgman,1927: The Logic of Modern Physics,New York

N.R.Campbell,1920: Physics: The Elements,Cambridge

M.Dummett,1977: Elements of Intuitionism,Oxford

P.C.Fishburn,1970: Utility Theory for Decision Making,New York
J.Forge,1984: "Theoretical Functions in Physical Science",Erkenntnis 21
U.Gähde,1980: "Eine physikalische Randbemerkung zum Operationalismus P.W.Bridgmans: Temperaturmessung in der Astronomie",Manuskript für DFG-Projekt BA 678/1 (unveröffentlicht)
U.Gähde,1981/82: "Meßprädikate zur Beschreibung von Meßverfahren für die träge Masse",Teil I-IV,Manuskripte für DFG-Projekt BA 678/1 und BA 678/2-2 (unveröffentlicht)
U.Gähde,1983: T-Theoretizität und Holismus,Frankfurt/Main-Bern
C.Glymour,1980: Theory and Evidence,Princeton
H.Goldstein,1950: Classical Mechanics,Cambridge,Mass.
E.W.Händler,1984: "Measurement of Preference and Utility",Erkenntnis 21
M.Heidelberger,1980: "Towards a Logical Reconstruction of Revolutionary Change: The Case of Ohm as an Example",Studies in History and Philosophy of Science 11
C.G.Hempel,1974: "The Meaning of Theoretical Terms: A Critique of the Standard Empiricist Construal",in: P.Suppes,L.Henkin,A.Joja und C.G.Moisil (Hrsg.),Logic,Methodology and Philosophy of Science, Proceedings of the 1971 Congress in Bukarest,Amsterdam
D.H.Krantz,R.D.Luce,P.Suppes und A.Tversky,1971: Foundations of Measurement,New York-London
A.Kamlah,1976: "An Improved Definition of "Theoretical in a Given Theory"",Erkenntnis 10
H.E.Kyburg,jr.,1984: Theory and Measurement,Cambridge
D.K.Lewis,1973: Counterfactuals,Cambridge,Mass.
S.Lang,1971: Algebra,Reading,Mass.
P.Lorenzen,1968: Methodisches Denken,Frankfurt/Main
G.Ludwig,1978: Die Grundstrukturen einer physikalischen Theorie, Berlin-Heidelberg-New York
J.C.C.McKinsey,A.C.Sugar und P.Suppes,1953: "Axiomatic Foundations of Classical Particle Mechanics",Journal of Rational Mechanics and Analysis 2
P.Mittelstaedt,1970: Klassische Mechanik,Mannheim/Wien/Zürich
F.Mühlhölzer,1981: "Eine einfache Meßkette zur Bestimmung des elektrischen Widerstands von Drähten";Manuskript für DFG-Projekt BA 678/1 (unveröffentlicht)
I.Niiniluoto,1980: "The Growth of Theories: Comments on the Structuralist Approach",in: Proceedings of the Second International Congress for History and Philosophy of Science,Pisa 1978,Dordrecht
D.Pearce,1981: "Is There any Theoretical Justification for a Non-statement View of Theories?",Synthese 46

J.Pfanzagl,1968: Theory of Measurement,Würzburg-Wien

M.Przelecki,1969: The Logic of Empirical Theories,London

M.Przelecki,1974: "A Set Theoretic Versus a Model Theoretic Approach to the Logical Structure of Physical Theories",Studia Logica 33

H.Putnam,1962: "What Theories are Not",in: E.Nagel,P.Suppes und A. Tarski (Hrsg.),Logic,Methodology and Philosophy of Science,Stanford

H.Putnam,1979: Die Bedeutung von "Bedeutung",dt.Übersetzung von W.Spohn, Frankfurt/Main

V.Rantala,1980: "On the Logical Basis of the Structuralist Philosophy of Science",Erkenntnis 20

E.Scheibe,1973: "Die Erklärung der Keplerschen Gesetze durch Newtons Gravitationsgesetz",in: E.Scheibe und G.Süßmann (Hrsg.),Einheit und Vielheit,Göttingen

E.Scheibe,1978: "On the Structure of Physical Theories",Acta Philosophica Fennica Vol.30,Nos 2-4

E.Scheibe,1981: "A Comparison of Two Recent Views on Theories",in: A.Hartkämper und H.-J.Schmidt (Hrsg.),Structure and Approximation in Physical Theories,New York and London

J.R.Shoenfield,1967: Mathematical Logic,Reading,Mass.

H.A.Simon,1947: "The Axioms of Newtonian Mechanics",The Philosophical Magazine,Ser.7,38

W.I.Smirnoff,1962: Lehrgang der höheren Mathematik,Teil I,Ost-Berlin

J.D.Sneed,1971: The Logical Structure of Mathematical Physics, Dordrecht,zweite Auflage 1979

W.Stegmüller,1970: Theorie und Erfahrung,Erster Halbband,Berlin-Heidelberg-New York

W.Stegmüller,1973: Theorie und Erfahrung,Zweiter Halbband,Berlin-Heidelberg-New York

W.Stegmüller,1979: The Structuralist View of Theories,Berlin-Heidelberg-New York

P.Suppes,1970: Set Theoretic Structures in Science,mimeographed manuscript,Stanford

R.Tuomela,1973: Theoretical Concepts,Wien-New York

R.Tuomela,1978: "On the Structuralist Approach to the Dynamics of Theories",Synthese 39

H.Zandvoort,1982: "Comments on the Notion "Empirical Claim of a Specialization Theory Net" Within the Structuralist Conception of Theories",Erkenntnis 18

STICHWORTVERZEICHNIS

VERZEICHNIS DER SYMBOLE UND ABKÜRZUNGEN